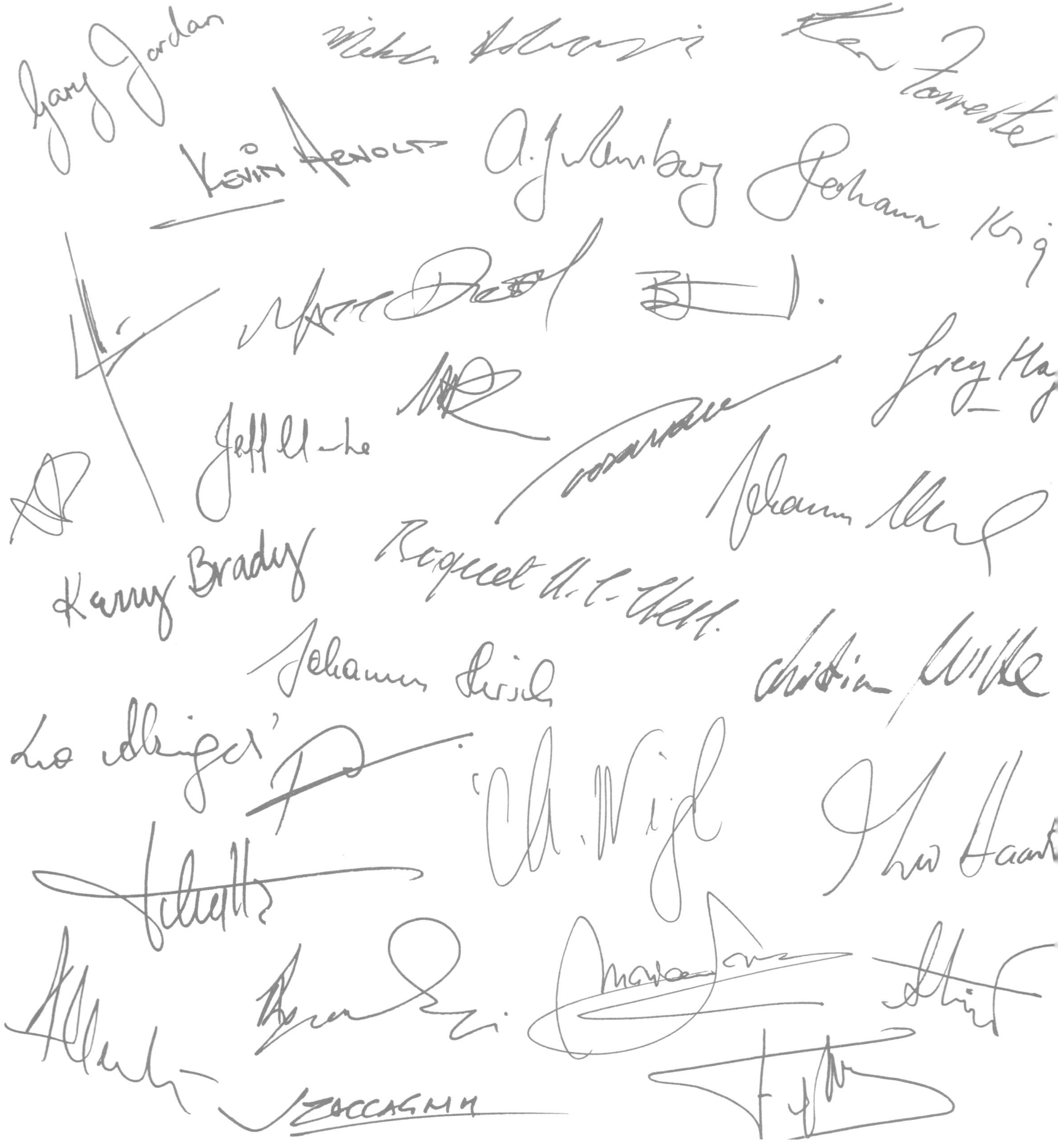
Gary Jordan
Kerry Brady

新经典文化股份有限公司
www.readinglife.com
出 品

世界葡萄酒全书

Complete Wine Course

〔美〕凯文·兹拉利 著　黄渭然 王臻 译

南海出版公司

我谨在此诚挚感恩为本书贡献经验、付出热忱的世界各地的葡萄种植者、酿酒师和酒友。卷首和卷尾的签名来自给过我巨大帮助的人们，虽然收集到的签名只是其中一小部分，仍代表我衷心的谢意。

献 词

　　"世界之窗"是一家曾位于纽约世界贸易中心一号楼顶部的餐厅。这家餐厅1976年开业之初，我便受聘于此，任酒水顾问。直到2001年9月11日，我在这里工作了25个年头。如今我仍沿用它的名字为我的葡萄酒学校命名，以纪念和传递它的精神和风貌。

　　我要将这本书献给所有曾在世界之窗餐厅工作过的同仁，献给所有曾在这家餐厅庆祝生日、周年纪念和成人礼的客人，也献给所有前来用过餐或只是点过一杯葡萄酒的人们。

　　世界之窗葡萄酒学校已经不间断地开办了40年。这40年间，我们经历了1993年世贸中心的第一次恐怖爆炸案，也挺过了2001年那场毁灭性的灾难。"9.11事件"之后，我们将学校转移到了纽约时代广场附近的万豪马奎斯酒店，现在则在中央公园南面的万豪埃塞克斯酒店继续我们的课程。2016年秋季，世界之窗葡萄酒学校迎来了它的40岁生日。我想要高兴地说，我从未因任何恐怖袭击而缺席过哪怕一次课程，更遑论中止教学。

　　最后，我还想将这本书献给所有曾在世界之窗葡萄酒学校学习过、体验过品鉴一杯葡萄酒的乐趣的，我的两万多名学生们。

目录

引 言

在庆祝自己创办世界之窗葡萄酒学校并任教 40 周年之际，我想回顾自己在葡萄酒探索之路上的种种历程，以及我写作本书的缘起。可以非常诚实地说，在认识和探索葡萄酒 45 年之后的今天，我仍然觉得这是一段充满惊喜和妙趣的旅程。

25 岁那年，位于纽约世界贸易中心一号楼顶部的世界之窗餐厅开业，我有幸受聘成为酒水顾问。我的工作主要是为餐厅遴选、订购葡萄酒，并为前来用餐的客人们推荐合适的酒款。对那时的我而言，这一纸聘书就像赋予了一个孩子在糖果屋里任意取用玩耍的特权。而我唯一需要达成的目标就是：开出一份全纽约前所未见的，最全面且品质最高的酒单。我最终做到了。在开业后的 5 年中，世界之窗餐厅一跃成为美元交易额最高的餐厅，在葡萄酒的销售方面也创造了全世界餐厅中的最好业绩。

自大学时代与葡萄酒初次结缘，它便成了我此生钟爱的事业。那时的我刚刚 19 岁，为了赚点零花钱，课余时间在一家餐馆做侍者。没想到幸运之神降临，餐馆得到了当时《纽约时报》的美食专栏作家克雷格·克莱本（Craig Claiborne）的四星好评。此后我受命负责餐馆的侍酒服务。（幸而当时纽约市的法定饮酒年龄是 18 岁。）于是我开始涉猎啤酒、烈酒和葡萄酒方面的知识，并尽可能快也尽可能广泛地学习。有一天，我品尝到了人生中第一杯堪称佳酿的葡萄酒，从此与葡萄酒结下了不解之缘。从那一刻起，我心中的天平从"百威"倾向了"勃艮第"，将这一生的热情都倾注在了葡萄酒事业中。

学习葡萄酒不只是了解一种饮料，还包括与酒有关的历史和地域，当地的语言、文化、习俗。葡萄酒是一个非常庞杂的课题，同一种酒每年都会有不同的风味，从而创造一个新的年份。葡萄酒永远在变化，永远散发着令人着迷的魅力，对它的研究和学习也成了我这一生都难以放下的希求。

此后的 5 年，我读遍了能找到的所有葡萄酒书籍，尽可能多地参加品酒会，并背起行囊一路游历拜访了纽约、加州乃至遥远的欧洲酒庄。20 岁那一年，我第一次开设了葡萄酒

课程。后来，在我还是个大学生的时候，就已经是一名葡萄酒公共课讲师了，那还是一门两学分的课程。

　　所有这些经历在面试世界之窗餐厅时都给了我很大的助力。1976年秋天，世界之窗葡萄酒学校开学了。我需要确定一本合适的教材。但是当时市面上绝大多数葡萄酒书籍都是百科全书式的，对我的学生们而言太深奥和超前了。于是我开始自行编写每一堂课的讲义。我的一个朋友当时也来葡萄酒学校听课，并耐心地记下了整整一年的课堂笔记。每次上完课，她都会整理一份笔记给我，上面不仅有我教了些什么，还有学生们提出的各种问题。当年这些讲义和笔记就是本书的雏形。这本书自1985年首次出版以来，一直被用作世界之窗葡萄酒学校的教材，至今已经售出300多万册。

　　我在大学时代最喜欢的作家乔治·奥威尔曾在《交流的法则》一文中写道："要使用简单的语言、简洁的表达、简约的形式。"威廉·斯特伦克和E. B. 怀特在《风格的要素》一书中延续了这一观点："一个句子中不可有不必要的单词，一个段落中不可有不必要的句子。"老于笔墨的莎士比亚也有相关名言传世——"言以简为贵。"（Brevity is the soul of wit.）

　　所以在这次重新修订时，我遵从了以上教诲，就目前我的学生和读者的反馈来看，这样的订正的确大大增强了文本的易读性。本书的基本版式依然如旧，自首次出版以来这一经典版式已经沿用了三十余年。不过，为了强调正文中提到的一些特殊知识点，并对相关信息进行补充，我在版面上添设了侧边栏。我热爱数据。因此我的侧边栏中除了收录与葡萄酒相关的趣闻轶事、个人评论、名人语录，也加入了许多能够佐证正文观点的事实和数据。所有这些工具都有助于为你打造一段轻松愉快的葡萄酒之旅。

　　这些年来，每次面临可以大刀阔斧修订新版的机会，我总是十分克制地从最新的葡萄酒资讯中挑选出最实用、最有价值的信息增补上去。少即是多。

　　在过去几年里，为了更好地完成"更广阔的葡萄酒世界"这一章，我尽己所能做了完备的调研，品尝了数千种葡萄酒。其中有许多酒款还不错，也有的相对乏善可陈，当然还有一些非常出色的佳酿，尤其是价位在20～30美元的高性价比葡萄酒。不断品鉴葡萄酒，让我每一天都有新的发现、能学到新的知识。我的葡萄酒之旅远未终结，还将继续下去。

世界之窗餐厅的故事

　　世界之窗餐厅是一家私人午宴俱乐部，通往餐厅的电梯门在 1976 年 4 月 12 日第一次开启。在餐厅开业之前几个月，当地的新闻媒体已经做了很多报道，人们纷纷猜测这个项目——不仅是餐厅，更是整个世贸中心——能否成功。因为在那之前，还从未有人推进过一个如此庞大的项目。世贸中心在设计之初就定位为当时世界上最高的建筑群，它还将成为有史以来最大的城市中心区，将为超过 5 万名白领职员提供日常办公场所，亦将每天接纳超过 15 万人次的上班族从这片建筑群中进出往返。

　　所有人都将目光投向了乔·鲍姆（Joe Baum）。他是当时掌管整个世贸中心餐饮业务的经理人，也是世界之窗餐厅幕后的策划运营者。之前的 6 年中，乔·鲍姆在餐饮行业取得了非凡的成就，于是当时所有人都想要见证、亲历并感受他如何将这种强大的影响力应用到当下这项充满挑战的全新事业中。毕竟，乔·鲍姆曾在纽约成功打造了一系列最著名地标性餐厅——四季餐厅、La Fonda del Sol 餐厅，以及 The Forum of the Twelve Caesars 餐厅。

　　乔·鲍姆的家族在纽约州的萨拉托加温泉拥有一座度假酒店，毫无疑问乔是在那种友善待客的酒店服务氛围中长大的。从康奈尔大学的酒店管理学院毕业后，他很快就在 R. A.（Restaurant Associates，即"餐饮联盟"，全美公认的第一家从事餐饮服务的公司，旗下有一百多家餐饮机构）找到了工作，成了一家餐厅的主要经营者。在 R. A. 任职期间，他很快就建立了自己的名声，在业界被认为是不走寻常路的超级王牌、天才、斗士——将所有这些比喻集于一身的神话。不过，他特立独行的行事手段也常常让他陷入尴尬的境地。于是，在 20 世纪 60 年代后期，乔离开了 R. A.，创建了自己的顾问公司。紧接着，1970 年，他与纽约新泽西港口事务管理局签订了一份合同，接受后者的委托，担纲新落成的世界贸易中心内所有餐厅及餐饮服务的设计和管理。

　　乔和他的工作伙伴们为世贸中心构想并规划开设了 22 家餐厅。他们还根据这些餐厅的服务偏好定制了名字，像是 Eat & Drink（吃与喝）、The Big Kitchen（大厨房），还有 The Market Bar（市场酒吧）、Dining Room（家庭餐厅），从方便上班族在通勤途中打包一杯咖啡和一个贝果面包的 Coffee Express（咖啡快车），到顶楼的世界之窗餐厅，简直应有尽有。在这个每天都有 20 万人忙碌工作、频繁往来的地方，世贸中心本身就不啻为一座微型城市。

"对我而言，世界之窗餐厅和乔·鲍姆之间是永远不可分而视之的。他深深明白在纽约市的最高建筑顶层建立这一片城市绿洲的意义和价值。世界之窗餐厅不仅在建筑式样和装潢设计上令人眼前一亮，更在餐品烹调和葡萄酒搭配上令人惊艳难忘，正是基于以上种种，它才如此完美地满足了众多的胃口和灵魂。"

——托尼·扎祖拉
纽约市 Commerce Restaurant
（商务餐厅）所有人

一份世界之窗餐厅早期的菜单

对于坐落在世贸中心顶层的这间餐厅，乔有着宏大的构想——当然也是花很多钱的构想。20世纪70年代早期，纽约市一度陷入了严重的财政危机。许多纽约人都在第一时间站出来抗议世贸中心的建造工程。在当时，修筑任何高大堂皇的建筑都要面临严格的审查。

然而单单是打造世界之窗餐厅，就花掉了1700多万美元，这当然得感谢港务局的大力支持。位于世贸中心一号楼107层的世界之窗餐厅主要由五大区域构成：能够容纳近300名客人的主体餐厅；城市之光酒吧；除了主菜之外供应一切餐食的Hors d'Oeuvrerie餐厅；以落地玻璃为幕墙，设有36个座位，提供包括7道餐序、5种配酒的单人正餐的空中酒廊；以及6个足够接待超过300名宾客的私人宴会厅。总而言之，这个占地一英亩、位于107层高空中的餐厅就这样开始运营了。

乔·鲍姆无疑是一位巧能成事的总工程师。他雇来了当时最具天赋的烹调人才，请来美食作家詹姆斯·比尔德（James Beard）和主厨雅克·佩潘（Jacques Pépin）协助拟定餐厅菜单，请沃伦·普拉特纳（Warren Platner）负责餐厅内部装潢的整体设计，聘任米尔顿·格拉泽（Milton Glaser）来主持餐厅的平面造型和图画布局。他组建了一支在当时堪称超一流的实力团队。

我何其有幸得到了乔的垂青。他让我来主理世界之窗餐厅所有与葡萄酒相关的事务，并任用我为酒廊主管。那时我身边的许多朋友都反对我辞掉葡萄酒销售员的工作，投身到世界之窗的创建和经营中。他们的反对意见主要有以下3点：

1. 在1976年，下午6点之后，便没有人会在市中心闲逛了。

2. 顶楼餐厅这种设定并不多见，你无法指望它开业之后还能高效运营。

3. 乔·鲍姆是个出了名的个性张扬、不易妥协的家伙。

以上三点，都不是这么回事。我在酒单设计方案的问题上征求了一下乔·鲍姆的意见，他给我的回答让我确信，这里必将成为一家出色的餐厅，这必将是一份美妙的工作。他说："很简单，我希望你能开出一份全纽约前所未见的、最全面的，且品质最高的酒单。不要在它的花销上操心！"于是我加入了世界之窗，就像一个迈进了糖果屋被允许随意取用玩耍的25岁大孩子——只不过糖果屋里售卖的都是葡萄酒！

1976年5月的《纽约》（New York）杂志的封面上写道："世界上最盛大的餐厅——见证一位才华横溢的餐饮业教父如何在世贸中心107层上打造一件稀世杰作。"在著名的餐厅评论家格尔·格林（Gael Greene）的评论文章中，溢美之词比比皆是："一个奇迹""大师名作""它就是梦想本身"，以及"几乎不敢相信它是真实的"。甚至还有这样的句子："世界之窗餐厅堪称绝无仅有的伟大成就！""相较

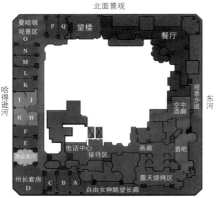

20 世纪 80 年代早期，作者在葡萄酒学校的教学照片。

于这惊为天人的视野，再没有一家空中餐厅能够与之媲美……它就像一艘华丽的班轮驶过湛蓝的天空。""在这里，所有的憎厌与害怕都将消弭于无形之中。"这篇文章是所有介绍世界之窗餐厅中最精彩的一篇，而它竟然发表在餐厅正式开业之前！当时我们以为，此等盛况已是无与伦比，但我们错了，真正的高潮还未到来，一切只是刚刚开始。

很快，世界贸易中心和世界之窗餐厅成了纽约市的标志和财政危机的转折点，而这两者的顺利运营也对曼哈顿下城的复苏重振起到了关键性的作用。世界之窗餐厅正式开业的那年——1976 年，也正好是美国建国两百周年。想象一下，站在摩天大楼的 107 层，以开阔无碍的视野俯瞰刷饰一新的壮观的自由女神像，还有整片纽约港上密密铺排往来的如同舰队一般的高大船只。这是怎样一番景象！那一年，进入世界之窗餐厅观看两百周年国庆烟火表演成为风靡之选，一票难求。

在那个此生难忘的 7 月 4 日傍晚，我独自走上了世贸中心一号楼的顶端（那时广播电视的天线和障碍物尚未出现），以 60 英里为半径的空阔视野观看了全程烟火表演。我还记得那时一直在想，人生再没有比此刻更精彩美好、值得赞叹的瞬间了。我侍酒的客人中，有国王，有女王，有总统，有体育界的英雄，还有影视界的明星。在那之后的 5 年中，我见识了所有曾经只能听说的世界名流人物。

世界之窗餐厅迅速取得了成功，餐位的预订往往需要提早数月。是什么令它如此出色？是那即使直达，也要长达 60 秒的电梯之旅吗？是菜单的设计吗？是这里极富青春活力的员工们吗？是我开出的选择广泛又巧妙地维持在适中价位的葡萄酒

"1990 年 6 月，我搬到了纽约。1991 年到 1992 年，我在世界之窗餐厅的葡萄酒部门工作。这是我第一次接触与葡萄酒相关的事业，这里的酒单不仅品种丰富，而且品质一流。这里给了我此生都不会再有的品尝绝世佳酿的机会。但最让我难忘的，还是每当夜幕降临时，站在餐厅向北望见的城市上空的景色——它涵括了整座纽约城所有的兴奋激情与元气活力。"

——布鲁斯·桑德森
1991~1992 年曾在世界之窗餐厅任酒廊助理主管，现任《葡萄酒观察家》高级编辑

"世界之窗餐厅是一个灿烂的构想，因此当它成功实现之后才那么地独一无二、绝无仅有。我是一个荷兰移民，那些年在曼哈顿的高空中，负责整个餐厅及私人餐室的管理，和 440 名分别在后厨与前厅忙碌的专职人员一起工作的日子，是难以忘怀的一段经历。我很荣幸生命中有过这样一段时光，纽约城中这家豪华富丽的餐厅曾由我来守护。"

——约翰尼斯·特龙普
1989~1993 年曾在世界之窗餐厅任总监，现为南卡罗来纳州兰开斯特克雷格农场 Kilburnie 旅馆所有人

"我还记得 1993 年发生的第一次恐怖袭击，当时我们和来用午餐的客人们一起从楼梯往下疏散。餐厅 1996 年重新开业的时候，我和凯文都回去任职了。我永远不能忘记，再次看到、触摸到那些葡萄酒，重新迎回我们葡萄酒学校的学生，是一种多么巨大的愉悦。这就是回家的感觉，一切在我眼中都是那样闪闪发光，尤其是，我们的'家人'。"

——安德烈亚·鲁宾逊
1992~1993 年曾在世界之窗餐厅任酒廊主管，1996~1999 年任酒水总监，《简单选好酒（Great Wines Made Simple）》作者

世界之窗葡萄酒学校早期宣传小册子

单吗？还是这全世界最华丽壮阔的风景呢？

在我看来，以上皆是。

世界之窗餐厅开业之初的 5 年是一段马不停蹄、席不暇暖的时光。这家餐厅逐渐成为全世界人们心之所向的餐厅，所以这里从午餐到晚宴总是应接不暇。包括世贸中心的其他餐厅，我们在最初的 5 年取得了极大的成功（仅 1980 年一年的营业收益就接近 5 亿美元）。于是在 1981 年，位于 106 层的一个舞厅也并入了我们的餐厅系统。当时我们对这样一个宽敞空间的需要也十分迫切。由于餐厅生意蒸蒸日上，原本就不大的宴会厅规模的主厅已经难以容纳曼哈顿市区涌来的人们。世界贸易中心建筑群再次站在了关系到曼哈顿下城社区文化和经济复苏的重要位置。

1985 年，我的这本《世界葡萄酒全书》首次出版。第一次，我的葡萄酒课程被印成了铅字出现在公开出版物上。

世贸中心经历的第一场恐怖袭击发生在 1993 年 2 月 26 日中午 12:18。那次爆炸案造成了 6 人死亡，其中一名逝者是我们餐厅收货部门的职员，他当时正在位于地下室的部门内工作。而在 107 层用餐的客人们，则在时任酒廊主管的安德烈亚·鲁宾逊（Andrea Robinson）的带领和护送下，从大楼楼梯安全疏散到地面。

那次爆炸案之后，世界之窗餐厅宣布关门停业，四百多名餐厅员工失去了工作。事件发生 6 个月之后，我成了餐厅薪水册上留到最后的名字。餐厅自 1993 年 2 月 26 日起陷入了漫长的休眠，直到 1996 年 6 月重新开业。我是继 1993 年爆炸案之后仍被允许进入已休止的餐厅的少数人之一，那真是一段孤独的时光。

纽约港务局得知餐厅停业的消息，表示希望葡萄酒学校能继续维系下去。我们的葡萄酒学校继 1976 年世界之窗餐厅开业后便开始运营了。1976 年时，我们的学生很少，只有 10 位来自午餐俱乐部的会员。后来，这些会员邀请了各自的朋友来加入，这些朋友们又介绍了更多的朋友来学习。很快，来上课的这些会员的朋友们的人数就超过了本来的会员人数。而这个群体一直在不断扩大。1980 年，我们决

作者在空中酒廊

定让学校面向所有公众开放报名。从那时起至今，已有超过两万名学生来参加过我们的课程。

即便餐厅从 1993 年一直停业到 1996 年，我仍然坚持在世贸中心的 3 个不同的教室继续开设葡萄酒学校的课程。在如此艰难的岁月中，葡萄酒学校从未中断，这让我很自豪。它承载着昔日世界之窗餐厅的鲜活记忆，后来也成了每一个渴望"回家"的人心中的指路明灯。

"我在葡萄酒学校工作的那段时间，世界之窗餐厅已然销声敛迹。我品味着它的孤独，细步过它无人问津的地板，走进它的每一个房间，让自己沉浸在这种被时间冻结的氛围里。就像《闪灵》中的杰克·尼克尔森一样，我能够感受到它默默传递出的能量律动，能够听到窸窸窣窣的复苏之音，我仿佛看到了三五成群前来用餐的客人……每次经历这样梦境般的体验，我总是久久不愿醒来。但我和杰克的不同之处在于，我感受到的律动是那么地温暖而平和。尽管这个地方空空荡荡，但它仍然是有生命的，它还在呼吸着，在我们心中它将永远鲜活。"

——丽贝卡·沙帕
1994~1995 年曾任葡萄酒学校课程协调员，现为 Wine by the Class and Tannin Management 所有人

"管理这家或许是世界上最有名的餐厅的日子里，我的理智和情感时时刻刻都在接受挑战。而这些挑战中最棒的是，因为餐厅所处的地段和位置，给了我见识全世界最多种多样的客人并为之服务的机会，反过来，也给了我见识、聘用全世界最多种多样的员工并与之共事的机会。以两种不同的社会角色，和这么多独特独立的人们打交道，是我在世界之窗餐厅获得的最宝贵的经验。餐厅的成功是许多人通力合作的结果，而我也有幸在其中扮演了重要的角色，这样的经历对我而言是难以置信的助益。从这一点来说，我们，就是世界之窗。"

——格伦·沃格特
1997~2001 年曾任世界之窗餐厅总经理，现为 RiverMarket Bar and Kitchen 餐厅所有人、执行合伙人，Crabtree's Kittle House Restaurant and Inn 酒店合伙人、总经理、酒水总监

"或许有些奇怪，世界之窗餐厅留给我最深刻的印象，是一个下雨天。当时乌云笼罩着这座城市的高楼，营造出一番奇特的景象。过了一会儿，云层压得更低了，我们所在的顶层脱离了乌云的围堵，获得了清晰的视野。而彼时的曼哈顿完全被埋没在像打发鲜奶油一样的云雾中。只有帝国大厦的尖顶孤零零地从茫茫云海中穿出，让人尚能意识到下面还有一座城市。我和几个同事围聚在 57 号桌边，敬畏地看着这场景。我记得那时觉得能在这里工作实在是一种荣耀。我永远想念我们的世界之窗。"

——史蒂夫·里布斯蒂洛
2000~2001 年曾在世界之窗餐厅任酒廊主管，现任北卡罗来纳州塔尔伯勒 On the Square 餐厅及葡萄酒卖场行政总厨、所有人

1993 年末，港务局开始为重新开业的餐厅计划物色新的经营者。招募意向公开后，这一次，有三十多位餐厅经营者表示出了对接手世界之窗餐厅的浓厚兴趣。港务局成立了一个复核委员会，对每一位有意者的资质进行调研，并筛选出推荐人选。最后剩下了 3 位竞争者：艾伦·斯蒂尔曼，他是史密斯与沃伦斯基牛排馆、波斯特豪斯酒店、曼哈顿俱乐部酒店、公园大道咖啡馆和城市餐厅的所有者。沃纳·勒罗伊，他成功打造了绿色客栈餐厅、马克斯韦尔梅子餐厅，以及后来的俄国茶室餐厅。第三位候选人，就是乔·鲍姆，世界之窗餐厅的初创者，他当时正在经营 The Rainbow Room 餐厅（彩虹餐厅）。

港务局最终将合约书递给了乔·鲍姆，世界之窗餐厅的复兴之路由此铺就。我和安德烈亚·鲁宾逊都再次回到了餐厅。她负责调整和改进酒单，并打理一切酒水事宜。我则集中精力把葡萄酒学校办下去。最后，恢复生机的餐厅聘请了四百多名员工。他们有着不同的国籍，粗略一算也要超过 25 个。

餐厅以前的许多区域都被冠以新的名字，这也是除旧布新的一种象征。原来的城市之光酒吧和 Hors d'Oeuvrerie 餐厅如今被合并在一起叫做 The Greatest Bar on Earth（世界上最好的酒吧）。空中酒廊则换到了一个新的可以俯瞰自由女神像的位置。那几间私人宴会厅也扩大了面积。

世界之窗餐厅于 1996 年 6 月再次开业。忽略月份上的微小偏差，几乎正好是它首次开业 20 年后。是乔·鲍姆用他一如既往的意气风发、尽情享受生活乐趣的态度，以及总能戏剧化地让气氛沸腾起来的激情，创造了这样奇迹般的巧合。全世界的绅士名媛又回到了这里，随之而来的新闻媒体、狗仔队也都长枪短炮全副武装地到此集结。重新开业的餐厅有了更胜于往昔的视野，存放在这里的葡萄酒经历了 3 年的陈贮也都变得更加柔和与美妙。那时我常常在恍惚间产生错觉，以为 1976 年的盛况再次降临。

我们的新目标是，要在一年之内，将世界之窗打造成引领美式用餐饮酒终极体验的首席餐厅。针对这一重大转变，餐厅邀请到了迈克尔·洛莫纳科（Michael Lomonaco）的加盟。他是著名的 21 俱乐部餐厅担任的前任行政总厨，他将在世界之窗作为主厨，指导并监管餐品烹饪调配的全部环节。他是世界之窗餐厅有史以来第一位美国本土出生的主厨。

在洛莫纳科的带领下，世界之窗餐厅短期内就在《纽约时报》餐厅评级中获得了两颗星，在《纽约商业周刊（Crains）》获得了三颗星，在餐厅评鉴杂志《(Zagat) 扎氏餐厅指南》中排到第 22 位，并冲入了《葡萄酒观察家》餐厅总榜的前茅。在接下来的 3 年中，世界之窗餐厅一直是人们举办企业会议、婚礼、庆典、生日宴会

这幅照片拍摄于世贸中心一号楼107层，杯中所映为东河与布鲁克林大桥。

"我印象最深的是世界之窗餐厅的员工自助食堂。在那里，我们像朋友一样聚在一起，吃饭、聊天，并享受地看着我们脚下三座大桥的壮美景观。那里总是传出愉快的笑声。世界之窗就是我在纽约的家，是我深深依恋的世界。"
　　　　　　——伊内兹·霍尔德内斯
　　1999~2001 年曾任世界之窗餐厅酒水部经理，现为北卡罗来纳州塔尔伯勒 On the Square 餐厅及葡萄酒卖场所有人

"大多数人来到世界之窗，只能看到熙熙攘攘的客流、感受整个餐厅忙忙碌碌的氛围。我们则十分幸运地能够在每天客人离开后体验到这里的平静和美丽。每天餐厅结束营业后，我关掉用餐大厅通明的灯火，坐到窗前倒上一杯葡萄酒，看着这城市在我脚下展开它瑰丽的翅翼——这是我最爱的一段时光。"
　　　　　　——梅利莎·特朗布尔
　　1997~2001 年曾在世界之窗餐厅任餐厅经理，现任 Ian Schrager's Royalton Restaurant 餐厅总监

"1996 年重新开业的世界之窗餐厅是让我一头扎进葡萄酒世界的发射坪。和凯文共事，向往而又羡慕地看着他开出的广受赞誉的酒单，是让我一生回味无穷（语带双关）的记忆……简单举几个例子，比如 1989 年科奇酒庄的高登-查理曼白葡萄酒、1989 年武戈公爵酒庄的慕思尼干白葡萄酒，还有 1975 年 Joseph Phelps 酒庄‘Eisele 葡萄园’的赤霞珠……真真让人意犹未尽。"
　　　　　　——拉尔夫·赫尔松
　　1996~1997 年曾在世界之窗餐厅任酒廊主管，现任 Hannaford 超市葡萄酒／啤酒／烈酒品类经理

迈克尔·洛莫纳科

"回想我在世界之窗餐厅度过的 22 年时光，其实并没有某个印象特别深刻的瞬间立即闯入记忆，但总有一连串情景会浮现在脑海中：孩子们压贴在玻璃窗幕上的脸蛋，自由女神像后方的日落，还有在这里创造了值得一生珍藏的回忆的客人们愉悦的神情和爽朗的笑声。"

——朱尔斯·罗伊内尔
1979~2001 年曾任世贸中心俱乐部总监

以及成人礼的首选餐厅。小到 10 人的聚餐，大到 1200 人的超级典礼，都曾在这里举行。

The Greatest Bar on Earth 酒吧亦开始焕发出自身的魅力。按照以前的习惯，酒吧会在晚上 10:00 停止营业。但新开业的酒吧一扫旧时拘谨，开始迎纳一个全新的国际范儿群体——这是一群会和这座城市最火热的乐队和 DJ 热舞到凌晨的活力蓬勃的年轻人。渐渐地，The Greatest Bar on Earth 酒吧成了纽约市中心的一个午夜欢歌聚会场。世界之窗餐厅亦学会了应时代潮流而变通。

空中酒廊曾是往昔世界之窗餐厅的一个重要部分，但历史的时针指向 1996 年时，这个国家已经有许许多多形形色色的餐厅饭店推出了以葡萄酒搭配菜品的服务。酒廊亟待一次焕然一新的改变，Wild Blue 餐厅应运而生。确切地说，Wild Blue 其实是一家餐厅中的餐厅。迈克尔和大厨们施展出他们高超的烹调技艺，使 Wild Blue 餐厅很快就在这个行业中立稳了脚跟——在《纽约商业周刊》获得了四颗星，在《扎氏餐厅指南》中排到第 25 位，在《葡萄酒观察家》的纽约餐厅排行榜中进入了前十名，在《时尚先生》杂志中被列入了"纽约之最"。

一直到 2001 年 9 月 10 日，世界之窗餐厅总是在尽力做到最好。我们当年的营业收益已经超过了 3.7 亿美元，这个金额就算放眼整个美国也是当之无愧的第一。在这 3.7 亿美元中，有 5 千万美元是我们那 1400 种精选葡萄酒的销售业绩。当时，我们都怀抱着对美好前景的热切期待，兴奋地为将在下月举行的世界之窗餐厅的 25 周年庆典做着准备——我们计划在这次庆典上，宣布一个全新酒廊开张。

然而，2001 年 9 月 11 日，星期二，世界换上了另一幅面孔。那一天是由一个美好到纯粹朴素的 9 月早晨开始的，却以一个充斥着死亡和毁灭的黑色噩梦结束。世界之窗餐厅的 72 位同事、一位安保人员，以及当时忙于新酒廊施工工程的 7 位建筑工人，在这场美国历史上最严重的恐怖袭击事件中失去了生命。

对我而言，那场悲剧带来的损失是无穷无尽的。世贸中心建筑群就是我的纽约城。这里就是我日夜生活的邻里街坊。我在这里购物。我和家人住在这儿的万豪酒店里。我的牙医诊所和我的银行都在这儿。我失去的是一个生活了 25 年的社区和家园，我是这个家园从修筑到繁荣的发展历程的见证者和亲历者。

世界之窗餐厅从此消失了，但那些曾在这里发生过的流光溢彩的往事，犹如在它明亮窗幕上映照出的一帧帧美景，将永远留在我的记忆里。

2001 年 "9·11 事件" 后，我将我所有的与餐厅相关的纪念物品都捐献给了纽约公共图书馆。这些物品成了图书馆为世界上最伟大的餐厅举办的纪念展览的一部分。如今，"9·11 事件" 纪念馆已然落成开馆，看来这也是应许我们再次怀念这家

20世纪80年代的世界贸易中心大楼。米诺儒·雅马萨奇（山崎实）是其设计者和督建者。弗里茨·凯尼格的铸铜雕塑作品《星球（The Sphere）》矗立在世贸中心双子塔之间的广场上。这尊雕塑并未在灾难中损毁，现被安置在纽约炮台公园。

"9月10日星期一的晚上，我先是待在一个可以望见 The Greatest Bar on Earth 酒吧的叫做'Skybox'的房间里，我当时在这里主讲一堂"Skybox 的烈酒课"的课程。结束教学之后，我和乔治·德尔加多——他是我的同事，也是这里的调酒师主管——邀上了几个朋友和会员，一起去酒吧喝点小酒。平常我都会点鸡尾酒，但那一天我们点了香槟。我们并没有什么需要庆祝或纪念的事，只是大家的兴致都比较高，又多点了几瓶香槟和一些食物。酒吧当值的 DJ 是一个名叫珍妮弗的姑娘，我们当中有人和她认识，她配合我们的氛围播放起了唱片。我们就这样在悠悠的乐声和轻轻的舞步中结束了那个夜晚。星期二的早晨，我在一片恐慌和骚乱中惊醒——恐怖袭击摧毁了如同小型城市的世贸中心。昨天在无意识中度过的喜乐平和的最后一夜，将永远铭刻在我珍而重之的记忆里，那是上天对我的赠予，是乔·鲍姆再度唤醒新生并再创辉煌的世界之窗餐厅的最后一夜。那一夜，我们毫无知觉地举起杯中的香槟，向我们第二天就要失去的同事和朋友们致以了平静的永别。"

——戴尔·德格夫
1996~2001 年曾在世界之窗餐厅任首席
调酒师，现为 kingcocktail.com 专栏作家

卓尔不群的餐厅、再次回顾它留下的老照片和旧菜单的时机。这是我追想世界之窗餐厅的方式，是我向它留下的遗产致敬，并唤醒心中那些斑斓印象的方式。

见证葡萄酒的变迁

1970 年，我踏上葡萄酒的旅程，主要着眼于法国葡萄酒和一部分德国葡萄酒。当时出产的品质酒款仅限于此。这些年来，葡萄酒领域逐渐出现了一些变化：美国加利福尼亚州开始出产一些出色的酒款，特别是纳帕河谷（Napa Valley）的赤霞珠（Cabernet Sauvignon）葡萄酒。接着，澳大利亚的西拉（Shiraz）、美国俄勒冈州的黑比诺（Pinot Noir）、新西兰的长相思（Sauvignon Blanc）、阿根廷的马贝克（Malbec）、智利的赤霞珠、美国华盛顿州的美乐（Merlot）、纽约州的雷司令（Riesling）（排名不分先后）和更多地方的好酒层出不穷。葡萄酒已经被全世界共享，现在正是葡萄酒的黄金时代。

以下是 1970 年以来葡萄酒世界发生的变化，它们对葡萄酒酿造和葡萄栽种产生了重要影响。另外，我还在本书的侧边栏旁注了葡萄酒的今昔对比，其中包括 1970 ~ 2016 年的各种统计数据。

栽培和酿造工艺

近 40 年来，葡萄酒的整体品质有了巨大的进步，这一进步比葡萄酒酿造历史上任何一段时期都要显著。首先，科学和技术方面的进展非常惊人；其次，葡萄栽种者重新采用了"回归土地"（Back-to-the-Earth）的耕种技术；另外，国际品种被广泛种植。所有这些因素刺激了全球葡萄酒的消费。

以下是我所见证的高品质葡萄酒酿造技术和葡萄栽培方面的一些具体变化：

• 更加关注私人葡萄园、葡萄营养系选种（Clonal Selection）和栽培架式（Trellis Systems）。

• 更加注重选择适宜的地区栽种特定品种。

• 大大减少过滤（Filtration），酒浆风味更丰富、更自然。

• 橡木的使用较之过去更谨慎。

• 酒精浓度达到历史最高水平。尽管如此，大多数优秀的酿酒师都会在酿造过程中谨慎调整，以保证葡萄酒中的各项成分达到平衡。

• "可持续栽培成为业界王道：葡萄栽种者尽量减少使用除草剂和杀虫剂，许多地方已经逐步实现有机生态栽种。已有超过 500 家生产商采用生物动力种植法（Biodynamic），其中包括一些精英级的酒厂 Araujo、Benziger、Castello dei Rampolla、Chapoutier、Château Pontet-Canet、Domaine Leflaive、Domaine Leroy、Grgich Hills、J. Phelps、Quintessa、Zind Humbrecht，等等。

• 葡萄植株的密度大大增加，使栽培专家有更多的空间栽种品种优良的葡萄。

• 螺旋瓶盖正在取代橡木塞，而且这一现象不只出现在中低档酒中。螺旋瓶盖在澳大利亚的使用率为 75%，在新西兰则为 93%。

• 全球气候变化：1960 ~ 1969 年，法国勃艮第（Burgundy）葡萄每年的收获时间大约从 9 月 27 日开始，而 2000 ~ 2016 年，这一时间则接近 9 月的第一周。为了降低因生长周期缩短带来的负面影响，有些栽种者用纵向栽种代替横向栽种，以避免过量的日照。

• 加糖（Chaptalization）如今已基本弃用。

• 越来越多的酿酒师用天然酵母代替人工酵母。

• 欧盟已使成员国的酒标标准化，向欧盟出口葡萄酒的国家也必须遵守其酒标的相关规定。例如，法律规定如果酒标注明葡萄品种，则该酒款必须至少含有 85% 的该品种葡萄。

• 在过去的 20 年间，美国的葡萄酒销量上升了 70%。

葡萄酒贸易

除了品质上的极大提升，葡萄酒贸易的繁荣还大大得益于欧洲葡萄（*Vitis vinifera*）的广泛种植。赤霞珠、美乐、黑比诺、霞多丽（Chardonnay）、雷司令、长相思以及其他一些

全球葡萄酒产区

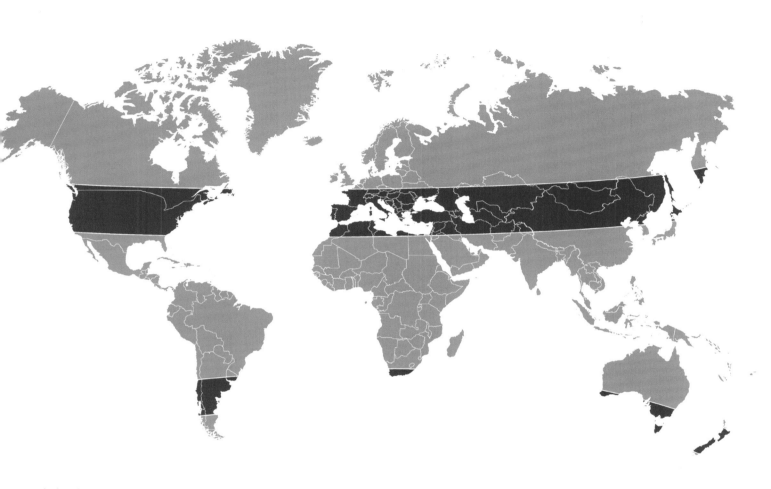

广为人知的葡萄品种如今已遍植世界各地。消费者可以放心购买陌生品牌的酒款，因为一样可以品尝到熟悉的风味，享受稳定的品质。

以下是葡萄酒贸易方面几项意义重大的进步：

- 美国 70% 的葡萄酒零售价不超过 7 美元。
- 2013 年是美国废止禁酒令 80 周年。
- 中国已经成为世界第五大葡萄酒消费国和生产国。近年来中国的葡萄酒进口量已实现翻番，且中国现在是波尔多

（Bordeaux）葡萄酒第一大进口国。中国人多喜喝红葡萄酒（红色在中国寓意着好运和幸福）。中国已成为世界第一红葡萄酒消费大国。2007 ～ 2016 年，中国的红葡萄酒销量上升了 150%。

- 1970 年我开始研究葡萄酒时，欧洲葡萄酒产量占全球产量的 78%，位居世界第一。2016 年的世界葡萄酒产量中，欧洲的份额跌至 2/3，美国则增至近 20%。
- 自 2001 年以来，葡萄酒消费的增长率在所有酒精饮料

中最高。

- 美国葡萄酒品牌的名字越来越有创意，例如：Gnarly Head、Killer Juice、Mad Housewife、Marilyn Merlot、Kick Ass Red、Ménage à Trois、Pinot Evil 和 Red Truck、。

- 2005 年，美国最高法院批准了葡萄酒跨州直销运输，促使大多数州重新修订了相关法规。目前许多州已经认定 FedEx（美国联邦快递）和 UPS（美国联合包裹）直接发售并送达葡萄酒的行为程序合法。

- 美国葡萄酒酒单的水准达到了空前的高度，尽管有一些餐厅为促销列出"魔鬼酒单"，更多的餐厅则审慎地列出各类酒中的最佳酒款。如今在全美各地的餐厅，你都能找到葡萄酒酒单！就连连锁快餐厅 Shake Shack（奶昔小站）也开出了一份出色的酒单。

- 好市多（Costco）的年均葡萄酒销售额超过 14 亿美元，是全美最大的葡萄酒零售商。2010 年，好市多为争取华盛顿州修改法案以减少葡萄酒销售私有化的阻力，花费达 2200 万美元。

- 名人的品牌影响力很大。从人气足球队员（德鲁·布莱索、迈克·迪特卡、约翰·埃尔韦、约翰·马登、乔·蒙塔纳、查尔斯·伍德森、佩顿·曼宁），棒球明星（汤姆·西沃尔），到赛车手（杰夫·戈登、马里奥·安德烈蒂）；从政坛领袖（南希·佩洛西），电影明星（德鲁·巴里莫尔、安吉丽娜·朱莉、布拉德·皮特），再到音乐人（鲍勃·迪伦、大卫·马修斯）。名人效应带来的销售额在 2015 年超过了 5000 万美元。

- 感谢互联网，如今人人都可以将自己对葡萄酒的评价发表到互联网上，或通过 eRobertParker.com、《葡萄酒观察家》杂志的博客作者索引、《葡萄酒爱好者》杂志的游客发言区或 Dr.Vino 等网站向酒评家提问。

- 纸盒装葡萄酒越来越流行，尤其在加州的一些酒厂。用纸盒代替酒瓶可以减少生产和运输玻璃瓶过程中产生的大量温室气体，降低"碳足迹"。

- 1970 年，美国的葡萄酒出口额几乎为零，如今已经达到 15 亿美元。

- 我开始研究葡萄酒时，全美只有数百家酒厂，现在已经超过一万家。

- 2016 年英国脱离欧盟将大大冲击其葡萄酒市场，尤其是 2015 年顶级波尔多酒的销售……但这对其他国家的波尔多酒消费者却是个绝好的消息！

葡萄酒消费

更好的品质、熟翻的品种、专业的市场营销，这一切使得全世界的葡萄酒消费者能够享受到史上最优质的酒款，且价格极为合理。较之以往，消费者现在可以在任何一个价位拥有更大的选择空间，而未来一定会涌现出越来越多的佳酿。

以下是我从近 40 年来葡萄酒消费领域中选取的重大事件：

- 2012 年，美国以 400 亿美元的销售额成为全球最大的葡萄酒市场。2016 年的销售额更是飙升至 530 亿美元！美国人饮用的葡萄酒，在数量和品质上都达到了空前的高度。2015 年，葡萄酒在美国的消费量达到了 8.93 亿加仑（本书中出现的加仑均为美制加仑），较之 1970 年增长了 6.26 亿加仑。人均葡萄酒消费量从 1970 年的 1.31 加仑升至 2015 年的 3.14 加仑。

- 截至 2015 年，美国的葡萄酒消费量已连续 20 年递增，总销量超过 7.69 亿加仑。

- "千禧世代"（出生于 1980 ~ 1995 年）的 8000 万人已步入壮年，其葡萄酒消费比例增长得最多，超过了"X 世代"（出生于 1965 年 ~ 1980 年，4400 万人）和"婴儿潮世代"（出生于 1945 年 ~ 1965 年，7700 万人）。

- 葡萄酒直销运输的销售额增长了 10%。

- 在美国，与葡萄酒相关的慈善活动收效甚佳。2015 年，纳帕河谷拍卖会筹得善款 1570 万美元。自 2001 年起，那不勒斯冬季葡萄酒节上的筹款已达 1870 万美元。

- 葡萄酒爱好者越来越钟爱拍卖会。2013 年，全世界葡萄酒拍卖会的销售额为 3.37 亿美元，而 1994 年这一数字为

3300 万美元。2013 年，美国葡萄酒拍卖会的销售额超过 1.26 亿美元，网上拍卖的销售额超过 3860 万美元。

• 冒牌葡萄酒越来越猖獗。最近，一位冒牌葡萄酒收藏家因售卖伪造的名品酒款而获罪。（推荐阅读：《亿万富翁的醋味酒》。）

• 最好的波尔多酒价格飙升，绝非一般消费者所能企及，有的 2009 年或 2010 年的波尔多酒甚至卖到 3500 美元一瓶。中国人新近对波尔多燃起的兴趣抬高了它的价格。

• 全世界葡萄酒价格的透明公开为消费者提供了极大的便利，你可以通过诸如 winesearcher.com 这样的网站来了解全球各类葡萄酒的价格。

• 自 1970 年以来，法国、西班牙和意大利的葡萄酒消费量下跌了 50 %。

• 美国葡萄酒评论家罗伯特·帕克（Robert Parker）1978 年发表了第一篇评论文章，凭借其独创的百分制评分法，成了全球葡萄酒界的标志性人物。最近他将自己一手创刊的《葡萄酒倡导家》卖给了三位新加坡投资者，但他的写作并不会就此停止。

2016 年美国选举年，据《葡萄酒经济学季刊》（*Journal of Wine Economics*）资料显示，自由党喝掉的酒更多。

葡萄酒基本知识

全世界的葡萄 ✳ 葡萄酒的风味 ✳ 酒瓶和酒杯 ✳

品尝和嗅闻葡萄酒的生理学 ✳ 关于葡萄酒的品尝 ✳

读懂酒标 ✳ 葡萄酒芳香及风味图表 ✳ 60秒葡萄酒专家

全世界用来酿造白葡萄酒的葡萄品种有 50 多个。

其他白葡萄品种	
葡萄品种	**最佳产地**
阿尔巴利诺 (Albariño)	西班牙
阿斯提柯 (Assyrtiko)	希腊
白诗南 (Chenin Blanc)	法国卢瓦河谷、美国加州
富尔民特 (Furmint)	匈牙利
琼瑶浆 (Gewürztraminer)	法国阿尔萨斯
白比诺 (Pinot Blanc)	
灰比诺 (Pinot Gris)	
哈勒斯莱维露 (Hárslevelü)	匈牙利
绿维特利纳 (Grüner Veltliner)	奥地利
马卡贝奥 (Macabeo)	西班牙
莫斯菲莱若 (Moschofilero)	希腊
奥拉里斯令 (Olaszrizling)	匈牙利
灰比诺克隆品系 (Pinot Grigio [Pinot Cris])	意大利、美国加州和俄勒冈州、法国阿尔萨斯
罗迪提司 (Roditis)	希腊
赛美蓉 (Sémillon)	法国波尔多（苏特恩）、[Sauternes] 澳大利亚
灰比诺 (Szürkebarát)	匈牙利
托伦特里奥哈诺 (Torrontés Riojano)	阿根廷
特莱比亚诺 (Trebbiano)	意大利
韦尔德贺 (Verdejo)	西班牙
威代尔 (Vidal)	加拿大、美国纽约州
维奥涅尔 (Viognier)	法国罗纳河谷、美国加州

全世界的葡萄

　　一般来说，最常被问到的问题，就是对学习葡萄酒知识最有帮助的问题。而了解最主要的葡萄品种及其在世界上的栽种地区，是所有解答的基础。

白葡萄

　　要理解白葡萄酒，我们要先了解 3 个必须知道的主要葡萄品种。90% 的优质白葡萄酒都是由这 3 种葡萄酿造的，下面按酒体由轻盈到丰满的顺序列出：

雷司令　　　长相思　　　霞多丽

　　世界级的白葡萄酒当然不仅仅来自这 3 种葡萄，但了解这 3 个品种绝对是个好的开端。

酒体	葡萄品种	单宁酸含量	最佳产地	颜色	适宜陈贮
轻盈		低		浅	新酿即饮
	雷司令		德国，法国阿尔萨斯（Alsace），美国纽约州、华盛顿州		
	长相思		法国波尔多、卢瓦河谷（Loire Valley）、新西兰、美国加州（又称白芙美 [Fumé Blanc]）		
	霞多丽		法国勃艮第、香槟地区，美国加州，澳大利亚		
丰满		高		深	仍需陈贮

　　雷司令、长相思、霞多丽葡萄也在其他国家栽种，但以上各地最适宜种植这几种葡萄。

红葡萄

　　下面这张表按照酒体由轻盈到丰满的顺序列出了我认为最主要的红葡萄品种。这张表和左页的图表可以让你了解葡萄酒的风格类型，学到酒体、颜色、单宁酸和陈贮方面的知识。

酒体	葡萄品种	单宁酸含量	最佳产地	颜色	适宜陈贮
轻盈		低		浅	新酿即饮
	佳美 （Gamay）		法国博若莱（Beaujolais）		
	黑比诺		法国勃艮第、香槟地区，美国加州和俄勒冈州		
	丹魄 （Tempranillo）		西班牙里奥哈		
	桑娇维赛 （Sangiovese）		意大利托斯卡纳		
	美乐		法国波尔多，美国加州纳帕河谷		
	馨芳（Zinfandel）		美国加州		
	赤霞珠		法国波尔多，美国加州纳帕河谷，智利		
	内比奥罗 （Nebbiolo）		意大利皮埃蒙特		
	西拉		法国罗纳河谷（Loire Valley），澳大利亚、美国加州		
丰满		高		深	仍需陈贮

　　列出这张图表极富挑战性，因为酿酒葡萄品种众多，酒款也数不胜数。然而，规律总有例外，就像还有其他生产世界级红葡萄酒的国家和产地没有列出一样。完成了本章的测试题，品尝过多种葡萄酒，你就会发现这一点。祝你好运！

全世界酿造红葡萄酒的葡萄品种数以百计。仅在美国加州就有超过 30 种。其他红葡萄品种见下。

其他红葡萄品种	
葡萄品种	最佳产地
阿吉奥吉提柯 （Agiorgitiko）	希腊
蓝法兰克 （Blaufränkisch）	奥地利
巴贝拉 （Barbera）	意大利，美国加州
佳丽酿 （Cariñena）	西班牙
佳美娜 （Carménère）	智利
神索 （Cinsault）	法国罗纳河谷
康科德 （Concord）	美国
品丽珠 （Cabernet Franc）	法国卢瓦河谷，波尔多
多赛托 （Dolcetto）	意大利
歌海娜 （Grenache/Garnacha）	法国罗纳河谷，西班牙
卡达卡 （Kadarka）	匈牙利
卡法兰克斯 （Kékfrankos）	匈牙利
马贝克 （Malbec）	法国波尔多和卡奥尔（Cahors），阿根廷
莫纳斯特雷尔 （Monastrell）	西班牙
小西拉 （Petite Syrah）	美国加州
莫尼耶皮诺 （Pinot Meunier）	法国香槟地区
琼州牧 （Portugieser）	匈牙利
圣劳伦 （St. Laurent）	奥地利
西诺玛若 （Xinomavro）	希腊

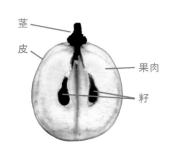

茎
皮
果肉
籽

主要的葡萄品种

欧洲葡萄	霞多丽
	赤霞珠
美洲葡萄	康科德（Concord）
	卡托巴（Catawba）
杂交品种	白赛瓦（Seyval Blanc）
	黑巴克（Baco Noir）

葡萄酒的风味

是什么因素决定了葡萄酒的口感和味道？发酵过程中没有加入樱桃、柠檬草、苹果或调味剂，但用葡萄酿出的酒为什么会有樱桃、柠檬草、苹果的味道？葡萄酒的风味主要由 3 个因素决定：

葡萄　发酵　陈贮

这些因素带来的生物化学变化使我们得以品尝到葡萄酒的几种主要味道——甜、酸和一点点苦，还有香气的化合物——它让我们联想到各种食物、香料和矿物的气味。葡萄酒中的香气化合物往往和樱桃、柠檬草或苹果天然自带的是同一种，只不过葡萄酒的香气化合物形成于葡萄复杂的生物特性、酵母的新陈代谢活动、酿造和陈贮过程中的其他化学反应。

完整的葡萄酒酿造过程包括从葡萄栽种到葡萄酒装瓶的每一步，了解这一过程可以让我们更好地理解葡萄酒的风味究竟是怎样形成的。

葡萄的风味

主要的酿酒葡萄来自欧洲葡萄，全世界的酿酒师都使用欧洲葡萄酿酒——包括不同品种的红葡萄和白葡萄。不过，其他地区的葡萄也可以用来酿酒。美国最主要的本土葡萄品种是美洲葡萄（*Vitis labrusca*），这种葡萄在纽约州以及东海岸和中西部的几个州广泛种植。另外，欧洲品种和美洲品种的杂交品种在现代酿酒中也多有采用。

葡萄品种对葡萄酒风味的影响非常关键。品种个性（某种葡萄通常情况下与生俱来的味道和香气）在葡萄酒酿造中是一个相当重要的概念，每个品种的葡萄都有其典型特征。例如，厚皮的紫黑色葡萄常被用于酿造单宁酸较高的酒，这种酒在新酿成时有些苦涩。人们用雷司令葡萄酿造酸度较高的酒，用麝香葡萄（Muscat）酿造带有馥郁橙花香气的酒。葡萄的品种个性会通过酒淋漓尽致地体现出来。酿酒师的一大挑战就是既要保留葡萄的品种个性，又要使其服从于整体风味，从而酿造出各种成分都均衡协调的葡萄酒，也就是我们所说的平衡良好。

红葡萄品种	葡萄的风味
赤霞珠	黑醋栗、黑莓、紫罗兰
歌海娜	樱桃、覆盆子、带有香料味
美乐	黑莓、黑橄榄、李子
内比奥罗	李子、覆盆子、松露、带有酸味
黑比诺	花香、覆盆子、红樱桃、带有酸味
桑娇维赛	黑樱桃、黑莓、紫罗兰、带有香料味
西拉	带有香料味、黑色水果的香气、蓝莓
丹魄	果香、樱桃
馨芳	带有香料味、浓郁的浆果香、樱桃
白葡萄品种	**葡萄的风味**
霞多丽	苹果、甜瓜、梨
雷司令	矿石味、柑橘、热带水果的香气、带有酸味
长相思	番茄茎、刚割过的青草香、葡萄、柑橘、带有植物香气

开辟专门的葡萄园种植酿酒葡萄始于八千多年前，以今天格鲁吉亚所在的黑海一带为起点渐渐推广。

酿酒师认为酿造过程是从葡萄园里每一颗葡萄的生长开始的。

栽种葡萄植株要选在其休眠期，通常是四五月间。绝大多数植株能够持续出产优质葡萄达四十余年甚至更长时间。

葡萄树直到栽种后第 3 年才能出产适合酿酒的葡萄。

在法国，对风土的定义着眼于影响葡萄树生长的所有自然因素，因为这些因素能够影响葡萄本身的各种成分。简单说来，风土就是气候、土壤、地形的综合作用。这其实意味着无数因素的总和：择要而言，比如夜间和白天的温度、雨量分布、日照时长、地势坡度和土壤排水性能。所有这些因素都是葡萄园的重要组成部分，它们相互影响，最终合力形成了法国葡萄栽种者所定义的风土。

——布鲁诺·普拉茨（Bruno Prats）
爱士图尔酒庄（Château Cos d´Estournel）
前任所有人

美国加州 Bonny Doon 酒庄的主人兰德尔·格雷厄姆（Randall Grahm）做过一个与矿物味有关的简单试验，"我们挑选一些岩石，清洗干净并砸碎，然后把岩石碎片放入酒桶一段时间……"效果如何？葡萄酒的质地变得不一样了，香气也更浓郁，口感更复杂。

葡萄的栽种地区

葡萄的栽种地区很重要，它们对生长条件的要求极为严苛。正如你不可能在西伯利亚种葡萄，你也绝不可能在北极种葡萄。葡萄的栽培有很多限制，包括种植季节、日照天数、日照角度、平均温度，以及降水量。土壤是最基本的考量因素，排水性良好是起码的要求。适量的阳光可以使葡萄适度成熟，从而使糖分和酸度达到平衡。

选择在特定葡萄品种适合的地区进行种植，酿出的酒品质会更好。大多数红葡萄的生长期都比白葡萄长，所以红葡萄通常种植在较温暖的地区。偏北部的寒冷地区，如德国和法国北部的大多数葡萄园以种植白葡萄为主；温暖的意大利、西班牙、葡萄牙和美国加州的纳帕河谷则是红葡萄的天下。

风土（Terroir）

很难找到与 Terroir 这个法文词准确对应的中文词汇，因为它并没有那么科学严谨，而是人们约定俗成的一个概念。风土是指某个产区或葡萄园特定的自然生长环境，包括土壤构成、地形地貌、光照条件、天气和气候、降雨情况、当地生长的植物，以及其他很多因素。许多酿酒师都认为风土条件会影响葡萄酒的风味，其中的某些因素，例如日照和土壤的排水性对葡萄品质的影响尤为重要。

土壤的"味道"：作为风土条件之一，土壤类型的影响在葡萄酒酿成之后才能比较明显地体现出来。笼统地说，土壤的味道可以描述为"矿物质的味道"。某些大名鼎鼎的产区恰恰是因为土壤对葡萄酒的显著影响而出名。德国的雷司令葡萄酒带有葡萄生长其中的板岩的味道。勃艮第的霞多丽葡萄生长在富含石灰岩的土壤中，用其酿成的酒有燧石或卵石的味道。不过，葡萄树的根系只会吸收微量的矿物质，而这些矿物质也存在于任何类型的土壤中。所以葡萄酒中的矿物质味道或许跟风土条件的其他因素或各地的酿酒工艺也有关。可是，支持"风土说"的人们笃信葡萄酒中有土壤的味道。于是，当你从产自法国卢瓦河入海口的麝香德葡萄酒中品尝出了海盐的风味时，就会觉得风土越来越神秘了。

相邻植物的"味道"：另一方面，葡萄酒中的植物香气很可能来自植物本身。许多葡萄酒中的桉树香气已经被证实是因为葡萄树附近的桉树挥发桉树油，而桉树油被葡萄吸收了。有的葡萄酒有常绿矮灌木的香气。如果葡萄酒中混合了生长在罗纳河谷南部、地中海附近的常绿植物和香草类植物如迷迭香、野生百里香的香气，也是一样的道理（许多葡萄酒品鉴专家和酒评家常常用香料或干香草的气味来形容葡萄酒的香气）。

收获

当葡萄的酸甜比达到酿酒师的期望时，它们就会被采摘下来。6 月访问葡萄园，尝一枚小小的青葡萄，你会撅起嘴巴，因为那葡萄又酸又涩。九十月间，来到同一座葡萄园，甚至来到同一株葡萄树下，那时葡萄就变得很甜了——几个月的阳光赋予了葡萄以糖分，这是光合作用的结果。

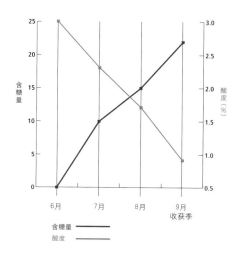

含糖量 ——
酸度 ——

天气

天气因素不仅会影响葡萄收获的质量，还会影响数量。春季，植株从冬眠状态逐渐苏醒的过程中，一场突如其来的霜降或许会中断植株开花，导致减产。在这段关键时期，就算只是一场强风也会对葡萄造成毁灭性的破坏。雨量不足、雨量过多或者不合时宜的降雨都具有一定程度的破坏力。

如果收获前遇上降雨天气，葡萄会因水分而涨大，果汁浓度被稀释，形成寡淡的"水酒"。降水不足则会导致作物减产，酿成的酒浆浓度升高，酒体变得沉重，影响葡萄酒各成分之间的均衡。剧烈的降温天气即使发生在生长期以外的时间，也会影响植株，例如 2003 ~ 2004 年冬季，美国纽约州气温降至 50 年来的最低值，导致葡萄普遍减产，一些葡萄园甚至在 2004 年收获季减产 50%。

但栽种者可以采取一些措施，有些措施适用于植株生长阶段的葡萄，有些则针对酿造过程。

不要忘记南半球（澳大利亚、新西兰、智利、阿根廷和南非）的季节正好与北半球相反。

一株葡萄从开花到收获，通常需要 100 天。

Brix 是酿酒师衡量葡萄含糖量的单位。

葡萄园产量数据

一株葡萄树年均产酒 5 瓶
一吨葡萄能酿 720 瓶酒
一英亩葡萄园年均产酒 5500 瓶

数据来源：纳帕河谷酿酒人协会
(Napa Valley Vintners)

- 2008 年，一场春季霜降影响了美国加州的所有葡萄园，这是自 20 世纪 70 年代初以来最严重的一次霜灾。
- 2008 年，澳大利亚遭受了各种灾害：南部遭遇史上最恶劣的高温干旱天气，著名的猎人谷 (Hunter Valley) 则遭遇了前所未有的暴雨和洪水。
- 2010 年，地震断送了智利该年的葡萄收成。
- 2012 年，飓风"桑迪"袭击了美国东部海岸，许多葡萄酒存储仓库被洪水冲毁，当地大部分居民失去了自家酒窖。
- 2013 年，冰雹、大雨、暴风和强降温天气席卷法国，对勃艮第、香槟、波尔多产区造成巨大破坏。法国该年的葡萄酒产量为 40 年来最低。
- 2013~2014 年，美国加州经历了百年不遇的严重干旱，美国东部海岸则遭遇了极寒降温天气，导致 2014 年美国葡萄酒大大减产。
- 2014 年，雹暴天气肆虐法国波尔多、香槟、罗纳河谷和勃艮第产区，损失惨重。
- 2016 年，法国勃艮第产区遭遇了 30 年来最严重的霜冻天气。同年，阿根廷受厄尔尼诺影响，经历了自 1957 年以来最惨淡的收获季。

问题	后果	解决办法
霜冻	减产	风机、喷洒系统、火焰取暖器等
日照不足	有未成熟的水果味、青草味、蔬菜味，并且酸高糖低	加糖（在发酵过程中向葡萄汁中加糖）
日照过量	过熟，酒精浓度过高，出现霉干现象	加水
雨量过多	酒浆寡淡，出现水酒现象	祈祷雨过天晴！
发霉	腐烂变质	喷洒硫酸铜
干旱	葡萄枯萎	汲水灌溉
酒精浓度高	成分间的均衡被打破	降低酒精浓度
高酸	酒味酸涩	降低酸度
葡萄根瘤蚜 (Phylloxera)	植株坏死	将葡萄树嫁接至抗病根系

葡萄的成熟度

所谓葡萄酒的年份（例如"波尔多的 2009 年是个好年份"这样的说法）包括该年的葡萄在生长期内在葡萄园中经历的天气和其他影响生长的情况，不过以上所有因素最终会归结转化为收获时葡萄的成熟度。

葡萄是否在最恰当的时候被采摘下来？什么时候葡萄的酸度、糖分和风味之间的平衡度最好？葡萄是否在第一场严重的霜冻、可能会使果汁稀释或导致葡萄粒腐烂的暴雨之前成熟并且采摘完毕？

完全成熟的葡萄糖分更高，发酵时会转化成更高浓度的酒精，酿成的葡萄酒酒体也更丰满。成熟葡萄的香气和风味也会达到最佳状态，对于形成葡萄酒丰富、复杂的口感很重要。未成熟的葡萄可能导致酿出的酒酸度过高，破坏平衡，而葡萄皮中也会含有较多没有足够时间变得柔顺细致的单宁酸，从而影响葡萄酒的风味。

如果用未成熟的葡萄酿酒，酿酒师很难在发酵过程中控制好酒精浓度。葡萄酒厂可能会采取措施尽力弥补一些问题，但也无法掩盖用未成熟的葡萄所酿酒浆的一切瑕疵。

葡萄树的树龄

老藤挂果少，结出的葡萄粒小，但风味浓郁，用这种葡萄酿出的酒有与众不同的浓醇风味。

葡萄根瘤蚜

葡萄根瘤蚜是一种寄生虫，是葡萄树的克星之一，它最终会杀死整个植株。1870 年的一场流行性虫灾几乎毁掉了欧洲所有的葡萄园。幸运的是，美洲葡萄的根茎对这种寄生虫具有免疫力。这个现象被发现后，人们便将欧洲的葡萄树嫁接到了抗虫病的美洲葡萄根茎上。

贵腐菌

酿造葡萄酒的人最不希望看到的就是葡萄腐烂，腐烂的葡萄会带来毁灭性的后果。但是世界上有几种最好的甜酒却离不开一种叫灰霉菌或贵腐菌（*Botrytis Cinerea* 或 *Noble Rot*）的细菌。这些经典的甜酒包括法国的苏特恩白葡萄酒、德国的颗粒精选特级优质酒（Beerenauslese）和贵腐特级优质酒（Trockenbeerenauslese）、匈牙利的托卡伊奥苏（Tokaji Aszú），正是因为在酿造过程中利用了这种细菌，才使酒浆带有了明显的蜂蜜风味。这种霉菌会穿透葡萄皮，使葡萄浆果中的水分挥发，从而提升糖分和酸度。与正常葡萄酿出的酒相比，用感染了贵腐菌的葡萄酿的酒有浓缩的香气和味道。贵腐菌对葡萄树的感染，是一点一点发生的。所以栽种者要么在葡萄被部分感染时就采摘，要么等到完全感染之后再摘。也就是说，我们可能从葡萄酒中品尝到一点点贵腐菌的独特风味，也有可能尝到浓重的"贵腐味"。

发酵产生的风味

发酵就是葡萄汁转化为葡萄酒的过程，可以用简单的公式表示：

$$糖 + 酵母 = 酒精 + 二氧化碳（CO_2）$$

发酵过程从葡萄被碾压之后开始，到所有糖分转化为酒精即结束。（或者酒精

尽管对于在酒标上标注"old vines"或"vieilles vignes"并无明文规定，但是大多数酿酒师约定俗成地认为葡萄树龄必须在 35 年以上才可以标注为老藤葡萄酒。

100 年以上的老藤葡萄树挂果较少。Bollinger 香槟酒厂 19 世纪中期栽种的葡萄树还在结果。

只有几个国家能免受葡萄根瘤蚜之害，智利就是其中之一。自 1860 年起，智利的葡萄酒厂从法国引进了葡萄树，当时法国的葡萄树还没有遭受虫害。

20 世纪 80 年代初期，虫害开始困扰美国加州。葡萄园主不得不以每英亩 15000～25000 美元的代价重新栽种葡萄，加州的葡萄酒业为此埋单超过 10 亿美元。

酿酒和葡萄栽种关键词
还原发酵法（Reductive Winemaking）
葡萄冷浸法（Cold Soaking of Grapes）
酚催熟（Phenolic Ripening）
绿色收获（Green Harvesting）

浓度达到 15% 左右，此时酒精开始杀灭酵母菌。）成熟的葡萄果实里含有光合作用产生的糖分，葡萄皮上附着的白霜即天然酵母。然而如今的酿酒师并不总是选择使用天然酵母。以化学方法分离出的纯酵母菌种被广泛用于各种场合，每一个菌种可以帮助不同的葡萄酒形成各自的风味。

发酵产生的二氧化碳则任其挥发到空气中，但香槟或其他起泡酒（Sparkling Wine）除外——起泡酒的二氧化碳将通过特殊工艺保留下来，这个问题我们会在第八章专门讨论。

在葡萄酒的酿造过程中，葡萄汁中的糖分在酵母菌的作用下分解成酒精和二氧化碳，这个过程对葡萄酒香气和风味的形成也很关键。发酵时间取决于温度，红葡萄酒通常不到一周就可以发酵完毕，白葡萄酒和甜酒发酵时间比较长，需要几周甚至几个月。发酵时的温度或热或冷，最终都会影响葡萄酒呈现出来的风味。

另外，还有许多其他因素影响着葡萄酒的风味。例如发酵的容器是不锈钢桶（不锈钢桶没有"生命"，不会为葡萄酒增添独特香气）还是橡木桶（橡木桶会为酒浆增添一股淡淡的橡木味和单宁酸），酿酒师选用的酵母类型也会左右葡萄酒的风味。

酒精浓度、风味和酒体

葡萄酒的酒精浓度越高，酒体就越丰厚。收获季节完全成熟的葡萄含有更多天然糖分，更容易在酵母菌的作用下分解成酒精。

葡萄浸出物（Extract）是指酒浆中所有的固体物质，与酒体密切相关。浸出物包括单宁酸、蛋白质和其他在显微镜下才能看到的物质。发酵前后的浸泡（Maceration）（见第 32 页）环节会使浸出物增加，如果不过滤酒浆，浸出物也会比较多。发酵过后酒浆中残余的糖分也属于浸出物，对酒体的影响很大。因此通常情况下，甜酒比干酒的酒体丰满浓重。

代表性葡萄酒的酒精浓度	
低度酒	
德国雷司令	8% ～ 12.5%
中度酒	
香槟	12%
多数白葡萄酒	11.5% ～ 13.5%
多数红葡萄酒	12% ～ 14.5%
高度酒	
加州赤霞珠葡萄酒	13% ～ 15%
雪利酒（Sherry）	15% ～ 22%
波特酒（Port）	20%

起泡酒
酒精浓度为
8%～12%

餐酒
酒精浓度为
8%～15%

加烈酒（Fortified wine）
酒精浓度为
17%～22%

Mog 是指葡萄除了浆果之外的其他部
分。
Must（原汁）是指葡萄果汁和葡萄皮的
混合物。

压榨白葡萄的原汁需要技巧，通常会用到高
科技设备，为的是避免强力的压榨使苦涩的
单宁酸从葡萄皮和葡萄籽中释出。

"葡萄酒让生活变得更轻松和悠闲，
也让人变得更洒脱和宽容。"
——本杰明·富兰克林

发酵过程

葡萄在被从葡萄园里摘下时，最理想的情况是被仔细地装在小筐里，避免受到挤压破裂而提前发酵。如果要酿造上好的葡萄酒，葡萄浆果会被放在自动传送带上进行人工筛选，摘掉枝叶、拣出石块等。

酿酒师需要做的第一个决定就是葡萄是否需要去梗。白葡萄酒的酿造葡萄基本上都会放入去梗机里去梗。酿造红葡萄酒则需要保留部分葡萄梗或者完全不去梗，这样一来，当葡萄汁、葡萄皮和葡萄梗浸泡在一起的时候就会产生更多单宁酸。接下来，葡萄会被放入压榨机榨汁。

葡萄被筛选出来去梗、榨汁之后，红白葡萄接下来的酿造程序就不一样了，原因主要在于葡萄皮。所有的葡萄皮中都含有风味化合物（Flavor Compounds），它对于能否成功酿出葡萄酒起着很关键的作用。但是葡萄皮和葡萄籽也含有单宁酸，单宁酸会使新酿的酒尝起来有些苦，也会产生一种收敛的口感。对白葡萄酒来说尤其需要将单宁酸含量控制在一定范围内。因此，压榨之后通常要立即将白葡萄的皮与葡萄汁分离，然后再进行发酵。

有些白葡萄酒的酿造允许葡萄皮和葡萄汁浸泡一段时间，这个过程叫做"浸皮"（Skin Contact）。不同品种的葡萄，香气和味道都不一样，浸皮时葡萄的香气和味道会从皮中释出，这样做的目的是使酿出的酒具有更丰富的风味。

用红葡萄酿出白葡萄酒

葡萄酒的颜色完全取决于葡萄皮。采摘后立即分离果皮，酒浆的颜色便不会受影响，用红葡萄也可以酿出白葡萄酒。在法国的香槟地区，相当一部分葡萄是红葡萄，却也酿出了白葡萄酒。美国加州的白馨芳葡萄酒就是用红皮的馨芳葡萄酿成的。

浸泡

白葡萄的皮和果汁要在发酵前分离，红葡萄则要连皮一起倒入发酵桶，进行浸泡——具体说就是连皮带籽和葡萄汁一起泡着，直到香气物质、单宁酸和色素从皮中释出。浸泡让香气更强烈，还能提升葡萄酒的口感，即酒浆在嘴里的重量和质感。酿酒师有可能选择发酵前或发酵后浸泡，甚至在发酵前后都进行浸泡。

二氧化碳浸泡法

法国勃艮第的博若莱葡萄酒有一股特别清新的水果风味——有新鲜的草莓果浆或覆盆子果浆的香气，这样的风味正是拜"二氧化碳浸泡法"（Carbonic Maceration）所赐。这种浸泡法让葡萄浆果被完整地铺在发酵桶里，每个葡萄浆果先在各自皮内进行发酵，然后再进行标准发酵。正是葡萄浆果自身的发酵，才为葡萄酒带来清亮的色泽和美妙的水果风味。

加糖

在某些产区，在有些情况下允许在发酵前向酒浆里加糖。加糖这一名称来自让－安托万·沙普塔尔（Jean-Antoine Chaptal），于 19 世纪首次提出。在葡萄汁里加入糖，酵母就能促使糖分转化成更多的酒精。如果葡萄中的天然糖分不足，无法转化成足够的酒精，就要以加糖的方式弥补，一般是为了弥补尚未成熟的葡萄所缺少的糖分。加糖并不会酿出很甜的酒，因为所有的糖都会转化成酒精。

酵母有味道吗？

酵母当然有味道，如果你闻过或吃过刚烤好的面包就知道酵母是什么味道了。在酿酒过程中，酵母对葡萄酒的风味或多或少都有影响，但是否让人从酒中尝出酵母的味道取决于酿酒师。有一个让葡萄酒具有酵母味的方法：酒渣浸泡（Lees Contact）。

酒渣是发酵之后死掉的酵母细胞和其他沉淀物。在酿造白葡萄酒的桶内发酵环节，发酵结束后会将酒浆与酒渣一起留在桶内静置不超过一年。酒渣浸泡使葡萄酒具有丰富的口感和奶油点心或面包卷的味道——与酿造香槟时使用酵母的效果一样。酒渣对葡萄酒风味的影响，可由搅拌桶内的酒渣来增强，称作"搅桶"（Bâtonnage）。

单宁酸

单宁酸是一种天然防腐剂，它和其他许多成分一道，使葡萄酒得以"长寿"。这种成分来自葡萄的果皮、籽和茎。单宁酸的另一个来源是木桶，比如法国的橡木桶——有些酒在橡木桶中陈贮或发酵。一般来说，红葡萄酒的单宁酸含量比白葡萄

二氧化碳浸泡法是将整串未压破的葡萄一层层放入桶中。最下层的葡萄受到挤压破裂，流出汁液开始发酵，发酵产生的热量和二氧化碳使桶内温度上升，并促使上层完整的葡萄在皮内发酵。皮内发酵的葡萄，果糖转化成酒精的程度有限，只能萃取葡萄皮浅层的色素、香气和少量单宁酸。最下层发酵的葡萄汁产生的二氧化碳可以阻隔空气，避免葡萄过度氧化，保护上层葡萄顺利发酵。大约一周之后，原本未破的葡萄因发酵产生的二氧化碳气体而胀破，表皮流出汁液。这时就可以将桶内的葡萄汁倒出，连同残渣榨汁后加入酵母，进行标准发酵，将剩余的糖分完全转化成酒精。

——编者注

发酵结束，葡萄中没能在酵母的作用下转化成酒精的天然糖分就是所谓的剩余糖分，简称 RS。酒中没有 RS 或者 RS 低于规定的量，被称为"干酒"。

欧盟规定酒标上标示"干酒"的葡萄酒，每升含糖量不得超过 4 克。酒标标示"甜酒"，每升含糖量可以达到 45 克。

法语 Sur Lie 是指葡萄酒带渣陈贮，这里的酒渣（Sediment）包括死去的酵母细胞、葡萄皮和葡萄籽。

全世界所有的葡萄园都能产生天然酵母，天然酵母可借助风在空气中传播。成熟的葡萄的皮上即附有天然酵母，可以只利用天然酵母进行发酵。一些酿酒师也选择使用人工培养的酵母，用人工酵母酿造葡萄酒的风味更易把握。

3 种单宁酸含量较高的葡萄

内比奥罗
赤霞珠
西拉

核桃里也含有单宁酸。

埃及的图坦卡蒙王（King Tutankhamen）死于公元前 1327 年，他生前嗜饮红葡萄酒，因为科学家在他陵墓里的酒瓶中发现了红葡萄酒的残余物——单宁酸。

5 种酸度较高的葡萄

雷司令（白葡萄）
白诗南（白葡萄）
内比奥罗（红葡萄）
桑娇维赛（红葡萄）
黑比诺（红葡萄）

含糖量升高，酸度则随之降低。

"苹果酸"（Malic）这个单词源自拉丁语的"苹果"（Malum）。

陈贮产生的风味

陈贮超过 20 年的葡萄酒，无论使用什么品种的葡萄酿造，都有一种相似的风味。这种风味往往被描述为：雪茄盒子味、灰尘味、肉味、膻腥味、皮革味和烟草香味。

酒高，因为酿制红葡萄酒时常常留下果皮与果肉一起发酵。

单宁酸的口感，就是"涩"。尤其是新酿的酒，单宁酸可能使酒味发苦。然而，单宁酸不是一种味道，而是一种触感。

浓茶里也含有单宁酸。那么，在茶汤里加点什么来去除苦涩呢？牛奶。奶液中的脂肪和蛋白质可以弱化单宁酸。对单宁酸含量高的酒，乳制品也有同样的功效。如果你将乳制品比如乳酪和葡萄酒一起享用，能使单宁酸变弱，令酒更顺口。你可以开一瓶新酿的红葡萄酒，配上一碟牛肉开胃菜或奶油沙司调制的其他小菜，体验一下这种奇妙的感觉。

酸

所有葡萄酒都或多或少含有酸。一般来说，白葡萄酒比红葡萄酒含酸量更高。当然，酿酒师总是力图使酸味和果味达到平衡。含酸量过高的酒被描述为"酸涩"。在陈贮过程中，酸是一种非常重要的成分。

苹果酸乳酸发酵

苹果酸乳酸发酵（Malolactic Fermentation，简称"Malo"）要在酒精发酵和酒渣浸泡之后进行。几乎所有红葡萄酒在装瓶后都要通过苹果酸乳酸发酵来增加酒的稳定性，但白葡萄酒却不一定进行这样的发酵。

总体来说，葡萄酒的颜色越浅，酸度越强。

收获时的葡萄带有尖锐的苹果酸，和青苹果的酸味一样。对于绝大多数红葡萄酒和一些白葡萄酒，酿酒师会让乳酸菌自然而然地开始苹果酸乳酸发酵，将干涩的苹果酸转化为柔和的乳酸。除了一些霞多丽葡萄酒，大多数白葡萄酒都会避免苹果酸乳酸发酵。因为酸味鲜明对于白葡萄酒是必须的，而苹果酸乳酸发酵会让葡萄酒带有黄油的味道。如果你品尝过口感丰厚、带有黄油味的加州霞多丽葡萄酒，就能理解苹果酸乳酸发酵对葡萄酒产生的影响了。

陈贮和成熟过程中产生的风味

几千年以来，橡木桶一直被用于葡萄酒发酵、陈贮和装运。人类在使用橡木桶的早期发现，随着时间的变化，不同品质、不同容量的橡木桶会赋予葡萄酒各种独特的风味。这些独特的风味包括橡木味、杉木味、香草味、丁香味或椰香味，取决于橡木桶的产地和制作方式。

相对来说，最新的橡木桶替代物，如水泥发酵罐和不锈钢桶不再将橡木味加诸酒浆，从而使葡萄本身的果香愈发明亮活泼。大多数葡萄酒都不再使用橡木桶陈贮。需要进行橡木桶陈贮的葡萄酒，要由酿酒师把控葡萄酒受橡木桶影响所带上的风味类型及其浓郁程度。

红葡萄品种	经酿造及陈贮后的葡萄酒风味
赤霞珠	铅笔屑味，烤面包味，烟叶味
歌海娜	香气集中，有浸出物
美乐	铅笔屑味，烤面包味
内比奥罗	浓茶味，肉豆蔻味，膻腥味
黑比诺	烟熏味，泥土香味
桑娇维塞	杉木味，李子味，香草味
西拉	烤面包味，香草味，咖啡味
丹魄	橡木味（美国橡木），烟草香
馨芳	香薄荷味，焦油味，巧克力味
白葡萄品种	经酿造及陈贮后的葡萄酒风味
霞多丽	香草味，烤面包味，奶油糖果味
雷司令	钢铁般的（形容酸味凛冽），青苹果味，汽油味
长相思	椰子味，烟熏味，香草味

大橡木桶 VS 小橡木桶：橡木桶的尺寸有很多种，从 1000 升或 1200 升的超大桶到不足 100 升的小橡木桶不等。橡木桶越大，表面积与体积的比例越小，意味着能够直接接触橡木桶的葡萄酒也就越少。最大的橡木桶对酒浆风味的影响微乎其微。消费者最熟悉的橡木桶尺寸是波尔多常用的 225 升橡木桶。

橡木风味：当橡木桶的木质细胞接触酒浆时，其中的香气和单宁酸会渗入酒浆，为葡萄酒增添橡木风味。新橡木桶的香气更浓郁，随着时间推移，葡萄酒从橡木桶的木质细胞中年复一年得到香气和单宁酸，橡木桶的香气也就渐渐消失了。橡木桶不仅能给予葡萄酒香气和单宁酸，还能让酒浆适度接触氧气。橡木桶在使用的头 3

"我喜欢玩味葡萄酒的生命，它的生命力打动了我。我想象一年中葡萄是如何成长的，阳光如何，揣想那里是否下雨，我喜欢琢磨所有那些照料和采摘葡萄的人们。如果是一款陈年酒，它该见证过多少作了古的人呢？我喜欢葡萄酒的变化，喜欢那种感觉——今天开瓶，味道和另一天打开有所不同，因为葡萄酒的的确确活着。它在不断演变，变得越发繁茂，直至巅峰，就像你到了 61 岁。之后，它注定要垂垂老去。"
——玛雅（Maya）
2004 年电影《杯酒人生》(Sideways) 对白

酿造价格低廉的葡萄酒时酿酒师会用其他方法让酒具有基本的橡木味，比如使用橡木棍、橡木桶桶板、橡木小球、橡木碎片、橡木粉末，甚至橡木提取物。

橡木桶赋予葡萄酒的风味取决于橡木的生长地。美国、法国和斯洛文尼亚都出产橡木，但酿出的葡萄酒风味各有所长。

年香气很浓，而使用年头较长的橡木桶则可以让酒浆更缓慢地氧化。酿酒师常常用新橡木桶陈贮一定比例的葡萄酒，用香气已经消失的橡木桶陈贮剩下的葡萄酒，然后将二者混合以达到理想的风味。

烤面包味：在橡木桶制作过程中，桶板被铁圈箍好后，要用火烘烤——这样做可以让木头更柔韧、容易弯曲。橡木板也需要接受烘烤，且火焰在桶内烘烤的时间越长，其木质细胞和葡萄酒接触时阻碍就越多，也就是说，单宁酸和橡木风味较难渗入酒浆。但是烘烤过程的确能带给橡木桶独特的香气。酿酒师可以根据葡萄酒需要的风味，选择烘烤程度各异的橡木桶。轻度烘烤的橡木桶对葡萄酒影响较小，但是葡萄酒仍旧可以从木质细胞中得到浓重的单宁酸。中度烘烤的橡木桶通常会使葡萄酒带有香草或焦糖的风味。深度烘烤的橡木桶会让酒尝起来有丁香、肉桂、烟熏或咖啡香气。

美国橡木、法国橡木和东欧橡木：橡木桶使用的橡木全部来自美国和欧洲。美国橡木桶相对便宜，但是欧洲橡木能为葡萄酒带来强度不一的香气和风味。酿酒师会根据其对葡萄酒风味和单宁酸的整体要求寻找适合的橡木桶。橡木的种类、木头的纹理、制作橡木桶的方式都会对葡萄酒风味产生影响。

酒标上的"Unfiltered"是什么意思？

葡萄酒在经橡木桶陈贮之后、装瓶之前会过滤掉零星的酵母细胞或细菌，以及显微镜下才能看到的葡萄残留物和其他残余的不稳定杂质。酿酒师可以自己决定过滤的程度。过滤得较彻底能去掉酒浆中的许多固体杂质，但风味和口感将有所损失。因此一些酿酒师和消费者认为葡萄酒应该保持最自然的状态，保留更丰富更真实的风味，不应该过滤。"无过滤"（Unfiltered）葡萄酒可能没有经过过滤的葡萄酒看上去那么澄澈，但这种葡萄酒酒体丰满、口感丰富、风味强烈，仔细看会发现酒瓶底部有一些沉淀物。

年份

年份是指酒款采用的酿酒葡萄收获的年份。因此，每年都是一个葡萄酒"年份"。年份图表可以反映出不同年份的气候条件。气候条件较好的年份获得的评分往往较高，意味着该年酒款更有可能经陈贮成为佳酿。

250 升的法国橡木桶最高售价为每个 1200 美元，同样容量的美国橡木桶价格只需要一半。

最早有年份可考的葡萄酒由古罗马的百科全书式作家老普林尼（Pliny）酿造，标明的年份为公元前 121 年，并以"无上的卓越"命名。

2010 年对于全球各大产区都是上佳年份。

是否所有葡萄酒都需要陈贮？

不是。一个普遍的误解是所有的葡萄酒都越陈越好。其实，世界上超过90%的葡萄酒最佳饮用时间都是出产后1年之内，只有不到1%的葡萄酒需要陈贮5年以上。葡萄酒的品质随时间变化，有的越久越好，大多数则并非如此。幸运的是，1%就意味着每个产酒年份都有3.5亿瓶品质上佳的葡萄酒产出。

陈贮对红葡萄酒风味的影响

葡萄酒有生命，从酿造之始就在不断发生变化。即使在装瓶之后，葡萄酒也会随着氧气的影响、各种反应（使单宁酸变成颗粒状杂质沉在瓶底）、风味的变化，酒色由鲜亮变得黯淡而逐渐"老去"。

单宁酸渐渐变成杂质，葡萄酒中的单宁酸含量减少，果香、单宁酸和酸味更加平衡，口感也就更柔和。年轻时的葡萄酒果香新鲜活泼，逐渐成熟后果香可能会丧失活力（比如转变为樱桃干、西梅脯、椰枣之类果干的香气），同时渐渐呈现出某种植物香（比如蘑菇、罐装豌豆、芦笋的香气）。氧气的作用表现在两个方面：酒色变得越来越偏棕色，酒味渐渐释出坚果香气。

是什么使葡萄酒能够陈贮5年以上？

颜色和葡萄：红葡萄酒含较多单宁酸，通常比白葡萄酒陈贮的时间更长。有些红葡萄品种例如赤霞珠比黑比诺含有更高的单宁酸。

年份：出酒年份的气候条件越适宜，所产酒款就越能实现果味、酸度和单宁酸的均衡比例，从而可以窖藏很长时间。

在美国，90%的葡萄酒都会在售出后24小时之内被喝掉。

"葡萄酒陈贮的真相在于其不为人知、无法探明、难以理解、难以预料！"
——泽尔马·朗恩（Zelma Long）
美国加州酿酒师

我喜欢的长期陈贮型葡萄酒

红葡萄酒：

波尔多红葡萄酒
巴罗洛（Barolo）或
巴巴瑞斯可（Barbaresco）红葡萄酒
纳帕赤霞珠葡萄酒
罗纳河谷西拉或歌海娜葡萄酒
年份波特酒

白葡萄酒：

勃艮第博纳坡（Côte de Beaune）
的白葡萄酒
卢瓦河谷的白诗南葡萄酒
雷司令葡萄酒（晚摘级及以上）
匈牙利托卡伊葡萄酒
波尔多苏特恩白葡萄酒

葡萄酒产地：某些葡萄园具备葡萄生长的最佳条件，包括土壤、排水、坡度等，所有这些因素都能成就那些需要多年陈贮的佳酿。

葡萄酒酿造方法：葡萄酒在浸泡阶段与果皮接触时间越长，且发酵和陈贮过程在橡木桶中进行，所含天然单宁酸越多，保存时间也就越长。由于篇幅所限，我只能简单列出以上两项酿酒工艺对葡萄酒保存年限的影响。

贮存条件：如果贮存不得当，最优质的佳酿也无法取得理想的陈贮效果。 最佳贮存湿度为 55% ~ 75%。

糟糕的味道

能否成功地酿出葡萄酒取决于某些微生物和其他因素的共同作用，但事与愿违的情况难以避免。下面是 5 种常见的变质或缺陷，我尝试为大家描述其味道。

木塞味（Corked）：这种味道与酒杯中漂浮的木屑毫不相干。"Corked"描述的是酒中的霉味，而霉味是由一种叫 TCA（Trichloroanisole，三氯苯甲醚）的有机化合物引起的。

目前有各种理论解释 TCA 如何对木塞产生影响。不过，我们知道当含有 TCA 的木塞接触酒浆，葡萄酒闻上去就会有一种类似潮湿的、发了霉的硬纸板气味。这种影响轻则让酒显得有点萎靡不振，不容易察觉，重则使整个房间都弥漫着强烈的恶臭。

目前针对木塞味葡萄酒还没有补救措施。每年木塞味葡萄酒都会给整个葡萄酒产业带来严重损失，所以许多酿酒师都在积极推广用螺旋瓶盖代替天然木塞。

氧化味（Oxidation）：就像切开的苹果暴露在空气中会慢慢氧化一样，葡萄汁与氧气接触也会发生变化。氧化对葡萄汁的影响在葡萄被采摘下来送到酒厂的时候就已经开始了，酿造过程中的很大一部分工作就是小心翼翼地避免葡萄汁接触氧气。为了使葡萄酒最终呈现需要的风味，许多酿酒师会通过把控酒浆的氧化程度来进行精微调整。葡萄酒过度暴露于空气中，颜色会呈褐色并带有坚果和类似雪利酒的味道。

硫黄味（Sulfur）：二氧化硫是天然的抗氧化物质、防腐剂、杀菌剂，大多数酿酒师在酿造葡萄酒的各个环节都用它来避免葡萄汁不必要的氧化、抑制细菌和天然酵母菌。如果酿酒师对葡萄酒中二氧化硫的最终含量缺乏谨慎的控制，通过嗅觉（有一股划擦火柴的气味）你就会知道二氧化硫是否过量。如果葡萄酒中能闻出哪怕一点点二氧化硫的味道，我也觉得它是一款有缺陷的酒。

TCA 污染目前不只存在于葡萄酒领域，它还使一些包装食品产生**霉味**。

10 年之前，约有 9% 的葡萄酒会被认为色泽糟糕，已经变质。如今这一数据已下降至 3%。

想辨别葡萄酒氧化的味道，可以尝尝雪利酒，雪利酒在酿造过程中会有意进行氧化。

酒香酵母味（Brett）：如果你从葡萄酒中尝出了谷仓味或者更接近汗湿的马鞍或马汗味，这种气味就是所谓的酒香酵母味。"Brett"是"Brettanomyces"的缩写，是一种在酒厂里产生的酵母——尤其要是酿酒设备或橡木桶没有清洗干净，与葡萄汁接触之后就会影响葡萄酒的风味。对有些人来说，酒香酵母味并没有那么糟糕，许多葡萄酒爱好者认为酒中略带酒香酵母味会让风味变得更复杂。

挥发酸（Volatile Acidity）：所有葡萄酒中都有一定量的挥发酸（简称 VA），但是当醋酸杆菌（Acetobacter）起作用时，VA 就成了葡萄酒的一大缺点。醋酸杆菌会使葡萄酒中的醋酸过量，醋酸达到较高浓度时葡萄酒闻起来有一股醋味。

酿酒师在酿酒过程中会尽量避免向葡萄酒中添加过多的二氧化硫，可是所有葡萄酒在发酵环节都会由酵母产生少量二

二氧化硫是常用的食品防腐剂，坚果中就有少量二氧化硫。

—— 延伸阅读 ——

詹姆斯·哈利戴（James Halliday）著，《葡萄酒的艺术与科学》（*The Art and Science of Wine*）

杰夫·考克斯（Jeff Cox）著，《从葡萄树到葡萄酒》（*From Vines to Wine*）

埃里克·米勒（Eric Miller）著，《葡萄酒商的学徒》（*The Vintner´s Apprentice*）

酒瓶和酒杯

酒瓶

规格及名称

名称	标准比率	容量
分型瓶（Split）	¼	187.5 毫升
半瓶（Demi/Half）	½	375 毫升
标准瓶（Standard）	1	750 毫升
马格南瓶（Magnum）	2	1.5 升
以色列王瓶（Jeroboam）	4	3 升
犹太王瓶（Rehoboam）	6	4.5 升
亚述王瓶（Salmanazar）	12	9 升
珍宝王瓶（Balthazar）	16	12 升
巴比伦王瓶（Nebuchadnezzar）	20	15 升
光之王瓶（Melchior）	24	18 升

瓶形与葡萄酒

酒瓶的形状可以让你只扫一眼就大致了解其盛装的是哪种葡萄酒，酒瓶的颜色同样具备这种功能。某几款特定的德国白葡萄酒通常以棕色酒瓶盛装，其他酒款则使用绿色酒瓶。

从以色列王瓶开始，葡萄酒瓶的名称取自圣经《旧约》里的国王。

雷司令
长笛瓶

赤霞珠、美乐
方肩瓶

霞多丽、黑比诺
斜肩瓶

香槟、起泡酒
斜肩瓶，玻璃瓶壁较厚

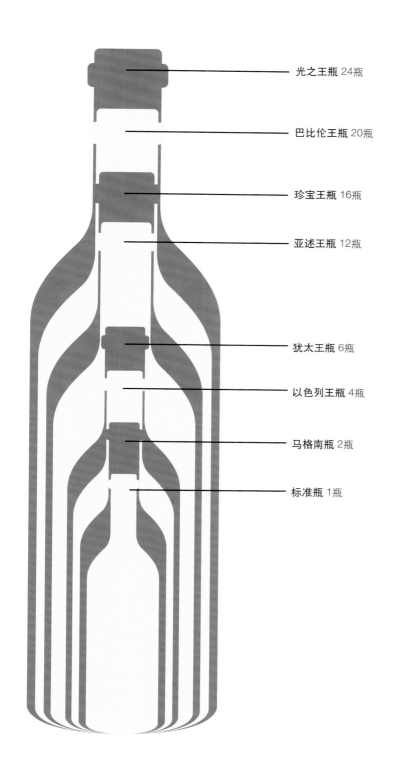

光之王瓶 24瓶

巴比伦王瓶 20瓶

珍宝王瓶 16瓶

亚述王瓶 12瓶

犹太王瓶 6瓶

以色列王瓶 4瓶

马格南瓶 2瓶

标准瓶 1瓶

葡萄酒收藏家们最喜欢用哪种规格的酒瓶陈贮他们的美酒？请参见第 306 页。

半瓶　　　　分型瓶

一瓶葡萄酒中的各种成分

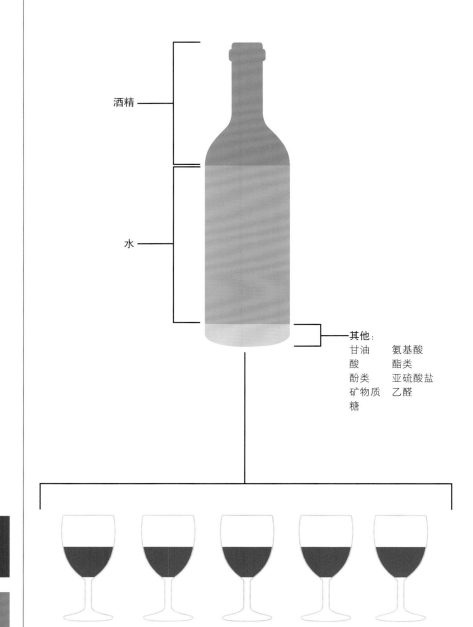

酒精

水

其他：
甘油　　氨基酸
酸　　　酯类
酚类　　亚硫酸盐
矿物质　乙醛
糖

标准瓶（750毫升）= 5杯（5盎司/150毫升）

一支 750 毫升标准瓶装的葡萄酒需由 600~800 颗（2.4 磅）葡萄酿造，其中 86% 都是水分。

一个 225 升的标准橡木桶中的葡萄酒能灌装 240 瓶。

酒杯

葡萄酒杯与适宜酒款

重酒体红葡萄酒杯
例如赤霞珠

轻酒体红葡萄酒杯
例如黑比诺

甜红葡萄酒杯
例如波特酒

重酒体白葡萄酒杯
例如霞多丽

雅致白葡萄酒杯
例如长相思

长笛型杯
例如起泡酒

甜白葡萄酒杯
例如苏特恩

这里列出了如今常见的品鉴各色酒款所对应的酒杯。还有一种容量为 10~12 盎司的通用葡萄酒杯，适合用来品鉴所有的无气葡萄酒。

"葡萄酒是最为健康和卫生的饮品。"
——路易斯·巴斯德

嗅闻及品尝葡萄酒的生理学

凯文·兹拉利　温迪·杜比特（Wendy Dubit）

葡萄酒之所以美妙，就在于它带来的感官享受。尽管各种感官都能让我们体会葡萄酒的美好，最愉悦、最强烈的感受却来自嗅觉。令人欣慰的是，大多数品酒者都有这样的体会：在葡萄酒的品鉴、贮藏以及保健方面，嗅觉至关重要。这一点也已经被不断发展的科学所证实。

出于对葡萄酒的热爱和对嗅觉研究的痴迷，我和我的伙伴温迪合著这部分。我们希望你一边阅读这部分内容，一边就着一杯葡萄酒浅呷细品，收获更多知识，留下更美好的回忆。

来自凯文的一封信

我一直对嗅觉很着迷。祖父家的农场给我的最初记忆，就是厨房柴火炉上煮着洋甘菊热茶的香甜气息。我在距离纽约市不远的一个小镇长大，房子四周是散发着清新的松香味的松树林。我相信正是对松香味的记忆让我选中了一片松树林并将新家安在那里。

小时候，我家附近有一个游泳池，整个夏天都弥漫着氯气味，让我印象深刻。甚至在长大后，我发现奶油爆米花的味道也影响着我对电影的好恶。当然，并非一切东西闻起来都像玫瑰或者一定能唤起美好的回忆。我家前院曾有一棵银杏树，每年结果时这棵树散发的气味都很难闻。

激素分泌过盛的少年时期，我喜欢喷英国皮革古龙水，直到今天，一闻到古龙水我立刻就能想起年轻时的快乐时光。但不知道为什么，只要我准备嗅闻葡萄酒，就一定不会喷古龙水，这是巧合还是与嗅觉有关？

我永远不会忘记"9·11事件"之后纽约商业中心的气味，它持续几个月都不曾散去。一年之后，我在某个不经意的瞬间想起那气味，亦感觉仿佛一种很难闻的东西突然攫住了我的神经。15年过去了，它还像一团挥之不去的阴云，我恐怕永远无法忘记。

年轻时我被葡萄酒的气味（葡萄、土壤和酒的香气）吸引，40年后我依然沉迷其中。刚犁过的土地性感的麝香气味、刚收获的葡萄发酵时的浓郁香气，还有博

气味评鉴师钱德勒·伯尔（Chandler Burr）列出了全世界最好闻的10个城市，我的家乡，位于美国纽约州的普莱森特维尔，位居全球第二！

若莱新酒强烈的酒香，这么多年来仍旧让我陶醉。在我的酒窖中，一瓶带烟草味、蘑菇香和潮湿泥土气息的红葡萄酒陈酿放了多年依然生气勃勃。

正如烹饪大蒜的气味会让我胃口大开，海滩的空气能让我身心放松，秋天清新干燥的气候提醒我此刻正是收获的季节，一年里我最喜欢的时节就快结束了。

嗅觉对于生命极为重要，它也是我们最原始的感官。然而我们人类总是容易偏激地颠倒自身与自然界的关系，认为拥有嗅觉是理所当然的事。我这一生都将致力于探究嗅觉和味觉赋予生命的重要价值。希望你能在本章享受探索嗅觉的迷人奥秘，相信我，这会让你的日常生活变得丰富多彩，使你从葡萄酒中得到更强烈的感官体验。

来自温迪的一封信

我的 5 种感官一直都还不错，使用鼻子的机会最多。这让我得以靠近任何我想去的地方——当然，大多数时候是任何我想去的葡萄酒厂。

毫无疑问，早在 8 岁时，嗅觉就与我对学习的热爱紧密地联系在一起。学习学累了，我会剥个橘子，或是坐到紫丁香丛边，或是去椴树下待一会儿。上中学时我更加有意识地使用这个方法，而且为了得到最佳的学习效果和感官体验，我开始运用色彩和音乐。橘子树和松树的形状和气味，伴随着不绝于耳的维瓦尔第和肖邦的音乐启发了我，让我将概念和如何运用它们联系起来。我还常常通过回想彼时的其

温迪·杜比特是感官局（The Senses Bureau，网址 www.thesensesbureau.com）和 Vergant 传媒（www.vergant.com）的创始人，她曾任《葡萄酒之友》（Friends of Wine）和《葡萄酒爱好者》（Wine Enthusiast）杂志主编，之后又创立了经营范围从唱片领域跨越到电视剧的传媒企业。她坚持不懈地为推广葡萄酒、美食、生活方式而撰文、演讲，并在世界范围内引领葡萄酒品鉴潮流，还坚持葡萄酒品鉴训练——通过品鉴葡萄酒增强感官体验、记忆力和思维能力。

他感官体验，来弥补脑海中缺失的图像记忆。

十几岁时，我多次"受邀"参加父母的晚餐会开场酒会。我父亲喜欢关于勃艮第和波尔多的一切。酒会上，他会给我倒一小杯葡萄酒并让我说说这酒闻上去怎么样。我一直都记着某个晚上酒液倒出的瞬间，我闻到了那种融合了河边卵石、马鞍下潮湿的皮革、黏着野花的干草和黄绿苹果的气味。

"啊，"父亲点点头，用鼓励的语气说，"普里尼－蒙哈榭（Puligny-Montrachet）。"香气扑鼻的酒浆在舌头上流转，普里尼－蒙哈榭这个名字听起来有一种愉快的诗意。即使我的年少生活充满了质朴气息——厨房、后院、木头、蒸汽和农场的各种气味——我仍旧记得在一杯葡萄酒中体会到丰富而复杂的香气时，心中升起的那种绝对敬畏。一杯伟大的葡萄酒能够包罗整个嗅觉世界，层层推进、越来越精彩。

因为那些年少时的晚餐会，普里尼－蒙哈榭成了我最喜欢的葡萄酒，也是我和父亲之间持久不变的纽带。我最后一次见到父亲是在医院里——距离那些晚餐会已经过去了几十年，而我亦将永远把他品尝普里尼－蒙哈榭葡萄酒的夜晚珍藏在心底。那时，他也知道医院看护人员绝对不可能允许我在晚餐时给他带一瓶葡萄酒，所以我就干脆陪他聊聊葡萄酒。我把勃艮第白葡萄酒的诱人气息描述为混合了矿物香气、酸味、活泼清新的水果香和烘烤过的橡木香的气味。我回想着说起和父亲去夜坡（Côte de Nuits）、博纳坡（Côte de Beaune）的旅行，清楚地追溯着带回家的每瓶佳酿都让我们心满意足。我说话的时候，父亲变得越来越放松。我说完停下来时，他也完全平静下来，血氧水平明显提高了。

"谢谢，"他说，低下头，"我就是想听你说这些。"

葡萄酒对于人的 5 种感官、记忆力和领悟力而言，既是训练又是享受。所以，如果注意观察、嗅闻、品尝、感受、分析并认真记住更多细节，我们对整个葡萄酒品鉴的体验和理解都将大不一样。上好的葡萄酒要求我们停下手中的一切，分辨、品尝、欣赏每一层风味，这样它的丰富性和给予感官的种种愉悦才会更好地展现出来。每一瓶葡萄酒都值得我们用 5 种感官去体验，尤其嗅觉，具有唤起记忆和感受的能力，所以它在品酒中起着最重要的作用。

我们如何"嗅"味

每一次吸气，鼻子都会收集我们所处环境的基本信息——快乐、机遇、险境。我们可以闭上双眼和嘴巴，忽略触觉，堵住耳朵，可鼻子却是感官中的特例——它全天候工作并且时刻提醒我们感知潜在的危险和愉悦。

众多研究结果证实了气味对情绪和记忆的影响。薰衣草有安神作用，柑橘有醒脑作用，所以日本的办公楼偶尔会使用它。莎士比亚曾在《哈姆雷特》中写道："迷迭香是为了帮助回忆，亲爱的，请你牢记在心。"

嗅觉区是人类大脑中最早发育的部位。

人类基因中有 1%～2% 涉及嗅觉，大约等同于免疫系统的比例。由此可见，嗅觉在人类进化过程中的重要性。

内隐记忆（Implicit Memories）是知觉的、感性的、感官的，往往被无意识地编码或解码；外显记忆（Explicit Memories）则是确凿的、松散的、短暂的，需要有意识地编码和解码。一款好酒要被很好地感知并得到恰当的描述，应当同时依赖于以上两种记忆。

阿克塞尔和巴克分离出了 10000 种不同的气味。

科学家和专家认为人 90% 的感觉来自嗅觉——尽管这种感受在大多数人看来似乎是来自口感。

酒杯的大小和形状很关键，深而优质的玻璃杯，比如瑞德尔（Riedel）高脚杯的线条，确实可以提升酒浆的芬芳。

嗅觉还可以帮助我们提升学习能力、唤醒记忆、促进康复、强化欲望、激发行动力。嗅觉收集的即时信息经过丘脑（负责处理各种感官信息），直接传送至边缘系统——这一生理过程对于生命的延续相当重要。边缘系统可以控制情感、情绪反应、动机，以及痛苦和快感，因此边缘系统是我们分析嗅觉原理的研究对象。

边缘系统是人类大脑中一系列组织和结构的统称。这些组织和结构负责处理人的情感、动机，以及和记忆有关的情绪。在将情绪与感知（如嗅觉）相连进而形成记忆的过程中，边缘系统起到了一定的作用。

边缘系统里存储的记忆将物理感受与情绪状态直接联系在一起，从而形成最重要、最原始的学习形式：工作记忆（Working Memory）。我们记忆嗅觉的方式与记忆视觉、声音、味道和触感的方式有所不同，因为人对嗅觉的反应类似于情绪反应：心跳加快、敏感、呼吸急促。由于与情感联系紧密，嗅觉能够强有力地刺激记忆，因而特定的嗅觉可以使人仿佛回到某个特定的时空。

2004 年，诺贝尔医学奖被授予美国哥伦比亚大学的理查德·阿克塞尔（Richard Axel）教授和哈奇逊癌症研究中心的琳达·巴克（Linda B. Buck）教授，以表彰他们在人类嗅觉研究方面的突破性发现。

阿克塞尔和巴克发现，在鼻腔上部的嗅觉上皮细胞中有一类基因，它们能控制某种蛋白受体的生成，称作嗅觉受体（Olfactory Receptors）。这种受体专门负责识别气味分子，并将自身附着在数以千计的气味分子上。一旦附着成功，捕获的化学分子会被转化为电信号，电信号又被传至嗅球，然后经嗅觉神经传送至边缘系统中负责嗅觉大脑皮层的区域，电信号就在这里接受分析和反馈。

嗅觉电信号传送至边缘系统的时候，嗅觉成分（无论气味来自潮湿的皮革、野

花、苹果，还是河里的卵石）已经经过识别并且转换为电信号。边缘系统把这些嗅觉成分重新组合，搜索自身庞大的记忆数据库，找出与之相关的数据，进行分析。

一旦分析过程结束，边缘系统就会触发相应的生理反应。举例来说，如果你品尝一款普里尼－蒙哈榭酒，你的边缘系统有可能辨识出这是一款令人身心舒畅的白葡萄酒，由霞多丽葡萄酿成。

经验较丰富的品酒者具有更为丰富发达的记忆库，能够将这款酒与其他普里尼－蒙哈榭进行对比，从而辨识其身份。专家级的品酒师甚至可以认出该酒产自哪座葡萄园、酿酒师是谁、哪一年出产。品得越多，经验越丰富，鉴别技巧也就越高，品酒的乐趣也越强烈。

从开瓶至大脑的嗅觉轨迹

通过以下步骤，我们以一瓶普里尼－蒙哈榭葡萄酒为例，可以追踪其嗅觉轨迹——从开瓶一直到大脑的反馈：

- 怀着美好的期待开瓶。
- 将酒斟入适合的酒杯。
- 轻晃酒杯，芬芳四溢。
- 吸气，深深吸入酒香，并重复几次。

关于鼻子的小常识：形成记忆时让自己闻一些容易分辨的气味，会让记忆与气味联系起来。比方说（可以像温迪小时候那样）复习备考时吃点橘子，考试的时候想到橘子的味道就能更容易地回想起复习过的内容。

葡萄酒所散发的不同气味取决于其酿酒葡萄的品种、酿造过程和陈贮方式。

科学家正努力通过命名的方式来区分葡萄酒中的香味化合物。但是葡萄酒品鉴专家却更愿意使用已有的术语。毕竟，谁会记得"甲氧基吡嗪（Methoxypyrazine）的气味"这样的术语而舍弃"青椒味"这么方便的描述？又有谁会记得"芳樟醇（Linalool）和香叶醇（Geraniol）的气味"而舍弃"花香"这么简洁的描述呢？

---

3 种香气浓郁的葡萄

麝香葡萄

琼瑶浆

托伦特（Torrontés）

分隔两个鼻腔的软骨发生畸变会导致鼻中隔偏曲，进而引起呼吸问题、流鼻涕等。最彻底的治疗方法恐怕是外科手术，吃解充血药和抗组胺药、用可的松鼻腔喷雾剂、进行鼻灌洗、吃墨西哥辣椒和芥末（辣椒和芥末足够刺激，可以缓解鼻塞）都只能暂时解决问题。

每一只鼻子都能侦测出不同的气味。

- 普里尼－蒙哈榭酒中的酯类、醚类、醛类等化学成分随着气流进入鼻腔。
- 酯类、醚类、醛类经过鼻腔中部的数百万嗅觉上皮细胞，这些细胞可以利用其特有的蛋白受体吸附某些气味分子。
- 某些特定气味的分子与对应的嗅觉受体相配，会使受体形状发生变化。
- 这种变化将生成一种电信号，它首先通过嗅球，然后到达大脑皮层的某个区域。在这里，电信号将转化为某种气味或是气味集合的标识。
- 人脑会将气味和感知、印象、情绪、记忆、知识以及更多内容联系在一起。

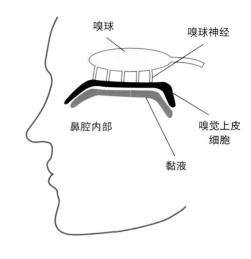

嗅闻生理学

由骨、软骨和黏膜构成的鼻中隔将鼻腔一分为二，就形成了人的两个鼻孔。两个鼻孔各自拥有一套独立的嗅觉上皮细胞，但是每个鼻孔承担不同的功能，工作的高峰期也不同。即便对于最健康的鼻子，也很少有两个鼻孔同时满负荷运转的情况，而有些鼻中隔发生偏曲的人则称自己能够仅用一个鼻孔呼吸。《犁鼻器》（*Jacobson's Organ*）的作者莱尔·沃森（Lyall Watson）说："左右鼻孔每 3 个小时轮换工作，日夜不休。夜间能起到帮助睡眠的作用。"沃森假设，白天当人清醒的时候，左右鼻孔将信息传导至人脑的相应区域——右边负责感知、直觉、编码和隐性存储，左边负责精确地分析、命名、记录和解码。"最理想的情况是，两边都为我们的需要卖力工作……不过如果遇到特殊情况，并且你需要以预测为主而不是以经验为主，那么此时你的左侧鼻孔最好保持通畅。"

我们如何"品"味

和嗅觉一样，味觉也属于我们的化学传感系统。味觉由一种被称为味蕾的特殊构造感知，普通人拥有 5000～10000 个味蕾，主要分布在舌头上，也有一部分位于咽喉后部和上颚。味蕾是人类感官细胞中唯一不断更新的，它们有规律地更新，大约每 10 天更新一次。科学家正在研究这种现象，希望能够复制这一过程，借此实现感官神经细胞的再生。

每个味蕾中都聚集着味觉细胞群，这些细胞带有小触须，包含味觉神经元。这些神经元就像嗅觉神经元那样，对某些化学溶解物十分敏感。食物和饮料都需要经过溶解（多溶解于唾液）方能由味觉神经元分辨。一经溶解，味觉神经元便能"解读"食物的化学结构，然后转换成电信号。这些电信号被传输，经过面部、舌咽神经和鼻腔一直到达人脑，人脑将这些信息解码并辨识出是哪一种味道。

唾液分泌

唾液不仅对消化食物和保持口腔卫生很重要，对于味觉也很关键。唾液能将味觉刺激物加以溶解，使味觉受体细胞接触其中的化学物质。

还记得小时候总有人对你说，细嚼慢咽才能吃得香吧？这话没错。多花些时间咀嚼食物，可以使其中的化学物质更充分地溶解，也就释放出更多的香气，从而为嗅觉和味觉神经元提供更多可供"解读"的材料，向人脑传递的信息更复杂，最终形成的印象也会提升。嗅觉和味觉感受都因唾液的作用而加强了。

大多数味蕾都分布于口腔中，还有数以千计的神经末梢分布在口、咽、鼻、眼等处的湿润上皮的表面，这些神经末梢能感知质地、温度，并能辨别多种成分，它们能辨识某些特别的感觉，如硫化物的刺激、薄荷的清凉和胡椒的辛辣。人类能嗅出上万种气味和气味组合，却只能尝出四五种基本的味道——甜、咸、酸、苦，还有鲜味。当然，与葡萄酒相关的仅有甜、酸，有时候还有苦。

有一个通用的词，可以用来描述我们通过饮食感受到的嗅觉、味觉和触觉，那就是"味道"。在 3 种感觉中，嗅觉是主体，因此我常说品尝葡萄酒其实就是"嗅酒"，有些化学家将葡萄酒描述为"具有深度芳香的无味液体"。"味道"能够让我们知道自己是在吃苹果还是梨，是在品尝一款普里尼－蒙哈榭，还是美国霞多丽。如果你怀疑嗅觉对于"味道"的重要性，不妨捏住鼻子品尝乳酪或巧克力，一定味同嚼蜡。

味觉的感受部位

一些味觉分布图将舌尖划分为集中了甜味受体，将苦味受体划分到舌头后部，酸味受体分布于舌头两侧。然而口腔里遍布味蕾，品尝葡萄酒时含一口酒在嘴中，

一款精心打造的葡萄酒会从玻璃杯里散发不断变化的芬芳，而我们的鼻子会很快习惯这种气味。所以，如果参加品酒会，反复体验一款酒的气味是明智之举。旧时配制香水的师傅有一个小动作——他们会嗅自己的衣袖，衣袖上沾有他们每日炮制的香味。这个小动作值得品酒人借鉴，也就是说，他们可以很好地平衡嗅觉的敏锐度。

品尝和咀嚼会增加唾液的生成。

葡萄酒中是不含盐分的。

酒的苦味来自高酒精浓度和高单宁酸的混合。

感知苦味的口腔部位
舌后部
舌边缘
咽喉

事实上，葡萄酒被描述成味觉的感受中通常有 80% ~ 90% 是芬芳和酒香使然，其受体就是嗅觉神经元，而口感和质感由其他感官来感知。

"酒一旦入口，我就能'看到'它。我看到 3 个方面：质感、味觉、嗅感，它们从酒里对着我跳出来。即使在有 100 个孩子尖叫的房间里我也能够品尝。我把鼻子凑近酒杯，就像窥见另一方天地，四周的一切都不存在了，全副精神就此贯注在葡萄酒世界里。"

——罗伯特·帕克
《大西洋月刊》(The Atlantic Monthly)
葡萄酒评论家、作家

味觉过敏、味觉减退、味觉缺失（即味觉太过敏锐、味觉部分或全部丧失）都比较罕见，但同时也反映了嗅觉问题。味觉丧失会引起嗅觉的缺失。

务必要半张着嘴让酒浆与空气接触。这一点很重要，因为这样做能让酒的香气更好地释放出来，味道也会变得更理想。也就是说，要用舌头搅动酒浆并时不时地让酒在舌头上停留片刻。这个过程还会使酒与大量的味觉受体接触，并容许受体有更多时间去"分析"酒的味道。你会发现，一款好酒将向你展示它最初、中段和最后的味觉印象，而这在很大程度上取决于香气和口感。

口感

口感，顾名思义，即酒在口中引起的感觉。这类感觉的特征有：舌、唇、颊感到畅快、刺激或（和）疼痛，你吞咽或吐出酒后，酒的香气往往会留在口中，给予你诸多感受，可能包括香槟气泡的跳跃、单宁酸收敛的酸涩、桉叶或薄荷的清凉、高酒精浓度红葡萄酒的热烈、低酸白葡萄酒的甜腻、罗纳河谷酒丝绒般的柔滑。葡萄酒的物理感觉对口感的形成极为重要，其中包括：酒体——由轻盈到丰满；重量感——由轻到重；质感——涩滞、丰腴、柔滑、浓稠。所有这些共同构成了平衡后的整体感觉，除了形成印象，这些感受还能激发生理反应，如口干、敛口、唾液分泌。酒浆真的能在舌尖起舞，令人齿颊留香。

嗅觉与味觉合二为一

味觉极少单独起作用——最近的科学研究成果为此找到了新的证据，而品酒师们早在几个世纪前就已知晓。研究还第一次明确证实了嗅觉和味觉相辅相成。我们呼吸的时候，往往是口鼻同时吸气，这就增加了嗅觉的复杂性，而气味也就通过两条途径到达嗅觉神经元。

嗅闻刺激（Orthonasal Stimulation）：气味的化合物通过鼻孔（外鼻孔）到达嗅球。

鼻后刺激（Retronasal Stimulation）：气味的化合物通过"内鼻孔"（位于呼吸道的咽喉后部）到达嗅球。所以即使你捏住鼻子，通过口腔吸入的乳酪气味也会带来嗅感。对嗅球里的嗅觉神经元构成刺激的分子，会在口腔内流动，经过内鼻孔到达嗅球，形成刺激。

《神经细胞》(Neuron) 杂志的一篇文章指出：从内鼻孔和外鼻孔吸入的巧克力气味会分别刺激人脑的不同区域，通过外鼻孔感知的嗅觉能让人意识到食物的存在，

而通过内鼻孔识别的气味提示人有可能得到食物。

人一生中嗅觉感受的变化

　　专家认为除了少数大脑患病或受损的人，人们生来对气味的感知能力都差不多，不过分辨和清楚表达嗅觉感受的能力却千差万别。一般来说，女人在一生中感知和分辨气味的能力比男人出色。虽然真正的原因尚不清楚，但根据理论研究，这与女人承担生养后代的责任有关，敏锐的嗅觉渐渐成为她们从选择伴侣到照顾家庭的几乎所有事情的辅助手段。

　　嗅觉和味觉治疗及研究基金会（The Smell & Taste Treatment and Research Foundation）的艾伦·赫希（Alan Hirsch）博士和莫耐尔化学感官中心（Monell Chemical Senses Center）的专家们，通过对人类生命周期中不同阶段的描述，进一步揭示出嗅觉感

至今并无科学依据证明我们的嗅觉能力在一天中会因时而变，但是很多酿酒师和品酒专家认为自己的嗅觉和味觉在上午更为敏锐。我为课程和写作本书选择葡萄酒时，也更偏爱上午 11 点左右。还有人喜欢在略有饥饿感的时候品酒，似乎那时更为敏感。建议你也找找自己的生理规律。

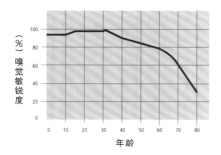

嗅觉敏锐度在成年的早期（32 岁左右）达到巅峰。

受在人一生中的变化。

胎儿时期：在子宫里，胎儿借助胎盘得到血液供给。胎儿还能通过胎盘接收气味，从而在出生时从气味辨认出自己的妈妈，另外胎儿也会偏爱妈妈们喜欢的食物和饮料。

哺乳期：食物和饮料的气味、味道会通过乳汁传达给婴儿。就这样，人的偏好开始形成——好甜怕苦。在哺乳期，妈妈们哪怕摄入一点酒精也会影响到婴儿。

儿童期：伴随儿童的成长，其辨识、记忆各种气味的能力也随之增强，尤其是与情绪化的事件相关联的气味。在这个阶段，孩子们往往难以用语言表达对气味的感受，然而这一阶段的经历会对他们的一生形成正面或负面的深刻影响。例如，如果第一次闻到花园里的玫瑰香是和母亲在一起，那么在今后的生活中，玫瑰香会引发某种美好的情感；相反，如果在追悼亲人的葬礼上第一次闻到玫瑰香，玫瑰香引发的情感就与前者迥然不同了。

小学阶段：男孩和女孩感知、分辨气味的能力都在进一步发展，嗅觉变得更敏锐，而且能区分更多气味。

青春期：男性和女性的嗅觉在这个阶段都最为敏锐，而女性在月经来潮时更加敏锐，这种嗅觉的高度敏感会一直延续至女性的生育年龄。

成年期：女性在嗅觉方面继续领先于男性，她们能说出更多气味的名字。她们对浓烈和令人愉悦的气味更敏感，对令人不愉快的气味较迟钝，另外她们在排卵期和孕期的嗅觉尤为敏锐。

中年期：男性和女性都开始渐渐地丧失嗅觉，不过，对气味的辨识力和记忆力仍可继续提高。

65 岁：到 65 岁时，大约有一半人会丧失 33% 的嗅觉，而 25% 的人会在这个年纪完全丧失嗅觉。

80 岁：大多数人在 80 岁时会丧失 50% 的嗅觉。

味觉者类型

根据珍妮特·齐默曼（Janet Zimmerman）的《厨房里的科学》（*Science of the Kitchen*），关于味觉和质感，有 1/4 的人是"超级味觉者"，1/4 是"非味觉者"，剩下的才是"普通味觉者"。"超级味觉者"比"普通味觉者"的味蕾多得多，而二者都远远多于"非味觉者"。3 类人的平均味蕾数分别为："非味觉者"每平方厘米 96 个，"普通味觉者" 184 个，"超级味觉者" 425 个。"超级味觉者"对任何东西都有更为敏锐的味觉。对于他们而言，甜的更甜、苦的更苦，有许多食物和饮品包括酒精饮料都很难接受。而"非味觉者"远没有这样挑剔，他们似乎对所食所饮不敏感，于是也并不介怀。"普通味觉者"人数最多，也是最多元的一类，他们个性各异，饮食偏好跨度很大，在 3 类人中最能享受美妙饮馔的乐趣。

关于嗅觉和味觉的几个问题

如何解释人们在嗅觉和味觉的能力、感知、偏好等方面的民族和文化差异？莫耐尔化学感官中心的人类学家克劳迪娅·达姆休斯（Claudia Damhuis）认为，人们对某些气味的联想或偏好可能是与生俱来的，例如讨厌腐烂食物的气味，但绝大多数是后天习得的。

学习气味的方式

识别、感知气味的能力和偏好，是通过对一系列包括环境、文化、习俗、特定背景以及各种社会文化因素的内隐学习和外显学习形成的。在这些因素中，对气味偏好产生影响的文化差异有：

- 生理差异，例如不同人种的腺体大小和形态的不同
- 卫生习惯的不同
- 由文化规范和礼仪而形成的对气味的接受或抵触
- 对特定气味的习以为常
- 特定气味的文化角色和功能
- 烹饪食物的方式以及与此相关的嗅觉体验和联想所包含的文化差异
- 用于表达对气味的感知和联想的语言的精确度

人们对气味普遍的好恶

通过对各个人种的广泛研究，可以根据关联性将气味分为几大类，也就是根据嗅觉与自然、人类、文明、饮食等的联系进行分类。

《国家地理》杂志和莫耐尔化学感官中心在世界范围内进行了气味调查，特别提到在 9 个地区让人们感到不悦的气味中有排泄物的气味、人的体味、腐烂的东西发出的气味和硫醇的气味（将含有硫磺的化合物加入天然气中，用作警戒剂）。还

"超级味觉者"过分敏感，他们可能会觉得单宁酸和酒精浓度较高的酒太苦。例如，赤霞珠很可能不对其胃口，而他们对酒里的甜味也可能感到不适。"非味觉者"正相反，他们对单宁酸和高酒精浓度并不介意，甜酒对他们而言恐怕最合适不过。

有 35% 的女性和 15% 的男性属于"超级味觉者"。

在《犁鼻器》一书中，作者莱尔·沃森写道，在人类大约两平方米的皮肤上分布着 300 万个汗腺。欧洲人和非洲人的后裔腋下有发达的顶浆分泌腺（也叫大汗腺），而亚洲人的顶浆分泌腺则少得多，有的人甚至根本没有。90% 的日本人腋下都没有明显的异味。19 世纪时，日本人第一次和来自欧洲的商人打交道，便把欧洲商人身上的气味描述为"黄油的臭味"。然而，法国人对自己的气味非常陶醉。拿破仑曾经写信给约瑟芬嘱咐她："明天晚上我就要到巴黎了，你千万不要洗澡。"

内隐学习（Implicit Learning）主要来自人的潜意识。气味在某种背景下被识别和感知，并建立联系（例如棒球场和热狗味）。
外显学习（Explicit Learning）是一个有意识的过程，人们会意识到自己正在习得（例如品鉴葡萄酒）。

某些文化特有的饮食习惯能够广为流传而且很快被其他文化接受，比如红辣椒。有些食物和饮品却缺乏吸引力，只属于某种文化，例如韩国泡菜、挪威腌鳕鱼（Lutefisk）、美国西部的鸡尾酒 prairie oysters，还有希腊的蕾契娜（Retsina）葡萄酒——用松脂加香的葡萄酒。

硫醇是葡萄酒发酵时的衍生物，闻上去像臭鼬的气味，可以通过在酿酒时通风来驱散。

英国酒评家有时会用"醋栗"这个词来形容某种葡萄酒的气味，但是大多数美国人不太熟悉醋栗，也不知道醋栗闻起来是什么味。

《气味之王》（The Emperor of Scent）的作者钱德勒·伯尔用一种具有特殊刺激气味的勃艮第乳酪解释了不同文化的偏好：当人们闻到苏曼特兰乳酪（Soumaintrain）的气味，美国人想"天啊！"日本人想："我想自杀。"法国人则会想："面包在哪儿？"

Osme 在希腊语中是气味的意思，许多与嗅觉有关的医学术语都包含了这个词，例如：

Normosmia: 正常的嗅觉功能。

Dysosmia: 嗅觉障碍，指任何嗅觉缺陷和嗅觉受损。包括以下所有情况：

　　Anosmia: 嗅觉丧失症，完全丧失嗅觉。

　　Hyposmia: 嗅觉减退，丧失部分嗅觉功能。

　　Hyperosmia: 嗅觉过敏，嗅觉功能增强。

　　Parosmia: 嗅觉倒错，嗅觉功能混乱。

　　Phantosmia: 嗅幻觉，与幻觉和妄想有关的嗅觉问题。

　　Presbyosmia: 与年龄有关的嗅觉减退症状。

有许多气味让人心情愉快，包括植物尤其是薰衣草、乙酸戊酯（香蕉油）、加乐麝香和丁香油酚（合成的丁香油）的气味。

饮食文化的差异

生理、环境、饮食习惯和语言影响着人们在饮食文化方面的喜好。比起奶制品，亚洲人更依赖大豆——恐怕亚洲人早在富含大豆成分和风味的母乳中就已经受到影响——这大概能解释亚洲的饮食文化为什么对气味比较刺激的乳酪深恶痛绝。美国的亚裔社区和家庭以及亚裔个体可能也会厌恶这种乳酪，也有可能并不讨厌，这取决于他们是保留本民族的饮食习惯，还是入乡随俗。

一项关于塞内加尔塞雷尔人的调查指出，饮食文化差异来自环境，塞雷尔人把气味分为 5 类——香气、奶腥气、腐烂的气味、像小便一样的气味、酸味。有研究者在对法国人、越南人和美国人的跨文化研究中发现，受访者对气味的描述与语言学定义和解释的气味没什么联系。

影响嗅觉的因素

美国加利福尼亚大学圣迭戈分校的嗅觉功能障碍治疗中心（Nasal Dysfunction Clinic）指出，1% ~ 2% 的美国人有嗅觉失灵方面的困扰。

大多数来治疗中心求助、主诉自己嗅觉失灵的人，主要是因为闻不出食物的气味。此外他们也遭受着嗅觉失灵带来的其他困扰，从不容易察觉食物是否变质、煤气是否泄漏，到难以享受人生极大的感官愉悦——嗅觉在性冲动中十分重要。美国人花费了大量的时间和金钱去遮盖身体本来的气味和激素的气味，而这些气味对我们的自我感觉以及和他人的关系非常重要，包括我们出生的家庭——和父母、兄弟姐妹的关系，还有我们自己组建的家庭——和伴侣、子女的关系。

嗅觉和味觉失灵

人极少在出生时就出现化学感应失调。绝大多数嗅觉失灵是在受伤、患病之后出现的，或者由刺激物、药物引起。

受伤（包括头部和大脑受伤、鼻子受伤）、疾病（包括过敏、感冒、鼻窦炎、糖尿病、癫痫、红斑狼疮）和刺激物（污染物、有毒化学物）会反过来影响嗅觉，

过敏、创伤、疾病以及性行为都可能造成我们的鼻子暂时或永久性地闭塞。

嗅觉和味觉治疗及研究基金会的艾伦·赫希谈及一位阿狄森氏病（Addison's）女性患者，她的嗅觉功能增强了1000%，类似猎犬或蟑螂的嗅觉，但这是一种疾病，该患者闻到的气味给她带来了很大的困扰。后来她得了广场恐惧症（害怕拥挤的人群和公共场所）而不敢出门，不过她极端敏锐的嗅觉或者说嗅觉障碍也因此得到了控制。

据说本杰瑞食品公司（Ben & Jerry's）的创始人之一本·科恩（Ben Cohen）的嗅觉功能减退，其他感官变得更加敏锐。或许，正是这个原因让他创造了口感如此丰富的Chunky Monkey冰激凌。

瑜伽使用的洗鼻壶（Neti Pot）——一种冲洗鼻子的工具，可以使鼻黏膜保持湿润和健康。

抗组胺剂可以清洁鼻腔，同时会使其干燥，使用时一定要注意。

寻找恰当的语言描述嗅觉和味觉，并探索二者如何对人产生影响，这一活动将伴随人类的生命历程不断演化。女性在这方面似乎较男性略胜一筹。

这种影响有可能是部分或全部、暂时或永久的。

不幸的是，即使在某些情况下，疾病是暂时的、接触化学刺激时间很短，但是对鼻背板和鼻道造成的伤害却是永久的、不可修复的，嗅觉也会跟着受损。虽然嗅觉上皮细胞有再生功能，但严重受损会降低细胞的再生能力。

影响嗅觉的治疗方法包括涉及头部和颈部的外科手术、牙齿方面的治疗、化学疗法和某些癌症治疗。许多药物和酒精也会对嗅觉造成影响。

有些药对嗅觉和味觉有好处。有趣的是，许多治疗过敏、鼻窦炎、感染、炎症的常用药能疏通鼻道，因而可以暂时改善嗅觉和味觉机能。这些药包括抗组胺类药、解充血药、抗生素，还有冲洗和润滑鼻腔的药。

丛集性头痛、偏头痛和爱迪生氏症会在很短时间内提高（有时候有点吓人）嗅觉和味觉。

检查和治疗

有许多有趣的方式可以对专家和普通人进行嗅觉测试。森索尼克斯公司（Sensonics, Inc.）的创始人理查德·多蒂（Richard Doty）开发了一系列评估化学感应功能的产品，包括宾夕法尼亚大学嗅觉鉴定检查使用的"刮刮乐"（Scratch-and-Sniff）和嗅觉阈限测试（常用于测试感官专家和工作伴随潜在危害的筛煤工）。嗅觉味觉治疗及研究基金会使用过以上方法，以及喜好度测试（Hedonic Testing，测试气味偏好）和记忆测试（Memory Testing，测试气味和哪种记忆有必然联系——短期或长期、内隐或外显）。本章最后有更多与以上方法相关的内容以及其他评估嗅觉的方法，供读者翻阅。

因为嗅觉对人的生活方式如此重要，嗅觉失调的人出现情绪紊乱的情况并不罕见。根据嗅觉失调的不同原因和严重程度，治疗方法分为药物（例如维生素、类固醇、钙通道阻滞药、抗痉挛药、抗抑郁药）和外科手术。

更重要的是，必要时要求助专业人士鉴定、评估、治疗并解决嗅觉失调的问题。对于所有能闻到葡萄酒气味的人，我们建议——来品酒吧！

训练和加强嗅觉

许多动物的嗅觉都比人类发达，但我们拥有构造完美的大脑，可以利用嗅觉记忆生活的片段并使之丰富。在所有生活体验中，没有什么方法比有意识地品鉴葡萄酒更能训练和强化嗅觉、记忆和思维。

　　品鉴葡萄酒除了在选择酒款、恰当保存和玻璃酒具方面要投入时间精力，还要加强对5种感官的训练。品酒师们认为科学解释和经验证据都证明了嗅觉的影响力和重要性，虽然关于嗅觉科学的显性知识（Explicit Knowledge）很有用，但是对于我们的隐性体验（Implicit Experience）来说它并非必要。

　　当然，我们应该对嗅觉有所领悟，运用好这种能力，清楚地表达并加以提高。现在就来开一瓶葡萄酒吧！

描述味觉和嗅觉

　　对于我们最原始、最强有力的感受，仅仅用"气味"这个词来描述，似乎远远不够。气味一词包括了我们身上所散发的气味（所饮所食形成的属于自己的气味）和感知到的气味。在葡萄酒品鉴的历史上，品酒师做出过很多努力，想要创建一套普通的词汇，让鲜活清晰的感觉与记忆、预想、联想、爱好融为一体，以便淋漓尽致地表达品酒的体验。

　　与颜色相似，芬芳也可以分为几个基本类别，基本类别的丰富组合就形成了葡萄酒的"交响乐"。葡萄酒香气轮盘（Ann Noble's Wine Aroma Wheel，见侧边栏参考资料）把水果的芬芳分为柑橘型、浆果型、树果型、热带水果型、干果型、罐装蔬菜型以及干叶型。其他的芬芳类型还有坚果型、焦糖型、木香型、土香型、化学香型、刺激香型、花香型、辛香型。第68～69页上有关于葡萄酒香型更详尽的图表。

　　不过，因为深受个性和经验的影响，没有哪两个人的嗅觉能力或对气味的感知一模一样。我们所有的努力就是为了说明气味带给人的感受以及它对我们的意义。

　　温迪对自己说"普里尼"，是因为她像喜欢普里尼葡萄酒一样喜欢这个词。这个词相当于自动导向的信号，让温迪回归自我——回到她喜欢的某个时间、地点和某款葡萄酒，回到某种长久的联系。

　　凯文手里端着一杯他最喜欢的葡萄酒站在门廊，仰望夜空。每喝一口都包含着他对世界之窗餐厅的热爱和自豪，以及他仰视星空的原因。

　　我们希望并相信你能找到挚爱的葡萄酒，并向我们描述对它的感觉。同时，祝你健康快乐，愿你以丰富的感受力尽享葡萄酒和人生的美妙！

参考资料

钱德勒·伯尔的《气味之王》

莱尔·沃森的《犁鼻器》

医学博士艾伦·赫希的《好生活需要好嗅觉》（Life´s a Smelling Success: Using Scent to Empower Your Memory and Learning）

莫耐尔化学感官中心
www.monell.org

美国国家健康研究院
(National Institutes of Health)
www.nidcd.nih.gov/health/smelltaste

黛安娜·阿克曼（Diane Ackerman）的《感觉的博物志》（A Natural History of the Senses）

葡萄酒之友：感官使用指南
(Professional Friends of Wine: A Sensory User´s Manual)
www.winepros.org/wine101/sensory_guide.htm

美国嗅觉协会
(Sense of Smell Institute)
www. senseofsmell.org

感官局
www.thesensesbureau.com

胜索尼克公司（Sensonics）
www.sensonics.com

嗅觉和味觉治疗及研究基金会
www.scienceofsmell.com

蒂姆·雅各布嗅觉研究实验室
(Tim Jacob Smell Research Laboratory)
www.cf.ac.uk/biosi/staff/jacob

加州大学圣迭戈分校嗅觉功能障碍治疗中心
health.ucsd.edu/specialties/surgery/otolaryn gology/nasal

安·诺布尔（Ann Noble）发明的葡萄酒香轮气盘
www.winearomawheel.com

关于葡萄酒的品鉴

现在，你了解了葡萄酒酿造的基本知识和品酒的基本常识，已经做好准备，可以开始品鉴葡萄酒了。

你可以通过阅读为数众多的葡萄酒书籍，使自己更为博学。不过要想真正理解葡萄酒，莫过于尽可能多地品尝。阅读可增益学识，而品尝更使人愉悦、更具有实际意义。每一种酒都略作点染，能让人体会瑰丽的葡萄酒世界。

品酒可以分为 5 个基本步骤：鉴色，摇酒，嗅酒，品味，品赏。手持酒盏，你也来试试吧。

鉴色

想要更好地认识葡萄酒的色泽，最好利用白色背景——一张白桌布或白餐巾即可，将酒瓶放在背景前，使二者形成一定角度。你看到的色泽首先取决于品鉴的是红葡萄酒还是白葡萄酒，下面的图标指示出红、白葡萄酒由新到陈的颜色变化：

白葡萄酒			红葡萄酒
淡黄~绿			
稻草黄			紫
黄~金色			宝石红
金色			红
古金色			
黄棕色			砖红
马德拉黄			棕红
棕色			棕色

白葡萄酒贮藏越久，颜色越深。红葡萄酒正好相反，越陈颜色越浅。

如果能"透视"一款红葡萄酒，说明它开瓶即可饮用。

颜色可以体现出葡萄酒的许多性质。由于我们将从白葡萄酒开始介绍，所以先来看看白葡萄酒颜色变深的 3 个原因：

1. 陈贮所致。

2. 葡萄品种不同，颜色不同。例如，霞多丽酿成的酒通常比长相思的颜色深。

3. 橡木桶陈贮所致。

在我的课堂上，这样的情况很常见：有人认为某款酒是黄绿色，有人认为是金色。同样一款酒，视觉感受却因人而异。这样的问题当然没有标准答案，因为视觉是不同个体的主观感受。可想而知，品酒时的感受一定也见仁见智。

摇酒

摇酒是为了让氧气融入酒浆。旋转摇动酒杯可以让酯、醚、醛同氧气充分混合，从而散发酒香。换句话说，唤醒佳酿，释放芬芳。

嗅酒

这是品酒过程最重要的环节。人能感受到的味觉只有 5 种：甜、酸、苦、咸、鲜，然而任何一个普通人却可以嗅出两千多种气味，葡萄酒能释放两百多种气味。酒香通过摇酒溢出，我希望你对着酒至少嗅 3 次。你会发现，第三次捕捉到的信息多于第一次。酒的气味如何呢？闻酒，即嗅酒，是品鉴过程中最重要的步骤，大多数人却不够重视，没有花足够的时间。

精确地感知葡萄酒的综合嗅觉效果能帮助你辨别其"个性"。许多人要求我告诉他们某款酒的气味到底是什么，而我不愿意使用主观的描述，于是就会说"这味道像法国勃艮第白葡萄酒"。但这样的回答仍旧无法满足大多数人，他们想知道更多。我要求他们描述一下洋葱与排骨混合的气味，他们回答说："就像洋葱和排骨。"这下明白我的意思了吧。

了解自己对葡萄酒偏好的最好方法，是记住每一种葡萄的气味。对白葡萄酒来说，只需记住 3 个主要品种：霞多丽、长相思，还有雷司令。反复闻，直到能通过嗅觉分辨。红葡萄酒来则稍微难一些，不过也只需掌握 3 个最主要的品种：黑比诺、美乐，还有赤霞珠。试着记住这些气味，但不要依靠花哨的词语去描述，实践会让你明白我的这番解释。

对那些心存疑虑、想了解葡萄酒的人，我发给他们一张清单，上面列了 500 个

"芬芳"（Aroma）指葡萄的气味。酒香（Bouquet）完全是人对酒的嗅闻，"鼻子"（Nose，即综合嗅觉效果）是品酒师用来描述酒香和芬芳的术语。

葡萄酒陈贮 20 年以上的香气是我最喜欢的酒香之一。我称之为"腐叶的香气"，就像秋天的空气里弥漫着的落叶气息。

描述葡萄酒气味的常用词，现节选一部分如下：

酸（Acetic）	个性（Character）	酒腿（Legs）	诱惑（Seductive）
余味（Aftertaste）	软木味（Corky）	轻盈（Light）	余味短（Short）
芬芳（Aroma）	发育良好（Developed）	强化的（Maderized）	葡萄梗味（Stalky）
收敛（Astringent）	土香（Earthy）	成熟（Mature）	硫黄味（Sulfury）
微酸（Austere）	结束（Finish）	金属气味（Metallic）	尖酸的（Tart）
焦香（Baked-burnt）	平淡（Flat）	"鼻子"（Nose）	单薄（Thin）
均衡（Balanced）	清新（Fresh）	坚果味（Nutty）	疲乏（Tired）
苦（Bitter）	葡萄味（Grapey）	异常（Off）	香草味（Vanilla）
酒体（Body）	青草味（Green）	氧化（Oxidized）	木头味（Woody）
酒香（Bouquet）	生硬（Hard）	有气泡（Pétillant）	酵母味（Yeasty）
明丽（Bright）	灼热（Hot）	饱满（Rich）	年轻的（Young）

更完善的描述清单请翻看第 68 ～ 69 页的量表。

通过自己的嗅觉，你很有可能发现一些酒款的缺陷。下面的词从负面描述了葡萄酒的一些气味：

嗅觉	原因
醋酸味	酸过量
雪利酒味	氧化
潮湿、发霉、阴湿，地窖气	劣质软木塞的气味被酒吸收，称为"木塞味酒"
硫黄味	二氧化硫过量

　　氧气是葡萄酒的好朋友，却也能成为它的死敌。少许氧气有助于酒香飘逸（通过摇酒），然而长时间接触则有害无益，对于陈酿尤其如此。雪利酒产自西班牙，是人为控制氧化过程生产出来的。

人生最具挑战的事，莫过于用恰切的词语描述一种气味或味道。

伯纳德·克莱姆（Bernard Klem）的《葡萄酒开讲》（Wine Speak）一书中收录了36975 个葡萄酒品鉴术语。

每个人对二氧化硫的承受限度都不一样，尽管大多数人不会有不良反应，但对于哮喘患者却很严重。为了保护对亚硫酸盐有反应的人，美国政府要求酒商在酒标上标明酒中含亚硫酸盐的警告。所有葡萄酒都包含一定量的亚硫酸盐，它们是发酵过程的自然产物。

品味

对很多人来说，品味就是小呷一口然后立即咽下。在我看来，这样不算品味。真正的品味要利用好味蕾。你的口腔里充满味蕾——从舌尖、舌两侧、舌底，一直延伸到喉咙。如果你直接把酒咽下，就错失了味蕾的种种感受。品酒时让酒浆留在口中 3 ~ 5 秒，然后才咽下。让被唤醒的酒将芬芳和酒香送入鼻腔，刺激嗅觉细胞并传递到大脑的边缘系统。记住，品味的 90% 是嗅觉体验。

品味的过程会印证你对颜色和酒香的感受。

品酒时应该考虑些什么？

切切留意品酒时的重要感受，并体会自己的感受限度。另外，注意这些感受在舌头上和口腔内的准确发生部位。我曾提到，你能感受的味觉有 5 种：甜、酸、苦、鲜、咸（酒里没有盐，所以只剩 4 种了），酒的苦味通常是由于酒精浓度高或单宁酸含量高，甜味则只有在酒中含剩余糖分时才会出现，酸味（有时称为"酸涩"）指的是酒内所含的酸。

甜味：对甜味最敏感的部位在舌尖。只要酒内含糖，你一定能立即感觉到。

酸：舌两侧最易感受，还有两颊内侧和喉根部。白葡萄酒和一些风味清淡的红葡萄酒通常酸度较高。

苦味：舌根最易感受到。

单宁酸：人对单宁酸的感受来自舌中部。单宁酸多存在于红葡萄酒或经橡木桶陈贮的白葡萄酒中。酒在未经陈贮时，单宁酸会令口感过于干涩。如果单宁酸过量，你的整个口腔就会被其涩滞感屏蔽，感受不到果味。记住，单宁酸不是一种味觉，而是一种触感。

果味和其他多元风味：这些不是味觉，而是嗅觉。酒的浓度（酒体）可以由舌头中部感受到。

余味：这是整体的口感和各种成分回荡在你口中的感觉。这种感觉可以延续多久呢？通常，延续较久、气息宜人是高品质葡萄酒的标志，许多佳酿的余味可延续 1～3 分钟，且各种成分和谐平衡。

品赏

品味之后，请坐定片刻，细细回味品赏一番。想想你方才的经历，思量以下问题，把自己获得的印象归纳一下：

• 酒体是轻盈、适中还是丰满？

• 对于白葡萄酒，它的酸度是过低、适中还是太强？

• 对于红葡萄酒，酒中的单宁酸是否太强烈或太涩？与果味融合得很好，还是盖过了果味？

• 哪一种成分最强烈？（剩余糖分、果味、酸，还是单宁酸？）

• 各种成分的平衡维持了多久？（10 秒、60 秒，还是更久？）

• 是否可以立即饮用？还是需要陈贮？或者已经过期？

• 你会以什么食物与酒款相佐？

我喜欢明丽、饱满、成熟、发育良好、诱人，并且"酒腿"（即葡萄酒的挂杯现象）上佳的酒。

其他与葡萄酒有关的感觉还有：麻木、刺激、干、清凉、热、覆盖感。

> "人们不仅饮葡萄酒，还观赏、品尝、浅呷，包括谈论它。"
> ——英王爱德华七世

苦：菊苣和芝麻菜的味道。
单宁酸：含着沙砾的感觉。

品鉴方式的类型	
横向比较	选取同一年份的酒款，对比品尝。
纵向比较	比较不同年份的酒款。
盲品	品尝者事先完全不知道酒款的任何信息。
半盲品	品尝者只知道酒款的风格（比如葡萄品种）或仅知其产区。

> "佳酿的关键就是平衡，恰是不同层面的总和，才使得一款酒不仅美味，而且完满，并且值得陈年窖藏。"
> ——菲奥娜·莫里森（Fiona Morrison），M.W.

M.W. 即 Master of Wine，葡萄酒大师。获得这一称号必须通过业内公认难度最大的考试。

——编者注

> "此间最难达成的一件事……就是不去理会所谓的'高端酒款'，而对自己与众不同的品味甘之如饴。"
> ——乔治·圣茨伯里（George Saintsbury），《酒窖笔记》（*Notes on a Cellar-Book*, 1920）

"佳酿之妙在于让你渴望重温的一切：
色泽微妙、惊喜、细节的差别、表现
力和质感。拒绝一款酒，因为总嫌
'不够'，就好似拒绝一本书，因为故
事不完整，又像是拒绝一段音乐，因
为它不足以打动心灵。"

——柯米特·林奇（Kermit Lynch）
《葡萄酒之路上的历险》
(Adventures on the Wine Route)

—— 延伸阅读 ——

艾伦·洋恩（Alan Young）著.《葡萄酒的
奥秘》(Making Sense of Wine)
迈克尔·布罗德本特（Michael Broadbent）
著.《袖珍品酒指南》(Pocket Guide to
Wine Tasting)
杰西丝·罗宾逊（Jancis Robinson）著.《葡
萄酒年份表》(Vintage Timecharts)

- 依此酒款的风味表现来看，其价格合适吗？
- 最后也是最重要的问题，你尝过之后应该立刻考虑：你喜欢吗？合你的口味吗？

品酒正如浏览一座美术馆，你从一个展厅移步到另一个展厅，欣赏画作。第一印象会告诉你是否喜欢一幅作品。一旦被吸引，你就想了解更多：作者是谁？作品背后有何历史？它是如何被创作完成的？品鉴葡萄酒也是如此。通常，迷恋红葡萄酒的老饕会执着地探索最爱，他们想了解一切：酿酒师、葡萄、葡萄种植地、混合比例、背后的历史掌故，等等。

怎样判断一款酒的优劣？

好酒的定义便是你钟爱的酒，我必须不遗余力地强调这一点。相信自己的品味，不要受别人左右。

何时适宜饮用？

这是最常被提及的问题之一。答案非常简单：所有成分达到你味觉感受的平衡点，就是最适宜的时候。

如何读懂酒标

酒标注明了你需要知道的一切信息，甚至更多。下面提供一些窍门，希望对你有所帮助。以 Rudd 的酒标为例。

州别：加利福尼亚州
县属：索诺玛
葡萄产区（AVA）：俄罗斯河谷
葡萄园：Bacigalupi
酒厂：Rudd

标签上最重要的信息是生产者的名字，这里的生产者是"Rudd"。

本例中酒标显示，该酒款由霞多丽葡萄酿成。在美国，如果酒标上标有葡萄品种，则至少 75% 的酒浆必须由这种葡萄酿成。

如果酒标上标有出产年份，则 95% 的葡萄必须是该年采摘的。

如果酒标注明"加利福尼亚"，酿酒葡萄必须 100% 生长在加州。

如果酒标上注明某个 AVA（American Viticultural Area）产区，例如俄罗斯河谷（正如该例所示），那么酿酒葡萄中至少 85% 必须产自该产区。

酒精浓度以百分比的形式给出。通常，酒精浓度越高，酒体越"丰满"。

"由 ×× 酒厂生产并灌装"是指 75% 的酒浆必须在该酒厂内发酵。

有些酒厂会注明葡萄品种的精确比例、葡萄采摘时的含糖量以及剩余的含糖量，后者决定了你能感受到的甜度。

在美国，餐酒规定的酒精浓度为 7%~13.9%，上下限允许的偏差为1.5%，如果餐酒的酒精浓度超过14%，那么酒标上必须标明。起泡酒的酒精浓度在 10%~13.9%，上下限允许的偏差也为 1.5%。

美国、澳大利亚、智利、阿根廷、新西兰、南非等新兴葡萄酒生产国通常在酒标上注明葡萄品种，而法国、意大利、西班牙等传统葡萄酒生产国则在酒标上注明该酒的产地、酒庄、葡萄园的名字，但没有葡萄品种。

正如你所见，葡萄酒的酒标上会标明葡萄产区、品种和生产商。不同的国家适用的法律规定也不尽相同。想要了解更多信息请翻到第 149 页，"解读德国酒标"。

葡萄酒的芳香和风味

水果香型		花香型	焦糖型	坚果型	植物香型		辛香型	
热带水果型	香蕉 番石榴 白兰瓜 荔枝 芒果 百香果 菠萝	金合欢 洋甘菊 天竺葵 山楂 木槿 忍冬 鸢尾 茉莉 薰衣草 丁香 椴树 橙花 芍药 杂花 玫瑰 紫罗兰 薏草	蜂蜡 布里欧修面包 奶油糖 焦糖 巧克力 蜂蜜 麦芽 糖浆 太妃糖 白巧克力	扁桃仁 面包干 榛果 胡桃	鲜叶型	黄杨 莳萝 尤加利 草 薄荷 百里香	甜香料	肉桂 丁香 香草
柑橘型	西柚 柠檬 青柠 橘子				干叶型	黑茶 绿茶 饲草 烟叶	辛辣香料	大茴香 黑胡椒 生姜 甘草 独活草 肉豆蔻
树果型	苹果 杏 接骨木果 青苹果 桃 梨				鲜蔬	灯笼椒 青椒 墨西哥胡椒 日晒番茄干 番茄		
红果型	樱桃 覆盆子 红醋栗 草莓				烹制蔬菜	洋蓟 芦笋 青豆 罐头青豆		
黑果型	黑莓 黑樱桃 黑醋栗 李子							
干果型	椰枣 杏干 无花果干 水果蛋糕 西梅干 葡萄干							

土香型	木香型		生物香型		奶制品香型	化学香型	
燧石	杉木		动物	小鼠	黄油	刺激性气味	洗甲水味
砾石	苔藓			马	奶油		（乙酸乙酯）
河石	橡木			落水狗			醋味
板岩	松木			湿羊毛			（醋酸）
卵石	树脂		泥土味	干酪		硫黄味	刚熄灭的火柴味
	檀香木			森林地被			炒圆白菜味
				蕈菌			蒜味
	烟熏味	熏肉		酱油			天然气味（硫醇）
		咖啡	腌酸味	德国泡菜			臭鸡蛋味
		皮革		汗味			（硫化氢）
		焦油		酸奶			橡胶
		烤吐司	酵母味	面包酵母			臭鼬
				绷带			二氧化硫
				面包		石油化工	柴油
							煤油
							塑料

专业的葡萄酒品酒师会用上百个词汇来描述葡萄酒的芬芳、酒香、风味和口感。其中有些词汇听上去甚至有些疯狂。上面这张表格里收集的词汇适用于所有的葡萄酒，不论新酿或陈酿，也不管是白葡萄酒还是红葡萄酒。大多数葡萄酒可能只会用到其中两三个词，所以别贪多。你也不必把它们都记下来，我也只不过是用一种生活中更常见的味道来类比描述葡萄酒的风味罢了。

60秒葡萄酒专家

我用一张被称作"60 秒葡萄酒专家"的记录单，要求我的学生记录对酒的印象。这 1 分钟被分成 4 个阶段：0～15 秒，15～30 秒，30～45 秒，最后是 45～60 秒。从下一杯酒开始，你也可以这样试一试。

第1步：观察酒色。

第2步：嗅酒3次。

第3步：含一口酒，在口中停留3～5秒。

第4步：将酒咽下。

第5步：稍待片刻，全神贯注60秒，而后再讨论。

品尝葡萄酒时的第一口是对味蕾的冲击，因为酒中的酒精、酸，以及单宁酸将开始起作用。酒精或酸的含量越高，冲击力越强。如果是品酒会的第一款酒，最好小口抿，让酒在口腔里四下回转，别忙着下结论。30 秒后再试一次，此时再开始"60 秒葡萄酒专家"的品尝。

0~15 秒：如果酒里还有剩余糖分或甜味，你会在这个时段体验到它。如果没有糖分，通常在开头的 15 秒酸味最明显。别忘了关注果味的浓淡，以及它与甜味或酸味之间的平衡。

15~30 秒：甜味和酸味过后，便可以期待美好的水果香了。说到底，这才是物有所值的部分！在 30 秒之前，不妨感受一下所有成分的平衡。此时，你可以分辨出这款酒的酒体是轻盈、适中还是丰满，并思考该用什么食物与这款酒相佐（见第 299～300 页）。

30~45 秒：此时，你对酒已经有了初步判断——喜欢还是不喜欢。不是所有的酒都需要 60 秒来思考。风格清淡的酒，比如雷司令，通常在这个时段已表现出它的妙处。一款上佳德国雷司令的果味、酸味、甜味通常从这一刻开始变得和谐而完美。对于优质的红白葡萄酒来说，酸作为强烈的味觉成分，在前 30 秒应当与酒里的果味平衡。

45~60 秒：葡萄酒酒评家经常使用"余韵"（Length）这个术语来描述各种味

觉要素、平衡感、风味在口腔内的延续。在这最后 15 秒里，要集中关注酒的余韵。对于酒性较烈的、酒体丰满的红葡萄酒，如波尔多、罗纳河谷、加州赤霞珠、意大利的巴罗洛和巴巴瑞斯可，甚至一些较丰满的霞多丽，要专注于酒里的单宁酸。正如前 30 秒里应该重点关注酸度和果味的平衡，单宁酸和果味的平衡则是后 30 秒的焦点。如果在 60 秒内，果味、酸、单宁酸达到完美的平衡，那么这款酒就适宜立即饮用。如果单宁酸在 60 秒内遮盖了果味，就要考虑是现在饮用，还是进一步陈贮。

如果你想了解一款酒的真实味道，有一条极为重要：至少要花 1 分钟专心体会它所有的成分。60 秒是对一款酒下结论的最短时间。许多佳酿在 120 秒之后依然表现出平衡感。我尝过最好的一款酒，维持了 3 分钟——所有的味觉要素都恰到好处，整整 3 分钟之久！

品酒记录表	日期 　/　/
姓名	
年份	出产国/产区
价格	葡萄品种
颜色	
芳香/酒香	
风味	

清单

	酒体/质地 果味		剩余糖分 酸 单宁酸
轻	● ●	低	● ● ●
中	● ●	中	● ● ●
重	● ●	高	● ● ●

60 秒品酒历程
0~15秒
15~30秒
30~45秒
45~60秒

评语/宜配食物

总评分

大失所望　尚可接受　马马虎虎　已算不错　拍案叫绝

这是我的世界之窗品酒笔记中使用的品酒记录表。这张简洁的表格中包含了书中讲解过的所有关键信息，能够帮助你记下自己的品酒心得。

我个人会在 45-60 秒这一时段认定自己是否喜欢某一种风格的酒。

"所有饮品里，葡萄酒是最好的……因为它比水纯，比牛奶安全，比软饮料朴素，比烈酒柔和，比啤酒敏感，而且，相比其他一切饮品，经过培养后的视觉、味觉、嗅觉会对它越发钟情。"

——安德烈·西蒙（Andre L.Simon）
国际佳酿和美食协会
（Wine & Food Society）创始人

第一章

法国的白葡萄酒

法国葡萄酒萄 ❋ 阿尔萨斯 ❋ 卢瓦河谷 ❋

波尔多白葡萄酒：格拉夫 · 苏特恩/巴萨克 ❋

勃艮第白葡萄酒：夏布利 · 博纳坡 · 莎隆内坡 · 马孔内

法国葡萄酒

在我们开始第一章之前，我想你应当了解法国葡萄酒的几个关键点。请查看法国地图，熟悉一下重要的葡萄酒产区。随着对葡萄酒了解的深入，你会明白地理知识为什么如此重要。

2015 年，法国是世界第二大葡萄酒生产国。

以下为一张简表，列出了法国各葡萄酒产区对应的酒款风格和葡萄品种：

葡萄酒产区	风格	主要葡萄品种
阿尔萨斯	白葡萄酒为主	雷司令、琼瑶浆
波尔多	红、白葡萄酒	长相思、赛美蓉、美乐 赤霞珠、品丽珠
勃艮第	红、白葡萄酒	黑比诺、佳美、霞多丽
香槟地区	起泡酒	黑比诺、霞多丽
罗纳河谷	红葡萄酒为主	西拉、歌海娜
朗格多克（Languedoc）/ 鲁西永（Roussillon）	红、白葡萄酒	佳丽酿、歌海娜、西拉、神索、慕合怀特（Mourvèdre）
卢瓦河谷	白葡萄酒为主	长相思、品丽珠、白诗南
普罗旺斯 （Provence）	红、白葡萄酒 和桃红葡萄酒	歌海娜、西拉

朗格多克 - 鲁西永大区的 5 个特级产区
1. 科比埃 - 布特纳（Corbières-Boutenac）
2. 福热尔（Faugères）
3. 克拉普（La Clape）
4. 米内瓦 - 拉里维涅（Minervois-La Livinière）
5. 圣希尼昂（Saint-Chinian）

任何对葡萄酒有兴趣的人注定要接触法国葡萄酒，或迟或早。为什么？因为法国拥有数千年的葡萄酒酿造历史和传统，拥有出自特色各异的产区的品类繁盛的葡

英吉利海峡

香槟

巴黎 ★

卢瓦河谷

阿尔萨斯

勃艮第

法 国

大西洋

波尔多

罗纳河谷

朗格多克

鲁西永

普罗旺斯

0 英里　　　100　　　200

0 千米　　　　　　200

地中海

Grand Ardèche
CHARDONNAY
Vin de Pays des Coteaux de l'Ardèche
Louis Latour
MIS EN BOUTEILLE PAR LOUIS LATOUR A F 21200 FRANCE
13% VOL　　PRODUIT DE FRANCE　　750 ML

为什么乔治·迪宝夫（Georges Duboeuf）、路易·拉图（Louis Latour），以及许多著名酿酒师都在朗格多克和鲁西永开创酒业？原因之一是这里的土地比勃艮第和波尔多要便宜得多，所以这里可以产出较实惠的葡萄酒，同时获得理想的投资回报。

在法国南部的普罗旺斯地区，以下酒庄值得关注：
Domaine Tempier
Château Routas
Château d'Esclans（经典酒款为"耳语天使"）

美国人最爱法国葡萄酒
法国葡萄酒的出口国之中，美国的消费量稳居第一。尤其受欢迎的是来自香槟地区、卢瓦河谷、勃艮第、罗纳河谷和波尔多的葡萄酒。

地区餐酒最为活跃的产区是朗格多克和鲁西永，位于法国西南部，曾被称为"酒湖"，出产大量不知名的葡萄品种。朗格多克有 70 万英亩葡萄园，年产两亿多箱酒，占法国总产量的 1/3。

萄酒，还因为法国葡萄酒已经赢得了世界美誉，这都要归功于质量监控。

法国酿酒业受到政府法规的严格规范，1936 年设立了法定原产地命名制度（AOC）。如果你觉得"原产地命名"太拗口，只要记住 AOC 就可以了，这是你在本书中学到的第一个术语缩写。

地区餐酒（Vins de pays）：这个词代表一个日益重要的类别。1979 年，法国通过了一项法案，赋予其合法性，并允许该类别使用传统品种以外的葡萄，甚至允许酒商在酒标上注明葡萄品种即可，不必标注产区。对于面向美国市场的出口商来说，由于消费者习惯于关注葡萄品种，如赤霞珠、霞多丽等，使得法国葡萄酒在美国更便于销售。

只有 35% 的法国葡萄酒有资格获得原产地命名（AOC）。

共有超过 300 种 AOC 法国葡萄酒。

在美国销售的法国著名非 AOC 品牌有：Moreau，Boucheron，Chantefleur 和 René Junot。

法国的相关法律

始创于 20 世纪 30 年代的原产地命名制度（AOC）为法国的每一个葡萄酒产区设定了基本要求。这些法规还可以帮助你解读法国葡萄酒酒标，AOC 有如下规定：

AOC制度	例	例
原产地	夏布利（Chablis）	玻玛（Pommard）
葡萄品种 （不同地区允许种植的品种不同）	霞多丽	黑比诺
酒精浓度下限 （取决于葡萄产地）	10%	10.5%
单位出酒量 （规定单位面积的产量）	40 百升 / 公顷	35 百升 / 公顷

日常餐酒（Vins de table）：这个类别属于普通的餐酒，产量占法国葡萄酒产量的 35%。大多数法国葡萄酒都是作为普通饮料被消费的，法国餐酒相当于美国加州的大瓶装餐酒，在注册商标名下销售。如果你在法国的杂货店里发现塑料容器盛装的葡萄酒，而且没有酒标，请不要吃惊。你可以透过容器看出酒的颜色，红、白或桃红色。容器上唯一的标签是酒精浓度—— 9% ~ 14%。买还是不买取决于你今天想喝多高。

选购葡萄酒时最好留意一下到底是地区餐酒还是日常餐酒，因为这不仅关乎品质，而且关乎价格。

法国白葡萄酒的主要产区有：

阿尔萨斯　　卢瓦河谷　　波尔多　　勃艮第

让我们从阿尔萨斯和卢瓦河谷谈起，因为这两个产区以白葡萄酒为主。正如你在本章开篇的地图上所见，阿尔萨斯、卢瓦河谷，以及夏布利（属于勃艮第的一个白葡萄酒产区）都位于法国北部。这些地区的白葡萄酒在总产量中占绝对优势，因为生长期较短，气候凉爽，因而更适合栽种白葡萄。

香槟地区也是白葡萄酒主产区，我将为它另辟一章。

阿尔萨斯

人们常常混淆阿尔萨斯葡萄酒和德国葡萄酒。这种混淆情有可原，首先，自1871～1919年，阿尔萨斯曾并入德国版图，且两种酒都装在锥形瓶颈的长瓶里出售。另外，更易混淆的是，阿尔萨斯和德国出产的葡萄品种都差不多。但是，提到雷司令你会联想到什么？很可能会说"德国"和"甜味"，这是非常典型的回答。因为德国酿酒师会向酒里添加少量未经发酵的天然甜葡萄汁，如此造就了典型的德国酒浆葡萄酒。而阿尔萨斯的酿酒师会让雷司令里的所有糖分都发酵转化成酒精，所以90%的阿尔萨斯葡萄酒都是不甜的干酒。

阿尔萨斯葡萄酒和德国葡萄酒的另一个区别在于酒精浓度。产自阿尔萨斯的葡萄酒通常含11%～12%的酒精，而大多数德国葡萄酒的酒精浓度为8%～9%。

阿尔萨斯的白葡萄品种，你应当了解以下4种：

雷司令	灰比诺	琼瑶浆	白比诺
22%	15%	19%	7%

所有产自阿尔萨斯的葡萄酒都是 AOC 命名的，阿尔萨斯出产 20% 的法国 AOC 白葡萄酒。

阿尔萨斯 AOC 葡萄酒三大类别

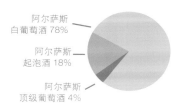

阿尔萨斯白葡萄酒 78%
阿尔萨斯起泡酒 18%
阿尔萨斯顶级葡萄酒 4%

阿尔萨斯红葡萄酒有 9% 是用黑比诺葡萄酿造的，主要在本地消费，极少外销。

酒标上产区为阿尔萨斯的葡萄酒同 AOC 管理下的其他产区有所不同，阿尔萨斯的酒标上标明的是葡萄品种。所有阿尔萨斯葡萄酒必须 100% 用酒标上标注的品种酿造。

产自阿尔萨斯的上佳甜葡萄酒（晚收）
晚摘（Vendange Tardive）
颗粒精选（Sélection de Grains Nobles）

阿尔萨斯

英吉利海峡

巴黎 ★

阿尔萨斯

阿尔萨斯的葡萄栽种面积为 38500 英亩，平均到每个葡萄园却只有 5 英亩。

阿尔萨斯地区降雨较少，在葡萄收获季更是如此。阿尔萨斯的酒业中心科尔玛尔（Colmar）是法国第二干燥的地方，哪怕收获很少的葡萄，当地人也非常珍惜，都用来酿酒。

有时可以看到阿尔萨斯的酒标上有"Grand Cru"字样，这表明该酒款必然使用的是阿尔萨斯最好的葡萄品种酿造。被授予"Grand Cru"标志的葡萄园在法国有五十多家。

阿尔萨斯出产的葡萄酒品种

前面提到过，阿尔萨斯葡萄酒基本上都是干酒，且所产 90% 均为白葡萄酒。雷司令是阿尔萨斯主要的葡萄品种，该地区出产的优质酒款亦应归功于这种葡萄。阿尔萨斯的琼瑶浆同样很有名，它是一个独特的品种。大多数人对琼瑶浆又爱又恨，因为它的风格实在太特别了。"Gewürz"是德语"香料"的意思，恰如其分地描述了这种酒的风格。

近年来，白比诺和黑比诺在阿尔萨斯葡萄栽种者中也越来越受欢迎了。

选择一款阿尔萨斯葡萄酒

选择阿尔萨斯葡萄酒需要考虑两个重要因素：葡萄品种，发货商的声誉和风格。以下列出几个可靠的发货商：

Domaine Dopff au Moulin   Domaine Marcel Deiss

Domaine F. E. Trimbachs   Domaine Weinbach

Domaine Hugel & Fils   Domaine Zind-Humbrecht

Domaine Léon Beyer

大多数阿尔萨斯的葡萄栽种者（约 4600 家）不会将所产葡萄酿成酒自行销售，出于经济上的考虑，他们往往把葡萄卖给发货商去酿酒、灌装，并冠以发货商的品牌销售。因此，酿造高品质的阿尔萨斯葡萄酒取决于发货商对葡萄的选择。

阿尔萨斯葡萄酒的等级

阿尔萨斯葡萄酒的品质取决于发货商的声誉，而不是酒瓶上的任何标记。也就是说，大多数阿尔萨斯葡萄酒是由发货商酿造的，酒标上注明葡萄园名字的只是很少一部分，其中尤以"阿尔萨斯顶级葡萄园"（Alsace Grand Cru.）命名的最为有名。有些酒款注明"Réserve"或"Réserve Personelle"，这类词没有官方定义，不具有实际意义。

阿尔萨斯葡萄酒能否长时间贮藏

总的来说，所有阿尔萨斯葡萄酒都应该新酿新饮。这意味着，你应当在装瓶后 1~5 年内饮用。和其他优质酒产区一样，只有少部分阿尔萨斯酒可以陈贮 10 年以上。

阿尔萨斯葡萄酒之最近 40 年

数十年过去了，我依旧喜爱 Trimbach（婷芭克）和 Hugel（雨果）这样的品牌，一如当年。干冽酸脆的雷司令依旧是我最爱的餐前酒款之一，尤其是配上一道鱼肉做的开胃菜。白比诺则是夏日野餐或餐厅小聚时的完美选择，而琼瑶浆恐怕是全世界风味最独特的葡萄酒了。

阿尔萨斯葡萄酒最讨喜之处在于：价格依旧实惠，品质依旧很好，在美国很容易买到。

近年来阿尔萨斯葡萄酒的最佳年份

2005** 2007** 2008** 2009** 2010*

2011* 2012* 2013** 2014 2015*

* 表示格外出众　　** 表示卓越

美食配佳酿

"阿尔萨斯葡萄酒并非只适合本地及法国菜肴。举例来说，我推崇雷司令与生鱼菜肴（如日本寿司、刺身）的组合，而我们的琼瑶浆可与烟熏三文鱼相映成趣，和中国菜、泰国菜、印尼菜也都搭配得宜。

"白比诺圆润而柔和，不唐突，'全能选手'——可以用作开胃酒搭配各类熟肉食品，还有汉堡，最适合早午餐时饮用——不太甜也不'浓艳'。"

——艾蒂安·雨果（Étienne Hugel）

"雷司令应该配鱼——蓝鳟鱼蘸淡沙司。琼瑶浆宜作开胃酒，或者配餐尾的鹅肝酱或熟肉，加上门斯特干酪或味道更浓郁的洛克福羊乳干酪（Roquefort）。"

——休伯特·婷芭克（Hubert Trimbach）

阿尔萨斯还以水果白兰地（eaux-de-vie）闻名：

草莓（Fraise）
覆盆子（Framboise）
樱桃（Kirsch）
黄杏（Mirabelle）
梨（Poire）

依此酒标所示，Hugel & Fils 自 1639 年起便开始产酒了。

旅游贴士

一定要去美丽的葡萄酒小镇里凯维尔（Riquewihr），那里有十五六世纪的建筑。

美食贴士

阿尔萨斯不仅美酒可圈可点，还有 26 家"米其林"推荐的星级餐厅，其中有 3 家为三星级。

—— 延伸阅读 ——

S.F. 哈尔加藤（S.F. Hallgarten）著，《阿尔萨斯葡萄酒》（Alsace and Its Wine Gardens）

帕梅拉·凡戴克·普莱斯（Pamela Vandyke Price）著，《阿尔萨斯葡萄酒及烈酒》（Alsace Wines and Spirits）

卢瓦河谷是法国最大的白葡萄酒产地和第二大起泡酒产地。

在卢瓦河谷，有 50% 的原产地命名葡萄酒为白葡萄酒，其中 96% 为干白。

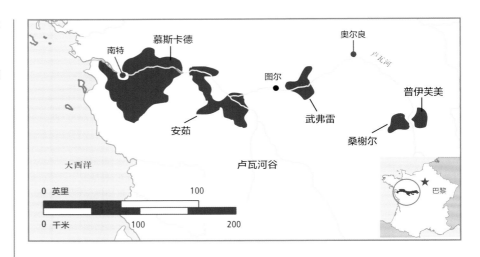

笔者偏爱的酿酒商
慕斯卡德：Marquis de Goulaine，Sauvion，Métaireau
普伊芙美：Guyot，Michel Redde，Château de Tracy，Dagueneau，Ladoucette，Colin，Jolivet，Jean-Paul Balland
桑榭尔：Archambault，Roblin，Lucien Crochet，Jean Vacheron，Château de Sancerre，Domaine Fournier，Henri Bourgeois，Sauvion
萨韦尼埃（Savennières）：Nicolas Joly，Château d'Epiré，Damien Laureau
武弗雷：Huèt，Domaine d'Orfeuilles

卢瓦河谷

在距离大西洋入海口不远的地方，卢瓦河谷从南特市向内陆展开，沿着卢瓦河延伸六百多英里。你应当熟悉以下两种白葡萄：

长相思　　白诗南

在阿尔萨斯选酒要看发货商和葡萄品种，而在卢瓦河谷，选酒要看风格和年份。以下是主要的风格类型：

慕斯卡德（Muscadet）：清淡的干酒，由 100% 勃艮第甜瓜葡萄（Melon de Bourgogne）酿成。如果你在一款慕斯卡德的酒标上看到"sur lie"字样，意味着该酒款陈贮时保留了酒渣。

普伊芙美（Pouilly-Fumé）：干酒，在所有卢瓦河谷葡萄酒中最具酒体、最致密，由 100% 长相思葡萄酿造而成。普伊芙美葡萄酒与众不同的酒香来自长相思葡萄与卢瓦河谷土壤独一无二的结合。

桑榭尔（Sancerre）：是酒体丰满的普伊芙美和酒体轻盈的慕斯卡德的"折中风格"，由 100% 长相思葡萄酿成。

武弗雷（Vouvray）：如同变色龙，可以很干、半干（微甜）或甘甜，由 100% 白诗南葡萄酿成。

大多数普伊芙美葡萄酒和桑榭尔葡萄酒并不在橡木桶中陈贮。

普伊芙美

许多人问我普伊芙美是否经过烟熏，因为他们很自然地把 Fumé 这个词同 "烟" 联系在一起。对该词来源的众多解释中，有两种说法非常有趣——当地晨间，地面上笼罩着雾气，太阳升起，光线驱散雾气看起来如同冒烟。也有人说，长相思葡萄开出的花朵就像 "烟" 一样。

何时适宜饮用

卢瓦河谷葡萄酒通常新酿新饮。甜的武弗雷则例外，可贮藏稍久。

以下是几条具体建议：

慕斯卡德	桑榭尔	普伊芙美
1～2年	2～3年	3～5年

卢瓦河谷的其他长相思葡萄酒还有：梅纳都－沙龙（Menetou-Salon）和昆西（Quincy）。

如果想找白诗南葡萄酒，可以试试萨韦尼埃。

红葡萄酒请留意布格耶（Bourgueil）、希农（Chinon）和索米尔（Saumur），它们都是用品丽珠葡萄酿成的。

卢瓦河谷还出产一种著名的酒 Anjou Rosé。

普伊芙美和普伊富赛的差别

这是大家常常问到的问题，总觉得这对相似的名词有什么关联。普伊芙美由 100% 长相思葡萄酿成，产自卢瓦河谷；而普伊富赛（Pouilly-Fuissé）由 100% 霞多丽葡萄酿成，产自勃艮第的马孔内（Mâconnais）（见第 88 页）。

卢瓦河谷之最近 40 年

我依旧倾心于卢瓦河谷白葡萄酒的高品质和多样化。40 年前，卢瓦河谷最重要的葡萄酒是普伊芙美，如今桑榭尔成了美国最受欢迎的卢瓦河谷白葡萄酒。这两款酒使用的葡萄相同，即 100% 长相思，两款酒的酒体均为适中，而且果味和酸味均衡，都是绝佳的餐酒。慕斯卡德依然有很高的价值，而武弗雷也依旧是白诗南葡萄的最佳体现。对消费者来说，这里的葡萄酒保持了一贯的风格和特色，具有卓越价值。

近年来卢瓦河谷葡萄酒的最佳年份

2005*　2009*　2010*　2011　2012　2013　2014　2015*

* 表示格外出众

美食配佳酿

你只需看看地图，找到慕斯卡德的产地，就明白了——那是靠海的地方，因此主要的配菜当然是贝类、蛤类、生蚝。

"普伊芙美则可搭配烟熏三文鱼、比目鱼加荷兰酸辣酱、鸡肉、小牛肉和奶油沙司。

"桑榭尔搭配贝类和普通海鲜，因为桑榭尔比普伊芙美干。"

——帕特里克·拉杜塞特
（Patrick Ladoucette）男爵

"一款上佳武弗雷半干酒，适合搭配水果和干酪。慕斯卡德可以搭配大多数日常食物，包括所有来自大西洋的海鲜以及河鱼（比如梭子鱼）、野味、禽类，以及乳酪（以山羊干酪为主）。当然，还有南特地区不容错过的特产淡水鱼配世界驰名的黄油白沙司——Beurre blanc，世纪之交时由克莱曼斯（Clémence）发明，此人恰恰是古拉尼侯爵的名厨。"

——罗伯特·古拉尼
（Robert de Goulaine）侯爵

波尔多白葡萄酒

波尔多是否意味着红葡萄酒

这可是个误区。其实，波尔多地区五大产区中的两处——格拉夫（Graves）和苏特恩都以白葡萄酒闻名，苏特恩的白葡萄甜酒更是驰名世界。这两个产区最主要的两种葡萄是：

长相思　　赛美蓉

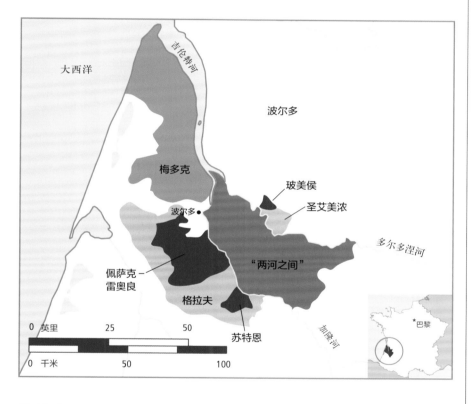

波尔多葡萄酒产量比例

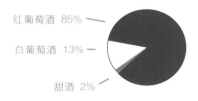

红葡萄酒 85%

白葡萄酒 13%

甜酒 2%

本书 1985 年初版时，佩萨克－雷奥良尚未创立，而 1987 年这一新产区就已成为最佳波尔多干白的代名词。

格拉夫

格拉夫白葡萄酒分为两个等级：

格拉夫　　佩萨克－雷奥良（Pessac-Léognan）

最普通的格拉夫葡萄酒就叫"格拉夫"。标有"格拉夫"的酒产自苏特恩南部

"Graves"的意思是"沙砾"，是格拉夫地区土壤的类型。

说起波尔多干白葡萄酒，人们通常会立即想到格拉夫或佩萨克－雷奥良这样的产区，而一些性价比最佳的波尔多白葡萄酒来自两河之间（Entre-Deux-Mers）产区。

格拉夫白葡萄酒中只有 3% 属于分级酒庄级酒。

周边地区，最好的格拉夫酒则产于佩萨克－雷奥良，该产区位于苏特恩北部，与波尔多市相邻。最佳酒款因所属酒庄出产优质葡萄而享有盛名，用来酿造名酒的葡萄拥有更好的土壤和优越的综合条件。分级酒庄级酒（Classified Château Wine）和格拉夫地区酒都属于干酒。

格拉夫葡萄酒的挑选

我建议你选购分级酒庄级酒，包括：

Château Bouscaut*	Château la Tour-Martillac
Château Carbonnieux*	Château Laville-Haut-Brion
Château Couhins-Lurton	Château Malartic-Lagravière
Domaine de Chevalier	Château Olivier*
Château Haut-Brion	Château Smith-Haut-Lafitte
Château la Louvière*	

* 表示最大的酿酒商且容易购得

波尔多白葡萄酒之最近 40 年

相比波尔多红葡萄酒和苏特恩甜酒，波尔多的干白葡萄酒一向被认为远不及二者。然而，这一点在过去的 40 年里已然完全改变。花费数百万美元购进的最先进酿酒设备，连同新式葡萄园管理模式，成就了出色的干白葡萄酒，尤其在佩萨克－雷奥良地区。

世界上极少有哪个地区像波尔多一样把长相思和赛美蓉的酒浆混合后陈贮在橡木桶里。对于混合几种葡萄和用橡木桶陈贮的做法，酿酒师也比较谨慎。波尔多最近几个年份都很突出。

近年来格拉夫白葡萄酒的最佳年份

2000*　2005*　2006　2007*　2008　2009*

2010*　2011*　2014*　2015*

* 表示格外出众

美食配佳酿

"Château Olivier 格拉夫搭配蚝、龙虾或阿尔卡雄湾火鱼。"

——让－雅克·德贝斯曼
(Jean-Jacques de Bethmann)

"Château La Louvière 的白葡萄酒配明火烤黑鲈和奶油沙司、鲱鱼卵，或羊奶乳酪舒芙蕾。Château Bonnet

的白葡萄酒配半壳生蚝、淡水螃蟹沙拉、淡菜和蛤类。"

——丹尼诗·路登－穆勒
(Denise Lurton-Moullé)

"Château Carbonnieux 的白葡萄新酒要配冰镇龙虾或贝类，如蚝、扇贝或明火烤虾。对于稍陈一些的酒，应配传统沙司烩鱼或羊乳干酪。"

——安东尼·佩兰 (Anthony Perrin)

分级酒庄级白葡萄酒的风格，因长相思和赛美蓉的勾兑比例而异。例如，Château Olivier 赛美蓉的比例为 65%，Château Carbonnieux 长相思的比例为 65%。

苏特恩 / 巴萨克

法国苏特恩葡萄酒都是甜酒，也就是说在发酵过程中有些糖分没有转化成酒精，所以世上不存在"苏特恩干酒"。巴萨克地区（Barsac）紧邻苏特恩，因此人们往往在苏特恩和巴萨克两个地名中任选一个为酒命名。

苏特恩主要的葡萄品种有：

赛美蓉　　长相思

苏特恩甜酒生产成本高，主要是因为葡萄在完全成熟前需要经过数次采摘。而收获季可能延续至 11 月。

在波尔多，赛美蓉的种植面积比长相思大。

2011 年，一瓶 1811 年的 Château d´Yquem（伊甘酒庄）葡萄酒以 11.7 万美元售出。这是有史以来白葡萄酒的最高售价。

Château d´Yquem 出产的干白简称 "Y"。依照法律，苏特恩地区出产的干酒不能以 "苏特恩产区酒"（Appellation Sauternes）冠名，而只能在酒标上标明 "波尔多产区酒"（Appellation Bordeaux）。2012 年，由于天气恶劣，Château d´Yquem 未能产出一瓶葡萄酒。

两个质量等级

　　地区级（Regional）：10 美元以下　　分级酒庄级：100 ～ 9999 美元

　　苏特恩甜酒是世界上最好的甜酒之一，上佳年份包括 2005 年、2009 年、2011 年和 2015 年。如果你能找到最好的发货商，就能买到上佳的苏特恩地区级酒。相对于酿酒付出的劳动，这类酒的价格还算合理，然而同分级酒庄级酒比起来，口味就没那么浓醇了。

苏特恩甜酒的分类

顶级酒庄（Grand Premier Cru）	
Château d´Yquem*	
一级酒庄（Premiers）	
Château Climens*（巴萨克）	Château Lafaurie-Peyraguey*
Château Clos Haut-Peyraguey*	Château Rabaud-Promis
Château Coutet*（巴萨克）	Château Rieussec*
Château de Rayne-Vigneau*	Château Sigalas-Rabaud*
*Château Guiraud	Château Suduiraut*
Château La Tour Blanche*	
二级酒庄（Deuxièmes Crus）	
Château d´Arche	Château Lamothe
Château Broustet（巴萨克）	Château Lamothe-Guignard
Château Caillou（巴萨克）	Château de Malle*
Château Doisy-Daëne（巴萨克）	Château Myrat（巴萨克）
Château Doisy-Dubroca（巴萨克）	Château Nairac*（巴萨克）
Château Doisy-Védrines*（巴萨克）	Château Romer du Hayot*
Château Filhot*	Château Suau（巴萨克）

* 表示在美国容易买到

格拉夫干酒和苏特恩甜酒的差别

格拉夫干酒和苏特恩甜酒使用的是同一种葡萄，如何解释二者迥异的风格？首先，有一点最重要：最好的苏特恩甜酒主要由赛美蓉葡萄酿成。其次，为了酿造苏特恩甜酒，酿酒师必须将葡萄较长时间地留在植株上，这样做是为了等待一种叫作灰霉菌（*Botrytis cinerea*）的菌类——也就是著名的"贵腐菌"。贵腐菌在葡萄上形成后，果内的水分蒸发，果实随之干瘪，糖分在葡萄萎缩时也变得更浓缩。在酿酒过程中并非全部糖分都发酵为酒精，如此一来，就形成了较高的剩余糖分。

Château Rieussec（拉菲丽丝酒庄）和 Château Lafite-Rothschild（拉菲－罗斯柴尔德）归同一家族所有。

近年来苏特恩甜酒的最佳年份

1986*　1988*　1989*　1990*　1995　1996　1997*　1998

2000　2001*　2002　2003*　2005**　2006　2007*　2008*

2009**　2010*　2011**　2013*　2014*　2015*

* 表示格外出众　　** 表示卓越

谈谈甜点

大家常常问我："搭配苏特恩甜酒的点心有什么？"以下是我刚接触苏特恩甜酒时学到的。

许多年前，我造访苏特恩地区，应邀赴一家酒庄的晚宴。客人到齐后开始上菜，开胃菜是鹅肝，与之相配的是苏特恩甜酒，这令我非常吃惊。此前我读过的所有书上都说应该先上干酒再上甜酒。不过那天我是客人，还是不质疑主人为妙。

我们坐下来吃头道菜——鱼的时候，苏特恩甜酒又送上来了。苏特恩甜酒还搭配了当天的主菜——架烤羊肉。

我当时认定主人会用陈年波尔多红葡萄酒来搭配干酪，不过我又错了，与羊乳干酪搭配的是一款很老的苏特恩陈酿。

很快，甜点奉上，我已经习惯了苏特恩甜酒相伴的晚餐，猜想着最后一道美食会配什么酒——当一款波尔多陈年 Château Lafite-Rothschild 红葡萄酒伴着甜点送上餐桌的时候，你应该想象得出我有多惊讶。

关键在于苏特恩不仅可以与甜点相佐，和各色菜式也都很相配，因为所有的沙司酱料都与葡萄酒和食物形成了互补。顺便说一句，唯一不能与整个晚餐相得益彰的是波尔多陈年红葡萄酒和甜点的组合——尽管我还是喝下去了。

这段逸事或许可以激起你用苏特恩甜酒搭配许多美馔的愿望。我个人的爱好，则是单独享用苏特恩甜酒。我不认为有"佐餐甜酒"这么个名目，甜酒本身就相当于甜点。

苏特恩甜酒适合陈贮，好年份出产的分级酒庄级酒陈贮 50 年也不为过。

波尔多的甜酒生产商还有 Ste-Croix-du-Mont 和 Loupiac。

未分级但品质仍属上乘的白葡萄酒有：Château Fargues、Château Gilette 和 Château Raymond Lafon。

勃艮第白葡萄酒

作为出产世界最优质的葡萄酒而声名赫赫的地区之一，勃艮第是 AOC（法定原产地命名制度）在法国指定的葡萄酒产区之一。然而多年来，我发现许多人对勃艮第的确切含义都相当迷惑，主要原因是这个名词一直被滥用。

尽管勃艮第的名头会让人自然联想到红葡萄酒，但勃艮第并非红葡萄酒的代名词。更易令人混淆的是（尤其在过去），世界上许多红葡萄酒瓶身都贴有"勃艮第"的标签，尽管它们只是最普通的餐酒，却依然滥用"勃艮第"，尤其在美国。当然，这些酒和真正的法国勃艮第根本无法相提并论。

勃艮第主要的产区有：

夏布利　　黄金坡（Côte d'Or）{ 夜坡
　　　　　　　　　　　　　　　　 博纳坡

莎隆内坡（Côte Châlonnaise）　　马孔内　　博若莱

勃艮第出产的葡萄酒中，68% 为红葡萄酒，32% 为白葡萄酒。

在我们逐一探究勃艮第各产区之前，先来了解一下当地的各种酿酒工艺，这至关重要。请看下面的图示，它将酒款归入各自的产区，并标示出了红白葡萄酒的比例。

开胃基尔酒往往很受欢迎，它由白葡萄酒和黑加仑利口酒混合而成。基尔酒是第戎市的前市长卡农·基尔（Canon Kir）最喜爱的饮品。当初，正是他把甜味的利口酒掺进当地的阿里高特（Aligoté）白葡萄酒，用来中和过酸的口味。

勃艮第红葡萄酒名声在外，往往使人们忘了这里还出产一些法国最好的白葡萄酒。勃艮第出产世界级白葡萄酒的 3 个产区分别为：

夏布利　　博纳坡　　马孔内

夏布利也属于勃艮第地区，但从那里驱车至马孔内却需要 3 小时。

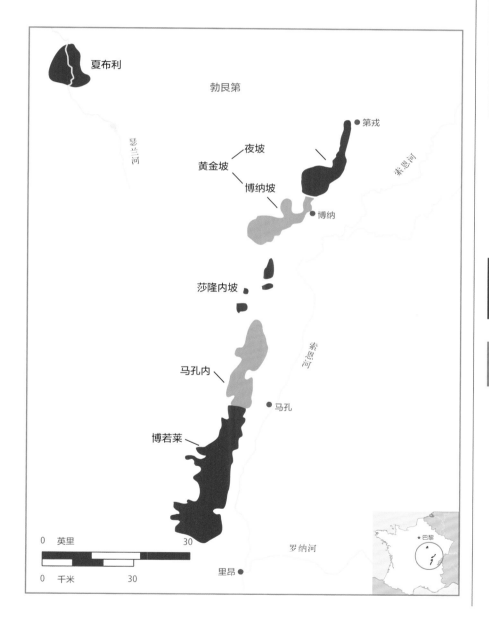

黄金坡葡萄酒产量比例

红葡萄酒 78%

白葡萄酒 22%

勃艮第

37.5%
44 个村庄级
葡萄园

53%
23 个地区级
葡萄园

10%
645 个一级
酒庄葡萄园

1.5%
32 个顶级
酒庄葡萄园

勃艮第地区级酒同样值得关注，比如
"勃艮第白"（Bourgogne Blanc）。

村庄级酒在勃艮第的平均出产率为每英
亩 360 加仑；顶级酒庄酒为每英亩 290
加仑——远远高于寻常浓度，使得该级
别酒口感更为丰富。

大多数一级酒庄酒的标签上都有葡萄园的名
称，少数仅标明"一级酒庄"，说明酿酒原
果来自不同的葡萄园。

夏布利顶级酒庄的葡萄种植面积仅 245 英
亩。

勃艮第各等级葡萄酒使用新橡木桶的比例

25%
村庄级

40–70%
一级酒庄

80–100%
顶级酒庄

你只需了解一种酿酒葡萄便大可以安心，这就是霞多丽葡萄。所有勃艮第的白
葡萄酒佳酿，100% 来自霞多丽葡萄。尽管所有顶级法国白葡萄酒的原果都是霞多
丽葡萄，但夏布利、博纳坡和马孔内这三个产区却能出产风格各异的酒款。风格的
多样性主要取决于葡萄产地和酿酒的工艺流程。例如，相比地处南部的马孔内地区，
夏布利的北方气候造就了较酸的口味。

说到酿酒工艺，在夏布利和马孔内，葡萄收获以后大多是在不锈钢桶内发酵和
陈贮的。在博纳坡，葡萄成熟后，相当一部分酒浆会被置于小橡木桶中发酵并陈贮。
木质赋予酒浆丰富多变的风味、浓稠深沉的质感、醇厚灵动的酒体、幽远持久的
气息。

勃艮第白葡萄酒都是干酒。

勃艮第白葡萄酒的分级

土壤类型、山坡朝向和斜度是决定分级的主要因素，它们共同决定了酒的品质。
以下为质量等级：

地区级：（1 ~ 9 美元）

村庄级（Village Wine）：标有出产村庄的名字。（10 ~ 99 美元）

一级酒庄（Premier Cru）：来自某村庄某个风格特殊的葡萄园。一级酒庄的酒标
上通常先注明村庄名，后面紧跟葡萄园的名字。（100 ~ 999 美元）

顶级酒庄（Grand Cru）：来自某个具有最佳土质和坡度的葡萄园，并达到或超
过其他各项指标。在勃艮第的大多数地区，该级别的酒标上不显示村庄名，仅仅注
明葡萄园的名字。（1000 美元以上）

使用橡木桶的常识

每个地区都有各自的酿酒工艺。然而
传统上，各地葡萄酒的发酵和陈贮一直都
使用橡木桶，直到后来引进了水泥罐、搪
玻璃罐以及最近出现的不锈钢桶，情况才
为之改变。尽管技术一再进步，许多酿
造者依旧偏爱传统方式。例如，一些产自
Louis Jadot 的酒款依照以下方式在橡木桶

中进行发酵：

　　1/3 酒浆在新橡木桶中发酵；

　　1/3 酒浆在 1 年新的橡木桶中发酵；

　　1/3 酒浆在旧的橡木桶中发酵。

　　Louis Jadot 的理念是：酒款质量越高，橡木桶应当越新。因为新橡木桶赋予酒浆的风味更丰富，带来的单宁酸含量也更高——可以推知，新橡木桶对于本身禀赋较弱的酒就显得浪费了，所以往往用来陈贮"天生丽质"的佳酿。

夏布利

　　夏布利位于勃艮第地区最北部，只出产白葡萄酒。法国的夏布利酒 100% 都来自霞多丽葡萄。"夏布利"和"勃艮第"一样被误解和滥用。由于法国人没有采取任何措施保护这个名字，以致它被用来为许多最寻常的外国桶装酒命名。"夏布利"与许多平庸的酒划上了等号，而这些冒牌货绝非真正的法国夏布利。其实，法国人对夏布利极其重视，对夏布利酒的质量等级也做了特别规定。

　　小夏布利（Petit Chablis）：这是夏布利酒中最普通的一级，在美国极为少见。

　　夏布利级（Chablis）：该级别夏布利酒的原果，可以来自夏布利产区的任何一座葡萄园，又称为村庄级。

　　夏布利一级酒庄（Chablis Premier Cru）：品质出众的夏布利葡萄酒，原果来自产区内的高质量葡萄园。

　　夏布利顶级酒庄（Chablis Grand Cru）：夏布利酒中的最高等级，因其产量有限，价格尤为昂贵。整个夏布利地区，以"顶级"冠名的葡萄园仅有 7 个。

夏布利的葡萄园超过 250 家，使用橡木桶陈贮的却屈指可数。

夏布利级（1~9美元）

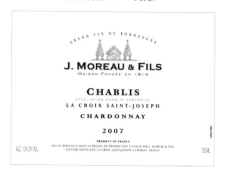

夏布利一级酒庄（10~99美元）

夏布利顶级酒庄（1000~9999美元）

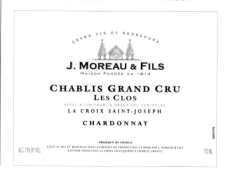

Domaine Laroche 出产的所有葡萄酒，包括顶级酒庄酒在内，都使用螺旋瓶盖。

夏布利一级酒庄酒性价比最高。

如果你有兴趣购买最上乘的夏布利葡萄酒，可以考虑以下顶级酒庄和最重要的一级酒庄葡萄园：

7个顶级酒庄葡萄园	
Blanchots	Preuses
Bougros	Valmur
Grenouilles	Vaudésir
Les Clos	
最好的一级酒庄葡萄园	
Côte de Vaulorent	Montmains
Fourchaume	Monts de Milieu
Lechet	Vaillon
Montée de Tonnerre	

夏布利葡萄酒的挑选

购买夏布利葡萄酒需要注意的两个因素是发货商和年份，以下给出了最重要的发货商：

A. Regnard & Fils	Joseph Drouhin	Albert Pic & Fils
La Chablisienne	Domaine Laroche	Louis Jadot
François Raveneau	Louis Michel	Guy Robin
René Dauvissat	J. Moreau & Fils	Robert Vocoret
Jean Dauvissat	Simmonet-Febvre	William Fèvre

何时适宜饮用

夏布利级	一级酒庄	顶级酒庄
出产后两年内	出产后 2～4 年	出产后 3～8 年

近年来夏布利葡萄酒的最佳年份
2006* 2007* 2008* 2009* 2010* 2011*
2012* 2013* 2014 2015*
* 表示格外出众

夏布利部分地区冬季的温度接近挪威。

博纳坡

这里是黄金坡两大主要产区之一，博纳坡干白已经成为全世界霞多丽干白的典范，几乎是所有酿酒师的参照标准。

博纳坡 3 个最重要的白葡萄酒村庄是：

博纳坡

默尔索	普里尼－蒙哈榭	夏山－蒙哈榭
Meursault	Puligny-Montrachet	Chassagne-Montrachet

这 3 座村庄酿造白葡萄酒采用的葡萄均为 100% 霞多丽。以下是笔者偏爱的博纳坡白葡萄酒村庄和葡萄园。

产酒村庄	一级酒庄葡萄园	顶级酒庄葡萄园
阿罗斯－高登 (Aloxe-Corton)		Corton-Charlemagne Charlemagne
博纳（Beaune）	Clos des Mouches	
夏山－蒙哈榭	Les Ruchottes Morgeot	Bâtard-Montrachet* Criots-Bâtard-Montrachet Montrachet*
默尔索	Blagny La Goutte d´Or Les Charmes Les Genevrières Les Perrières Poruzots	
普里尼－蒙哈榭	Clavoillons Les Caillerets Les Champs Gain Les Combettes Les Folatières Les Pucelles Les Referts	Bâtard-Montrachet* Bienvenue-Bâtard Montrachet Chevalier-Montrachet Montrachet*

* Montrachet（蒙哈榭）和 Bâtard-Montrachet（巴塔－蒙哈榭）葡萄园位于普里尼－蒙哈榭和夏山－蒙哈榭之间。

就产量而言，最大的顶级酒庄葡萄园是 Corton-Charlemagne（高登－查理曼），其白葡萄酒产量占全部顶级酒庄白葡萄酒产量的 50%。

夜坡产区主要出产红葡萄酒。但武乔（Vougeot）和慕思尼（Musigny）这样的酒庄会出产一些非常出色的白葡萄酒。

博纳坡的质量等级

村庄级（1～9美元）

一级酒庄（10～99美元）

顶级酒庄（100～999美元）

博纳坡酒的差别何在

土壤是勃艮第出产佳酿的关键因素之一，土壤也是决定村庄级、一级酒庄以及顶级酒庄这3个质量等级的主要因素。"村庄级普里尼－蒙哈榭和顶级酒庄蒙哈榭的差别不在于陈贮用的橡木桶，也不在于陈贮时间长短。主要的差别是葡萄园的土壤和坡度。"Joseph Drouhin 酒庄的罗伯特·杜鲁安（Robert Drouhin）先生如是说。

另一个关键因素则是酿造方法——也就是各家的秘方，这一点类似于判断3家餐厅厨师技艺的高下：选料或许一样，如何烹制决定了菜式的优劣。

圣欧利王产区出产优质白葡萄酒的酒庄有：Pierre-Yves Colin-Morey 酒庄，Philippe Colin 酒庄，Alain Chavy 酒庄和 Maroslavac-Leger 酒庄，值得一试。

近年来博纳坡白葡萄酒的最佳年份						
2002*	2005*	2006*	2007*	2008*	2009*	2010*
2011	2012*	2013*	2014	2015*		
* 表示格外出众						

莎隆内坡

莎隆内坡在勃艮第各主要产区中知名度最低，尽管此地出产吉弗里（Givry）和梅克雷（Mercurey）一类的红葡萄酒（见第四章"法国勃艮第和罗纳河谷的红葡萄酒"），然而此地出产的优质白葡萄酒却鲜为人知。尤其 Montagny 和 Rully 这两款酒，是本地最好的酒，可与黄金坡的白葡萄酒媲美，价格却相对低廉。

同样值得期待的还有：Antonin Rodet，Faiveley，Louis Latour，Moillard，Olivier Leflaive，Jacques Dury，Chartron & Trébuchet，Marc Morey 和 Vincent Girardin 的酒款。

马孔内

位于勃艮第白葡萄酒产区的最南端，气候比黄金坡和夏布利温暖。一般来说，马孔内的酒款宜人、明媚、清爽，品质可靠且颇具收藏价值。马孔内葡萄酒的质量等级：

1. 马孔内白葡萄酒（Mâcon Blanc）
2. 超级马孔内（Mâcon Supérieur）
3. 马孔内村庄级（Mâcon-Villages）
4. 圣弗兰（St-Véran）
5. 普伊－凡列尔（Pouilly-Vinzelles）
6. 普伊富赛

马孔内的葡萄酒中白葡萄酒超过 4/5。

马孔内地区有一座名为霞多丽的村庄，据说著名的霞多丽葡萄由此得名。

所有马孔内葡萄酒中，普伊富赛无疑是品质最好、最受欢迎的，早在大多数人还没有发现葡萄酒的美妙时，它在美国就已十分流行。随着葡萄酒消费的增长，普伊富赛同其他著名酒款如玻玛、夜－圣乔治（Nuits-St.-Georges）、夏布利等渐渐成了法国佳酿的代表，也成了众多餐厅酒水单上的必备之选。

既然马孔内村庄级的性价比绝佳，又何必花 3 倍价钱购买普伊富赛，朴实的马孔内村庄级同样可以令人开怀畅饮。

马孔内葡萄酒通常不经过橡木桶陈贮，适宜新酿新饮。

如果你要款待客户，预算又相对有限，那么稳妥的选择就是马孔内。如果预算极其宽裕，就选默尔索干白吧！

近年来马孔内白葡萄酒的最佳年份
2009** 2010* 2011 2012* 2013* 2014 2015*
* 表示格外出众 　 ** 表示卓越

95

酒庄原装酒（Estate-bottled Wine）：由葡萄园生产、酿造、装瓶的葡萄酒。

Domaine Leflaive 葡萄酒的命名，来自中世纪传说中的人名和地名。据说普里尼－蒙哈榭有位骑士，骑士的儿子参加了十字军东征，他感到很孤独，在一处深谷同女仆"Pucelle"一起经营葡萄园"Les Combettes"，为的是迎接儿子的归来。这个名叫"Bâtard-Montrachet"的年轻人 9 个月后终于回到了家乡。

勃艮第回顾

现在你已经对勃艮第的多款白葡萄酒有所了解，那么，如何选择适合的酒款？首先查看产酒年份。对勃艮第酒来说，选一个好年份尤为重要。其次，你要考量的因素是口味和价格。如果价格不是问题，那你真是太幸运了。

另外，经过一些尝试和失败，你一定会找到自己偏爱的发货商。以下是购买勃艮第白葡萄酒时值得考虑的一些发货商：

Bouchard Père & Fils

Chanson

Joseph Drouhin

Labouré-Roi

Louis Jadot

Louis Latour

Olivier Leflaive Frères

Prosper Maufoux

Ropiteau Frères

80% 的勃艮第葡萄酒通过发货商销售，一部分酒庄原装酒在美国限量出售，其中较好的有：

Château Fuissé	Pouilly-Fuissé（普伊富赛）
Domaine Bachelet-Ramonet	Chassagne-Montrachet（夏山－蒙哈榭）
Domaine Boillot	Meursault（默尔索）
Domaine Bonneau du Martray	Corton-Charlemagne（高登－查理曼）
Domaine Coche-Dury	Meursault, Puligny-Montrachet（默尔索、普里尼－蒙哈榭）
Domaine Des Comtes Lafon	Meursault（默尔索）
Domaine Étienne Sauzet	Puligny-Montrachet（普里尼－蒙哈榭）
Domaine Lucien le Moine	Corton-Charlemagne（高登－查理曼）
Domaine Leflaive	Meursault, Puligny-Montrachet（默尔索、普里尼－蒙哈榭）
Domaine Matrot	Meursault（默尔索）
Domaine Philippe Colin	Chassagne-Montrachet（夏山－蒙哈榭）
Domaine Vincent Girardin	Chassagne-Montrachet（夏山－蒙哈榭）
Tollot-Beaut	Corton-Charlemagne（高登－查理曼）

售价在 30 美元以内的 5 种上佳法国白葡萄酒

Pascal Jolivet Sancerre • Trimbach Riesling • William Fèvre Chablis •
Château Larrivet-Haut-Brion • Louis Jadot Mâcon

更完备的清单请翻到第 324 页。

勃艮第白葡萄酒之最近 40 年

如果你想找一款未经橡木桶贮藏的上佳霞多丽，法国夏布利地区风味脆冽的酒款一定会让你满意。40 年来，这些酒的品质愈发精良。经历了 20 世纪 50 年代的严重霜灾，当地的抗霜冻措施越来越完善，葡萄园面积也从 4000 英亩增加至 12000 英亩，质量却没有退步，这真是诸位的福音。

马孔内和莎隆内坡的白葡萄酒能够反映出 100% 霞多丽葡萄酒的一些优秀特质，而价格往往很实惠，不到 20 美元一瓶。酒标上注有"Bourgogne Blane"的干白葡萄酒更是高性价比酒款。

有个重大变化值得一提：由于当今世界霞多丽酒厂带来的竞争，法国政府意识到美国和其他采购葡萄酒的国家都很看重葡萄品种，因而规定酒标需注明葡萄品种，马孔内葡萄酒尤其如此。

黄金坡的精品白葡萄酒在近 40 年内达到了卓越的高度，在我看来它是世界上最好的白葡萄酒。新一代酿酒师在全球广泛学习，对果园、酒窖、葡萄品系的栽培和保持低产进行更为科学的管理。加糖，也就是在发酵酒浆中添加糖分以增加酒精浓度的做法，在勃艮第曾经很普遍，如今已很少采用。现在的勃艮第葡萄酒具有更为自然的均衡口感。

请翻到第 343 页尝试一下法国白葡萄酒的测试题，检验你在这一章中学到的知识。

—— 延伸阅读 ——

安东尼·汉森（Anthony Hanson）著，《勃艮第》（Burgundy）
罗伯特·帕克的《勃艮第》著，（Burgundy）
马特·克拉姆（Matt Kramer）著，《理解勃艮第》（Making Sense of Burgundy）
克莱夫·科茨，（Clive Coates）著，《黄金坡和勃艮第的葡萄酒》（The Wines of Burgundy and Côtes d'Or）

美食配佳酿

选择一款勃艮第白葡萄酒，意味着佐酒美食的选择面很广。比如你选了一款产自马孔内的酒，那里的酒价位很合理，野餐和较正式的餐会都适合，或者，你选了一款产自黄金坡的博纳坡红葡萄酒，它的酒体更丰厚；如果你乐意，也可以选一款全能型的夏布利酒，可以搭配大份牛排。

"对于一款新酿夏布利或圣弗兰，我喜欢搭配贝类。精品黄金坡葡萄酒的最佳拍档是各种鱼类或小牛肉、法式杂碎。"

——罗伯特·杜鲁安

"村庄级夏布利适合做开胃酒，搭配餐前小菜和沙拉。一级酒庄或顶级酒庄夏布利，需要更特殊的搭配，比如龙虾，如果恰好是一款陈酿，这样的搭配就更妙了。"

——克里斯蒂安·莫罗（Christian Moreau）

"毫无疑问，我最爱用来搭配勃艮第白葡萄酒的食物是蓝龙虾，唯有和谐、雄健、精致的酒款能与美妙、清新、细腻的蓝龙虾相配。夏布利酒与贝类、蜗

牛、牡蛎相得益彰，而顶级酒庄夏布利应当与鳟鱼相佐。至于博纳坡的白葡萄酒，村庄级酒应在餐前饮用，可以试试搭配小鱼或鱼饺。一级酒庄和顶级酒庄酒可以配大一些的鱼类或海鲜，如龙虾，不过对于高登－查理曼一类的酒，与烟熏苏格兰三文鱼是美味的组合。"

——皮埃尔·亨利·嘉榭
（Pierre Henry Gagey）

"夏布利酒应该配牡蛎和鱼。高登－查理曼要配佛罗伦萨淡沙司烩鳎鱼，勃艮第霞多丽配烤鸡或者海鲜，配口味清淡的羊乳干酪尤其美妙。"

——路易·拉图

❧ 品酒指南 ❧

　　我们以清淡的阿尔萨斯雷司令酒开始，以波尔多苏特恩甜酒结束。品酒时要记住使用"60秒葡萄酒专家"的品尝记录单。注意果味和酸味的平衡，另外，酸度高的酒最好搭配食物饮用，我推荐贝类菜肴。

酒　款

雷司令葡萄酒

一款雷司令，单独品尝

　　1. 阿尔萨斯雷司令葡萄酒

慕斯卡德和长相思葡萄酒

品鉴两款卢瓦河谷酒，比较

　　2. 慕斯卡德葡萄酒

　　3. 普伊芙美葡萄酒

长相思和赛美蓉葡萄酒

一款波尔多酒，单独品尝

　　4. 来自格拉夫或佩萨克－雷奥良

　　产区的酒庄级酒

霞多丽葡萄酒

品鉴四款勃艮第酒，比较

5. 马孔内村庄级葡萄酒

（未经橡木桶陈贮）

6. 夏布利一级酒庄葡萄酒

（橡木桶陈贮）

7. 村庄级葡萄酒，如默尔索

8. 一级酒庄葡萄酒，

如普里尼－蒙哈榭的 Les Combettes

琼瑶浆葡萄酒

一款阿尔萨斯酒，单独品尝

　　9. 琼瑶浆葡萄酒

赛美蓉葡萄酒

一款苏特恩酒，单独品尝

　　10. 来自波尔多苏特恩酒庄的酒

第二章

美国的葡萄酒，
加利福尼亚州白葡萄酒

美国的葡萄酒和酿酒业 ※ 加州的葡萄酒 ※

加州的白葡萄酒 ※ 华盛顿州 · 纽约州 ·

俄勒冈州的葡萄酒 ※ 美国南部葡萄酒 ※ 五大湖区葡萄酒

美国葡萄酒消费量今昔对比：
1970 年：237754 加仑
2015 年：739681 加仑
增加了 50 万加仑！

雷夫·埃里克森（Leif Eriksson）发现北美洲时，就称之为"葡萄的乐土"。北美本土的葡萄品种的确比其他大陆多。

1562 年，法国的胡格诺派教徒在佛罗里达的杰克逊维尔建立了殖民地，并用当地野生的黄绿色大粒葡萄酿酒。有证据表明，1609 年詹姆斯敦的葡萄酒行业实现了大繁荣。2004 年，人们在詹姆斯敦发现了一座老酒窖，其中有一个17 世纪的空酒瓶。

美国的葡萄酒和酿酒业

盖洛普调查显示，在过去的二十多年里，美国的葡萄酒消费量增长了 30%。也就是说，30% 的美国人每周至少喝一杯葡萄酒。美国人偏爱本国酒，消费的葡萄酒四分之三是本国产的。同时，过去 20 年里美国的酒厂数量翻了一番，超过了 6000 座，在美国历史上第一次创造了 50 个州都有葡萄酒出产的纪录。

由于本国酒在美国占垄断地位，因而有必要在此对美国的酿酒业详细考察一番。尽管我们一直觉得葡萄酒作为一个产业在美国还很 "年轻"，但事实上其历史可以追溯至四百多年前。

早期的美国酿酒业

抵达美洲后不久，已习惯于葡萄酒佐餐的朝圣者和探险者们，很高兴地发现了当地的野生葡萄。这些勤俭自给的移民认为他们可以用这些野生品种（主要是美洲葡萄）酿出酒来，那样就不必花高价从欧洲购买了。他们培育本土品种，收获果实，酿造出美国葡萄酒。但是，新酿较之欧洲葡萄酒，口味完全不同——令人失望。于是他们向欧洲订购葡萄的插条，想以引种的葡萄开启此后数百年出产佳酿的历史。很快，货船运来了葡萄插条，栽种者精心呵护着这些来之不易的宝贝，热切盼望着尝一口用美洲土地上生长出来的欧洲葡萄酿成的葡萄酒。

尽管他们付出了努力，结果却不尽如人意。很多植株都死了，少数活下来的产量很低，产出的酒质量也不佳。早期移民抱怨气候寒冷，而今天我们知道，那其实是由于欧洲葡萄对新大陆的病虫害缺乏免疫力。接下来的 200 年间，不管是引种欧洲品种，还是将其与本地品种杂交的尝试，都不幸以失败告终。于是东北部和中西部的广大栽种者别无选择地种植了美洲葡萄（北美品种）。就这样，规模有限的酿酒业存活了下来。

尽管价格高昂，欧洲的葡萄酒一向广受青睐。在美国，酿酒业早期的一系列失败，加之进口葡萄酒价格偏高，导致了需求降低。美国人的口味渐渐发生了变化，葡萄酒由佐餐饮料变成了仅限于某些特定场合的饮品，啤酒和威士忌取代了葡萄酒在美国家庭的传统地位。

美国酿酒葡萄的主要品种：

本土品种：美洲葡萄，例如康科德葡萄、卡托巴葡萄、德拉瓦葡萄（Delaware），以及圆叶葡萄（*Vitis rotundifolia*），通常称为斯卡巴农（Scuppernong）。

欧洲品种：欧洲葡萄，例如雷司令、长相思、霞多丽、黑比诺、美乐、赤霞珠、馨芳、西拉。

杂交品种：欧洲和美洲葡萄混合的结果，例如白赛瓦葡萄、威代尔葡萄、黑巴克、钱赛勒葡萄（Chancellor）。

美国西部的葡萄酒

美国西部葡萄酒的酿造始于西班牙人。西班牙人从墨西哥向北推进时，天主教会的势力也随之蔓延，一个重要的传教时代开始了。殖民者的使命不仅限于宗教——整个殖民社会形成了一种自足式的势力，保护着西班牙的殖民地利益，这种势力遍布西南部乃至整个太平洋海岸。除了生产粮食和衣物，他们也酿造葡萄酒，主要用来供给教会。1769 年，人们对葡萄酒的需求使得朱尼佩罗（Junípero）神父将西班牙人从墨西哥带来的欧洲葡萄带到了加州。加州气候温和，葡萄树在当地扎根并渐渐繁茂起来。尽管规模有限，加州真正的酿酒业就这样建立起来了。

19 世纪中叶发生了两件事，直接导致了葡萄酒酿造的爆炸式发展。第一个事件是 1849 年的加州淘金热，它在招来欧洲和东海岸移民的同时无意中引入了酿酒传统，他们栽种葡萄并且很快酿出了高品质的葡萄酒。

早期的德国移民引种了雷司令葡萄，并且将其酿成的酒命名为霍克（Hock）；法国人称自己的酒为勃艮第或波尔多；意大利人则以"基安蒂（Chianti）"为其葡萄酒命名。

美洲葡萄，又称"裂皮"葡萄，是北美东北部和中西部的品种，风味独特。它还被用来制造葡萄汁——你在超市货架上可以买到的瓶装饮料。这种葡萄酿出的酒比欧洲品种更具"葡萄味"（也有人称之为"狐性"[foxy]）。

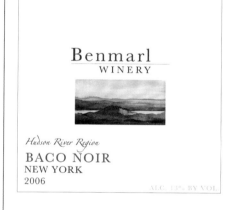

早期的传教士在南加州部分地区建立了酒厂，第一座酒厂的所在地正是如今的洛杉矶。

传教士酿造盛典用酒的葡萄品种当时被称为"传道葡萄"，遗憾的是，这种葡萄不具备酿造上等佳酿的潜质。

1861 年，第一夫人玛丽·托德·林肯（Mary Todd Lincoln）在白宫用本地葡萄酒宴客。

1880 年，罗伯特·路易斯·史蒂文森（Robert Louis Stevenson）在纳帕河谷度蜜月，他记述了当地酿酒师在寻找土壤、气候和葡萄品种最佳组合方面的不懈努力："从一个角落到另一个角落，寻遍每一寸土地……这里的失败了，那里的还好，某处的表现最令人满意。他们就这样为了创建自己的 Clos de Vougeot 和 Lafite 那样的酒庄一点一点地摸索……葡萄酒是瓶中的诗篇。"

淳果篮（Welch）葡萄汁自 19 世纪末就开始流行了，最早由顽固的禁酒主义者生产，并在瓶身上标有"韦尔奇博士未发酵葡萄酒"的怪异字样。1892 年，它重新被命名为"淳果篮葡萄汁"，并且成功参展 1893 年在芝加哥举办的哥伦比亚博览会。

1900 年的巴黎博览会上，40 家来自加州、新泽西州、纽约州、俄亥俄州和弗吉尼亚州的美国酒厂赢得了奖章。

第二个关键事件发生在 1861 年。加州州长认识到葡萄栽种对本州经济相当重要，于是责成阿哥斯顿·哈拉兹伯爵（Agoston Haraszthy）从欧洲引进经典的葡萄品种插条，例如雷司令、馨芳、赤霞珠、霞多丽。伯爵远赴欧洲，带回了十万多条精心遴选的葡萄树。这些葡萄不但能够适应加州的气候蓬勃生长，还产出了优质的葡萄酒，更预示着加州酿酒业开始走向成熟。

1863 年，就在加州葡萄酒业勃兴之时，欧洲的葡萄园遭遇了大麻烦，虫害开始侵袭欧洲的葡萄园。这是一种源自北美洲东海岸的蚜虫类虫害，对葡萄园具有毁灭性的破坏力。当时有一批出口到欧洲用以试验的美洲葡萄树，虫害就是由此传播的。这场灾害后患无穷，此后 20 年间，根瘤蚜病虫害毁掉了数千英亩的欧洲葡萄。欧洲的酿酒业严重受挫，但与此同时，人们对葡萄酒的需求却在迅速增长。

于是，加州成了当时唯一用欧洲葡萄酿酒的产地，市场对其需求也急速跃升。几乎是一夜之间，两个需求巨大的市场向加州敞开了大门：第一类市场需要的是大量价廉物美的葡萄酒；第二类市场则追求更高品质的葡萄酒。加州的栽种者对两类市场都做出了回应。到 1876 年，加州每年生产 230 万加仑葡萄酒，其中一些品质极高。当时的加州，俨然成了新兴的全球葡萄酒酿造中心。

不幸的是，就在同一年，葡萄根瘤蚜也悄然降临加州，开始了又一次毁灭。病虫害一旦出现便势不可当，一如欧洲的情形。数以千计的植株遭殃，加州的酿酒业面临财政危机。时至今日，根瘤蚜病虫害依然是对葡萄破坏力最强的传染病。

所幸其他各州依然用美洲葡萄酿酒，美国的葡萄酒生产没有完全停滞。同时，经过多年研究，欧洲的酿酒师发现了抵御根瘤蚜病虫害的方法——将欧洲葡萄树嫁接至美洲葡萄的根茎（因其对根瘤蚜免疫），酿酒业从此得救。

美国人紧随其后，采用了这个办法，加州的酿酒业不仅得到恢复，而且开始产出品质空前的葡萄酒。到 19 世纪末，加州葡萄酒在国际比赛中频频得奖，赢得了世界声誉。美国酿酒业从无到有，直到被广泛认可，仅用了 300 年。

禁酒

1920 年，美国宪法第十八修正案使美国的葡萄酒产业再次遭受挫折。《全国禁酒法令》又称为《沃尔斯泰德法令》（Volstead Act），法案规定：禁止制造、销售、运输、进口、出口、递送或占有含酒精的致醉饮品。一纸禁令延续 13 年，几乎使酿酒业完全消失。

"禁酒至少好过完全没酒。"
——威尔·罗杰斯

禁酒令的漏洞在于，允许生产、销售祭典用酒和药用酒。持医生处方可在药房购买药用酒，药用补酒或加烈酒则无需处方也可以买到。另外，禁酒令允许人们每年制造不超过 200 加仑的果汁或苹果酒。果汁可以浓缩，而浓缩汁恰好是酿酒的理想原料。人们从加州购买浓缩葡萄汁，运到东海岸，容器表面印着鲜明的警示语——"注意：不得添加糖或酵母，否则将导致发酵！"而这正是游走全美各地的走私贩们所做的事情。然而，好景不长，不久之后政府介入并禁止了葡萄汁的销售，杜绝了非法酿酒。于是葡萄园不再种植葡萄，美国的酿酒业彻底中止。

加烈酒或药用补酒的酒精浓度约为 20%，趋近于高纯度烈酒而非寻常葡萄酒。那个时候，这种稀有的酒精饮品成了全美头号"葡萄酒"，很快大受欢迎——不是因为风味，而是因为人们可以借它消愁。那时正值大萧条，新名词"Wino"流行起来——用来指代那些借助加烈酒忘却烦恼的人。

禁酒令废止于 1933 年，然而其余波延续至数十年后，仍未完全消弭。它真正终结时，美国人早已对优质葡萄酒失去了兴趣。禁酒期间，美国数千英亩宝贵的葡萄植株消失殆尽。酒厂通通关门，酿酒业萎缩，仅有屈指可数的幸存下来的葡萄园——主要在加州和纽约州，许多东海岸的葡萄栽种者改行生产葡萄汁——这在当时算是对美洲葡萄最理想的利用方式。

1933～1968 年，葡萄栽种者和酿酒师对酿造高品质葡萄酒没有太高的积极性。他们转而批量生产大瓶装餐酒，这种酒因容器而得名，价格低廉，毫无风味可言。也有几家生产高品质葡萄酒的酒厂，突出者多在加州。这期间绝大多数美国葡萄酒表现平庸。

禁酒令摧垮了大多数美国酿酒商，但仍有一些厂商依靠生产宗教祭典用酒存活下来，比如 Beringer，Beaulieu 以及 Christian Brothers。他们在禁酒时期从未间断过生产，所以不必像其他酒厂那样一切从头再来。

禁酒令废止后，政府积极推动各州酒精饮品销售和运输的合法化，有些州把权力下放到县和市——这一传统延续至今，各州乃至各县的立法都不尽相同。

美国酿酒业的复兴

我无法准确界定美国葡萄酒的复兴从何时开始，不过，我们可以从 1968 年谈起。那一年，餐酒（酒精浓度为 7%～14%）的销量自禁酒令以来首次超过了加烈酒（酒精浓度为 17%～22%）。尽管美国葡萄酒的质量一直在提高，消费者依旧认为最好的葡萄酒产自欧洲，特别是法国。

1920 年，加州有超过 700 家酒厂，截至禁酒令废止时仅剩 160 家。

"禁酒期间，我只得以水和食物填塞寡淡的日常。"
——W.C. 菲尔兹（W.C. Fields）

1933 年，美国出售的葡萄酒中，超过 60% 的酒精浓度都在 20% 以上。

有些加烈酒或许至今仍为消费者熟知，其中包括 Thunderbird 和 Wild Irish Rose。

1933～1968 年，销售业绩最好的酒厂有：Almaden，Gallo 和 Paul Masson。

禁酒令废后，酿酒师面临一些难以抉择的问题：
· 在东海岸还是西海岸选址？
· 酿甜酒还是干酒？
· 酿高度酒还是低度酒？
· 酿廉价酒还是高品质酒？

—— 延伸阅读 ——
丹尼尔·奥克伦特（Daniel Okrent）著，《最后招待：禁酒令的开场与落幕》（Last Call: the Rise and Fall of Prohibition）

20 世纪 70 年代初，白诗南是美国销量最好的白葡萄酒，而馨芳是销量最好的红葡萄酒。

在美国，消费最多的葡萄品种是：
1. 霞多丽
2. 赤霞珠
3. 美乐

从 20 世纪 60 年代中期至 70 年代初，一小群热衷此道的加州酿酒师开始全力打造高品质葡萄酒，以期与欧洲最高水平相颉颃。他们早期的酿造已展现出才华与潜质，并且开始引起口味挑剔的葡萄酒爱好者乃至酒评家的关注。

在努力提高酒款品质的同时，这群人开始意识到：必须想办法将自己的高品质葡萄酒同加州大批量销售的葡萄酒（往往笼统地以勃艮第或夏布利命名）区分开来，并使其地位在消费者和采购商心目中与欧洲葡萄酒不相上下。他们想出了绝妙的办法：用葡萄品种作为最佳酒款的酒标，即品种标示法。

品种标示法就是以酿造葡萄酒所用的主要葡萄品种来命名，如霞多丽、赤霞珠、黑比诺，等等。敏感的消费者见到酒标上的"霞多丽"就会立即联想到这种葡萄所酿酒款的普遍特征。如此一来，卖方和买方都得到了便利。

品种标示法收效显著，而且很快传遍了全行业，到 20 世纪 80 年代已成为美国葡萄酒行业的一项标准，并促使政府修订了有关酒标的法规。

今天，品种标示法是美国最高品质葡萄酒的常规做法，而且被许多国家采用，并为加州的酿酒业带来了广泛关注。加州的葡萄酒产量至今占全美 90%，其成功也带动了美国其他地区重新重视高品质葡萄酒的生产。

美国的高品质葡萄酒

要想明智地选购美国葡萄酒，就必须了解出产你感兴趣的酒的各个州，以及这些州的葡萄酒产区。有些州（或该州的某个产区）可能专门生产白葡萄酒，或红葡

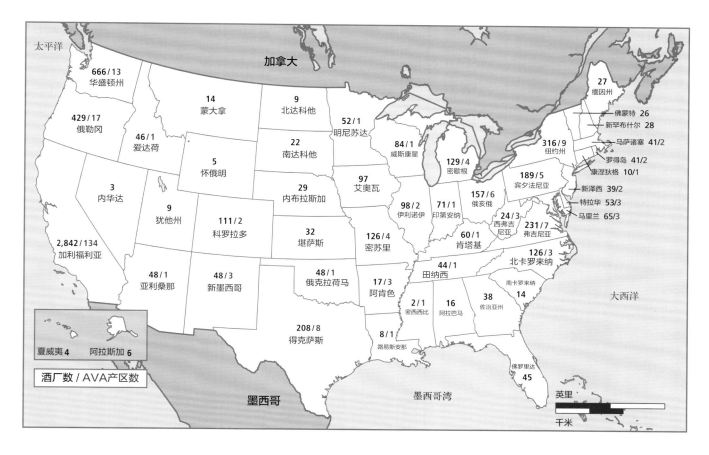

太平洋

加拿大

666 / 13
华盛顿州

429 / 17
俄勒冈

14
蒙大拿

9
北达科他

52 / 1
明尼苏达

27
缅因州

佛蒙特 26

新罕布什尔 28

马萨诸塞 41/2

罗得岛 41/2

康涅狄格 10/1

46 / 1
爱达荷

5
怀俄明

22
南达科他

84 / 1
威斯康星

129 / 4
密歇根

316 / 9
纽约州

189 / 5
宾夕法尼亚

新泽西 39/2

3
内华达

29
内布拉斯加

97
艾奥瓦

98 / 2
伊利诺伊

71 / 1
印第安纳

157 / 6
俄亥俄

24 / 3
西弗吉尼亚

特拉华 53/3

马里兰 65/3

9
犹他州

111 / 2
科罗拉多

32
堪萨斯

126 / 4
密苏里

60 / 1
肯塔基

231 / 7
弗吉尼亚

2,842 / 134
加利福利亚

48 / 1
亚利桑那

48 / 3
新墨西哥

48 / 1
俄克拉荷马

17 / 3
阿肯色

44 / 1
田纳西

126 / 3
北卡罗来纳

南卡罗来纳

大西洋

夏威夷 4   阿拉斯加 6

酒厂数 / AVA产区数

208 / 8
得克萨斯

2 / 1
密西西比

16
阿拉巴马

38
佐治亚州

14

墨西哥

8 / 1
路易斯安那

墨西哥湾

英里

佛罗里达
45

千米

萄酒，甚至专门生产某一个葡萄品种所酿的酒。因此，有必要详细了解某个葡萄品种在某个州或地区内的产区（AVA）。

产区（AVA）又叫栽种区，即属于某个州的葡萄产区，由政府承认并在政府部门注册。AVA 认定制度始于 20 世纪 80 年代，效仿了欧洲的产区制度。在法国，波尔多和勃艮第严格执行法定原产地命名制度（AOC）；在意大利，皮埃蒙特和托斯卡纳执行法定产区分级制度（DOC）。按照 AVA 认定制度，比如，纳帕河谷是加州境内的产区，哥伦比亚河谷（Columbia Valley）是华盛顿州的产区，威拉米特河谷（Willamette Valley）和芬格湖群（Finger Lakes）则分属俄勒冈州和纽约州。

正如欧洲同行多年前发现的，北美的酒商渐渐认识到，某些葡萄在某种土壤和气候条件下生长得最好。AVA 概念对于葡萄酒的采购十分重要，而且今后也将如此，因为各个 AVA 会因其葡萄品种和酒款风格为人所知。如果酒标上标有某个 AVA 的名字，那么酿酒葡萄至少有 85% 必须来自这个产区。

美国国内五大葡萄酒市场依次为：

1. 纽约   2. 洛杉矶

3. 芝加哥   4. 波士顿

5. 旧金山

产量前 5 名（2016 年）

1. 加州

2. 华盛顿州

3. 纽约州

4. 俄勒冈州

5. 宾夕法尼亚州

美国有超过 230 个葡萄产区，134 个都在加州。

数据来源：美国葡萄酒协会（Wine Institute.org）

107

一些知名的加州 AVA 产区：

亚历山大河谷（Alexander Valley）

安德森河谷（Anderson Valley）

乔克山（Chalk Hill）

干溪谷（Dry Creek Valley）

艾德纳河谷（Edna Valley）

菲德尔敦（Fiddletown）

豪威尔山（Howell Mountain）

利弗摩尔河谷（Livermore Valley）

罗斯－卡尼洛斯（Los Carneros）

纳帕河谷（Napa Valley）

帕索罗夫莱斯（Paso Robles）

俄罗斯河谷（Russian River Valley）

圣克鲁斯山（Santa Cruz Mountain）

索诺玛河谷（Sonoma Valley）

鹿跃地区（Stag's Leap）

2016 年，全美有超过 6810 家酒厂（1970 年只有 500 家），其中 99% 为小规模酒厂或家族经营的酒厂。

葡萄种植面积前 10 名：加州，华盛顿州，纽约州，俄勒冈州，密歇根州，宾夕法尼亚州，得克萨斯州，弗吉尼亚州，俄亥俄州，北卡罗来纳州。

数据来源：《葡萄酒商务月刊》（Wine Business Monthly）

担保酒厂最多的 10 个州：加州（2842），华盛顿州（666），俄勒冈州（429），纽约州（316），弗吉尼亚州（231），得克萨斯州（208），宾夕法尼亚州（189），俄亥俄州（157），密歇根州（129），密苏里州（126）。

举例来说，纳帕河谷恐怕是知名度最高的葡萄产区了，它最知名的葡萄品种是赤霞珠。纳帕产区内有一个面积较小的地区，名叫卡尼洛斯（Carneros），此地气候更凉爽。由于霞多丽和黑比诺需要较为凉爽的环境才能完全成熟，于是，这两个品种尤其适合卡尼洛斯。在纽约州，芬格湖群因雷司令葡萄而知名。看过电影《杯酒人生》的读者都知道圣巴巴拉（Santa Barbara）是黑比诺的理想产地。

尽管 AVA 认定未必意味着绝对的高品质，但至少可以标示出某个地区最有声誉的葡萄酒，这就为酿酒师和消费者提供了参考。一款酒的出处或原产地可以让人们更好地了解它，你对产区和酿酒葡萄了解越多，面对陌生品牌时就越容易做出自信的判断。你对自己偏爱的口味和葡萄品种的风格越了解，就越容易推测出哪个 AVA 出产的酒最有可能成为你的挚爱。

另外，最近的世界趋势是忽略现有标准，对品质尤为突出的酒授以专属名称。这样做可以帮助高端酒厂将其最佳产品和本产区其他产品区别开来，并与同种葡萄所酿的其他酒款区别开来，甚至将它们和自身的衍生产品区别开来。在美国，许多专属葡萄酒都归属于一个叫作美瑞塔吉（Meritage）的类别（见第 204 页）。Dominus，Opus One 和 Rubicon 都属于美国专属葡萄酒。

美国联邦法规对工业标准和酒标的监管和专属名称，已经逐渐被酒厂采用。例如，法律规定如果酒标上列出某种葡萄，那么酿酒原果中至少有 75% 必须是这种葡萄。

美国每年平均新增酒厂 300 家。

假设有一位才华横溢的酿酒师，他所在的产区是华盛顿州的哥伦比亚河谷。这位酿酒师决意要用 60% 的赤霞珠与其他数种葡萄混合，酿一款无与伦比的、酒体丰满的波尔多风格葡萄酒。这位雄心勃勃的酿酒师投入了大量的时间和精力，真的酿出了一款好酒——适于陈酿，5 年后即可饮用，10 年后效果更佳。

不过，如何才能使这款佳酿扬名呢？如何才能让消费者甘愿付出高品质酒的价钱来买一款尚不知名的酒呢？他不能在酒标上标注"赤霞珠"，因为这个品种在该酒款中的比例不足 75%。因此，许多酿酒商都开始使用专属名称，这也是美国酿酒业健康发展的一个标志。越来越多的酿酒师奉出愈加出人意料的葡萄酒，未来必定有更精彩的作品！

美国葡萄酒的未来

如今的美国人已经喝上美国葡萄酒了。美国人消费的葡萄酒中，75% 都产自本

葡萄酒人均消费量前 10 名的地区：华盛顿（特区），新罕布什尔州，佛蒙特州，马萨诸塞州，新泽西州，内华达州，康涅狄格州，加州，罗得岛州，特拉华州。

美国的葡萄酒出口额已从 1970 年的 0 美元，增长到 2016 年的 15 亿美元。最大的出口市场是：加拿大，英国，中国香港，日本，意大利

2015 年，美国葡萄酒的销售总额达到了 380 亿美元。

—— 延伸阅读 ——

保罗·卢卡奇（Paul Lukacs）著，《美国佳酿：葡萄酒的复兴》（American Vintage: The Rise of American Wine）

杰西丝·罗宾逊（Jancis Robinson）和琳达·默菲（Linda Murphy）合著，《美国葡萄酒》（American Wine）

布鲁斯·卡斯（Bruce Cass）和杰西丝·罗宾逊合著，《牛津北美葡萄酒指南》（The Oxford Companion to the Wines of North America）

土，而且并不局限于产量最高的那 4 个州（加州、华盛顿州、纽约州、俄勒冈州）。1970 年，当我开始研究葡萄酒的时候，美国三分之二的州连一家葡萄酒厂都没有。而现在，所有的 50 个州都开始出产葡萄酒了。

许多关于葡萄酒的书籍对法国、意大利、西班牙等老牌葡萄酒出产国介绍颇丰，相形之下对美国葡萄酒的探讨则少得可怜。近 20 年来，美国葡萄酒的品质已经得到大幅度提升，也带动了美国葡萄酒消费量的迅猛增长。这两方面的趋势相辅相成，风头正劲。我们完全有理由期待，美国葡萄酒产业在未来数年内依然能够持续表现良好。

美国葡萄酒还带来了不少"有趣的副产品"。研究和品鉴各种美国酒款令人兴奋，这一历程不仅涉及美国地理、历史和农艺知识，还能让人感同身受地体会到美国葡萄栽种者和酿酒师们的执着与激情。各大酒厂也开始成为颇具吸引力的旅游景点，葡萄酒胜迹不断涌现，与当地的人文资源一道被游客们奉为地标。无可置疑地，葡萄酒已经成为美国生活的主流。美国葡萄酒的时代已然到来。感谢美国葡萄酒生产者的笃定与坚持，感谢美国葡萄酒消费者的忠实厚爱，让我可以在今天骄傲地说，许多世界顶级的佳酿都产自美国。

加州的葡萄酒

迄今为止，世界上还没有哪个葡萄酒产地能像美国加州这样飞速发展。站在历史的角度，美国人对葡萄酒并不十分感兴趣，不过从某一刻开始，美国的葡萄酒业"觉醒"了，加州的酿酒师们挺身而出，迎接挑战。40年前，我们还在怀疑加州的葡萄酒是否有资格同欧洲葡萄酒媲美，如今，加州的葡萄酒在世界各地都能买到。近些年来，日本、德国、英国等国家的加州葡萄酒进口量剧增。加州出产的葡萄酒超过全美产量的90%。如果加州是一个国家，那它就是世界第四大产酒国。

加州葡萄酒概述

本页的地图可以帮你熟悉各葡萄酒产区，如果把它们分成4组，更加便于记忆：

加州的主要葡萄酒产区

产区	产酒县属	最佳葡萄酒
北部沿岸 (North Coast)	纳帕 索诺玛 门多西诺 (Mendocino) 莱克 (Lake)	赤霞珠、霞多丽、美乐、 长相思、馨芳
圣华金河谷 (San Joaquin Valley)		实惠的大瓶装酒
中南部沿岸 (South Central Coast)	圣路易斯鄂毕坡 (San Luis Obispo) 圣巴巴拉	霞多丽、黑比诺、西拉、长相思
中北部沿岸 (North Central Coast)	蒙特雷 (Monterey) 圣克拉拉 (Santa Clara) 利弗摩尔 (Livermore)	霞多丽、歌海娜、玛珊 (Marsanne)、 胡珊 (Roussane)、西拉、维奥涅尔

111

加州葡萄园超过 615000 英亩。

如果酒标上印有某个葡萄园的名字，则 95% 的酿酒葡萄必须产自该葡萄园，而该园须在指定的 AVA 产区内。

加州有超过 60000 个注册葡萄酒酒标。加州葡萄酒的消费量在美国独占鳌头，销售额占总额的 61%。

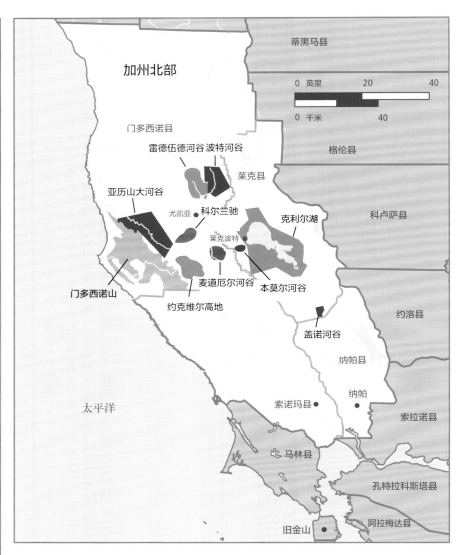

加州北部

你可能非常熟悉纳帕和索诺玛这两个名字，但你恐怕想不到这两个地区的产量还不及加州葡萄酒总产量的 10%。尽管如此，仅纳帕一地的销售额就超过全州的 30%。大宗的加州葡萄酒产自圣华金河谷，那个地区种植的葡萄占酿酒葡萄总数的 58%，是大瓶装葡萄酒的主要产地。其实大瓶装葡萄酒的生产占据着加州酿酒业的主流，这种说法或许并不令人兴奋，然而并非只有美国人偏爱这一类型的酒，以法国为例，AOC 命名的葡萄酒亦仅占法国葡萄酒的 35%。

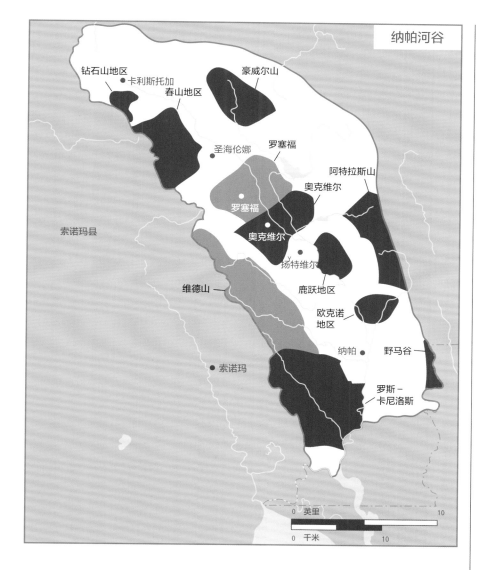

纳帕河谷

钻石山地区
卡利斯托加
春山地区
豪威尔山
圣海伦娜
罗塞福
阿特拉斯山
奥克维尔
罗塞福
奥克维尔
扬特维尔
鹿跃地区
维德山
欧克诺地区
纳帕
野马谷
索诺玛县
索诺玛
罗斯－卡尼洛斯

0 英里 10
0 千米 10

1838 年，纳帕种下了第一季酿酒葡萄。1858 年，纳帕河谷的第一座酿酒厂开始生产。

纳帕河谷今昔对比
1970 年：27 家酒厂
2016 年：超过 400 家酒厂

酿酒葡萄在纳帕的种植面积为 44398 英亩。

纳帕主要的葡萄品种
1. 赤霞珠（19894 英亩）
2. 霞多丽（7238 英亩）
3. 美乐（5734 英亩）

欧洲早期酿酒师
法国：
保罗·马森，1852 年
艾蒂安·西（Étienne Thée）和查尔斯·勒弗朗克（Charles LeFranc），Almaden 酒厂，1852 年
皮埃尔·米拉索（Pierre Mirassou），1854 年
乔治斯·德·拉图（Georges de Latour），Beau-lieu 酒厂，1900 年
德国：
贝灵哲兄弟（Beringer Brothers），1876 年
卡尔·温特（Carl Wente），1883 年
意大利：
吉塞佩（Giuseppe）和皮埃特罗·西米（Pietro Simi），1876 年
约翰·福皮亚诺（John Foppiano），1895 年
萨穆埃莱·塞巴斯蒂安（Samuele Sebastiani），1904 年
路易斯·马提尼（Louis Martini），1922 年
阿道夫·帕尔杜奇（Adolph Parducci），1932 年
芬兰：
古斯塔夫·尼鲍姆（Gustave Niebaum），Inglenook 酒厂，1879 年
爱尔兰：
詹姆斯·康坎农（James Concannon），1883 年

大瓶装酒与高品质葡萄酒

"大瓶装酒"一词是指简易方便的日常饮用酒。这类酒的酒标上有时有一个笼统的名字，比如夏布利或勃艮第。这种物美价廉的酒最初装在大容量的酒瓶里，于是就有了"大瓶装酒"的俗称。大瓶装酒广受欢迎，在美国市面上的加州葡萄酒中占有最大份额。

索诺玛的葡萄种植面积超过 60000 英亩。

索诺玛的主要葡萄品种
1. 霞多丽（15639 英亩）
2. 黑比诺（11664 英亩）
3. 赤霞珠（11335 英亩）

2016 年，索诺玛的酒厂超过了 450 家。

E & J Gallo 酒厂在加州拥有超过 20000 英亩的土地，平均每年出产 6700 万箱葡萄酒，是世界上最大的葡萄酒厂。

早期的加州酿酒师将子女送到德国的盖森海姆（Geisenheim）或法国波尔多学习葡萄酒酿造工艺。现在，许多欧洲酿酒师的子女则被送到了美国的加州大学戴维斯分校或弗雷斯诺州立大学。

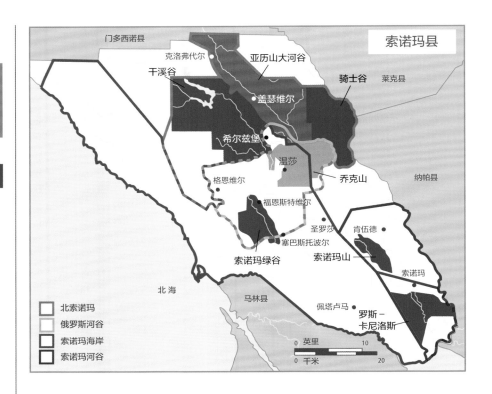

索诺玛县

门多西诺县
克洛弗代尔
干溪谷
亚历山大河谷
骑士谷
莱克县
盖瑟维尔
希尔兹堡
温莎
乔克山
纳帕县
格恩维尔
福恩斯特维尔
圣罗莎
肯伍德
塞巴斯托波尔
索诺玛山
索诺玛绿谷
索诺玛
北海
马林县
佩塔卢马
罗斯－卡尼洛斯

北索诺玛
俄罗斯河谷
索诺玛海岸
索诺玛河谷

英里　10
千米　20

恩斯特·盖洛（Ernest Gallo）和朱里奥·盖洛（Julio Gallo）于 1933 年开办酒厂，他们是加州大瓶装酒的主要生产商。事实上很多人盛赞盖洛兄弟，称他们将美国人饮用烈酒的习惯改变为饮用葡萄酒。世界上品质最好的大瓶装酒来自美国加州，而且年复一年保持着一贯的品质和风格。

Almaden, Gallo 和 Paul Masson 仍在生产大瓶装酒。

早在 20 世纪 40 年代，美国第一位葡萄酒专家、进口商弗兰克·斯昆梅克（Frank Schoonmaker）就说服了一些加州的酒厂主，让他们把印有葡萄品种的酒标贴在自己最出色的酒款上，以此开拓市场。

罗伯特·蒙达维（Robert Mondavi）或许是一个典型，他只关注有品种标示的酒款。1966 年蒙达维离开了他的家庭式酒厂 Charles Krug，开创了以自己名字命名的酒厂。此人对于加州品种标示法的演进十分重要，是第一批推动加州葡萄酒向高端葡萄酒转型的酿酒师之一。罗伯特·蒙达维也是加州葡萄酒行业的卓越推广人，正如加州酒商埃里克·温特（Eric Wente）所说："他让大众相信了一个业内人士早

已明白的事实：加州能够生产世界级的葡萄酒。"

加州 40 年来的世界级葡萄酒成就之路

加州酿酒业的成功有很多原因，其中包括：

地理位置：纳帕和索诺玛是两大高品质葡萄酒产区，两地距旧金山都只有两小时车程。这样的地理位置，促使附近居民和游客把两地的酒厂当作观光地，当地大多数酒厂都会组织品酒活动并出售各自的产品。

气候：阳光充沛、日间温暖、夜晚凉爽，以及生长期长，所有这些因素共同构成了多种适宜葡萄生长的条件。加州的天气的确有些变化无常，但并无大碍。

加州大学和弗雷斯诺州立大学：这两所学府培养了许多年轻的加州酿酒师，课程集中在葡萄酒科研和葡萄栽培方面，最重要的则是应用技术。他们的研究主要关注土壤、各种酵母、品种杂交、发酵过程的温度控制以及其他栽培技术，这些努力已经对全世界的葡萄酒工业产生了革命性的影响。

资金和市场策略：市场推广不能生产葡萄酒，但显然能促成销售。越来越多的酿酒师尽其所能酿造高品质酒款，美国的消费者也在积极回应。质量的提高让消费者乐于花钱买酒。为了迎合他们的期望，酿酒师们认识到需要展开更多的研发工作，最重要的是业界需要更多的可操作资本。酿酒业找到了投资人，既有企业也有个人。

2016 年，超过 2100 万人拜访了美国加州的葡萄酒产区。葡萄园和酒厂是排在迪士尼乐园之后的加州第二大旅游目的地。

葡萄酒是加州最具价值的农产品，有着 520 亿美元的直接经济影响，而电影工业仅为 300 亿美元。

加州大学戴维斯分校的酒类学系 1966 年只有 5 名毕业生，如今申请入学的学生来自世界各地。

插条选育、鼓风机、滴水灌溉、生物动力葡萄园以及机械化采摘是葡萄园管理方面的新技术。

大多数加州葡萄酒的零售价为 9 ～ 20 美元。

1970 年，纳帕的地价为每英亩 2000 ～ 4000 美元。现在，纳帕河谷的土地价格是 15 万 ～ 40 万美元 / 英亩，还需要 10 万美元 / 英亩的种植费，而这些投资在 3 ～ 5 年内不会有回报。此外，还要加上修建厂房、购置设备和雇用酿酒师的费用。

好莱坞和葡萄酒
许多明星、导演和制片人纷纷投资加州各地的葡萄园和酒厂，其中包括弗兰西斯·福特·科波拉（Francis Ford Coppola）。

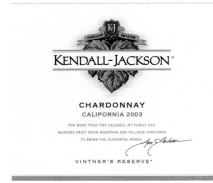

早在 1967 年，如今已停业的 National Distillers 买下 Almaden 的时候，各大跨国企业认识到大规模酿酒企业的潜在利润空间，开始进入葡萄酒行业。他们带来了巨额的金融资源和广告推广方面的专业知识，这些都促进了美国葡萄酒在国内外的推广，早期的参与者包括品食乐（Pillsbury）和可口可乐。

与大规模投资相对应的是个体投资人和栽种者，他们出于对行业的热爱和对生活方式的追求而参与进来，这些个体参与者更关注高品质葡萄酒。

到 20 世纪 90 年代，企业和个体投资者一直都在为加州葡萄酒贡献各自的力量，今天的加州不仅可以大规模生产质量可靠的餐酒，而且能够酿出具有投资收藏价值的卓越佳酿。

早期的先锋

"回归土地"运动的先驱：

"农夫"	原来的职业	酒厂
詹姆斯·巴雷特（James Barrett）	律师	Chateau Montelena
汤姆·伯吉斯（Tom Burgess）	空军飞行员	Burgess
布鲁克斯·费尔斯通（Brooks Firestone）	猜猜看！	Firestone
杰斯·杰克逊（Jess Jackson）	律师	Kendall-Jackson
汤姆·乔丹（Tom Jordan）	地质学家	Jordan
大卫·斯戴尔（David Stare）	土木工程师	Dry Creek
罗伯特·特拉弗斯（Robert Travers）	投资银行家	Mayacamas
瓦伦·维纳斯基（Warren Winiarski）	大学教授	Stag's Leap

美国加州与欧洲的酿酒技术之差别

欧洲的酿酒业早已形成了传统，数百年来基本没有大的变化。这些传统涉及葡萄的种植和采摘，有时还包括酿造和陈贮工艺。

在加州，历史遗留的传统很少，酿酒师能够充分利用现代技术的优势，拥有自由发挥的空间。加州酿酒师的某些创新，例如混合不同品种的葡萄以创造新风格，在欧洲遭到法律禁止，在加州却受到鼓励。

加州酿酒业的另一个不同点在于：这里的许多酒厂拥有整条葡萄酒生产线，很多大酒厂可以生产 20 种不同酒标的葡萄酒。而在波尔多，大多数酒庄只能生产 1 ～ 2 种葡萄酒。

除了现代技术和试验，还不能忽略葡萄生长的基础条件，加州的降水、天气特征、土壤条件较之欧洲差别都很大。充沛的日照带来了更高的酒精浓度，加州葡萄酒通常的酒精浓度为 13.5% ～ 14.5%，而欧洲是 12% ～ 13%。更高的酒精浓度带来了口感和平衡方面的差异。

基于这些差异和加州葡萄酒的品质，许多受人尊敬的欧洲知名酿酒师都在加州投资葡萄园，创建了自己的厂牌。加州有超过 45 家酒厂分别属于欧洲、日本、加拿大的公司。例如：

• 某家酒厂（系最有影响力的合资企业之一）邀请菲利普·罗斯柴尔德男爵——时任波尔多 Château Mouton-Rothschild（木桐－罗斯柴尔德酒庄）的所有人——和纳帕河谷的罗伯特·蒙达维联合生产一种名为 Opus One 的葡萄酒。

• 波尔多 Château Pétrus 的所有人莫意克（Moueix）家族在加州拥有葡萄园。他们出品的葡萄酒是波尔多风格的混合酒，名叫 Dominus。

• 酩悦轩尼诗（Moët-Hennessy）旗下品牌酩悦香槟（Moët & Chandon），拥有纳帕河谷的 Domaine Chandon。

• 罗德尔（Roederer）在门多西诺县种植葡萄，并出产 Roederer Estate。

• Mumm 生产一种起泡酒，名叫 Mumm Cuvée Napa。

• Taittinger 拥有自己的起泡酒品牌——Domaine Carneros。

• 西班牙起泡酒酿造集团 Codorníu 拥有一家名为 Artesa 的酒厂，位于纳帕河谷。

• Freixenet 在索诺玛县拥有土地，出产的葡萄酒称为 Gloria Ferrer。

• 西班牙桃乐丝（Torres）家族拥有一家酒厂，名为 Marimar Torres Estate，位于索诺玛县。

"较之欧洲，加州葡萄酒更具风格多样的潜质，因为加州酿酒原果的品质更具包容性。"

——瓦伦·维纳斯基
纳帕河谷 Stag's Leap 酒庄创始人

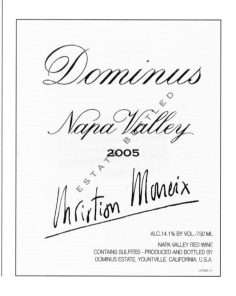

117

加州葡萄酒没有像欧洲那样的分级制度。

"你永远不可能像对待欧洲葡萄酒那样给加州葡萄酒设定风格框架，因为我们有试验的自由。我高度重视自由设计风格的重要性，我想要的不仅仅是 AOC 带来的稳妥，法规有时会阻碍创新。"

——路易斯·马提尼

使用不锈钢桶发酵时，钢桶里的温度可以调节，酿酒师可以控制发酵过程中的温度。举例来说，酿酒师可以选择在较低的温度下发酵，以便保留更精致的水果口感，并防止氧化和颜色过深。

创办 Hanzell 酒厂的泽勒巴克（Zellerbach）是一位外交官。他是第一批使用**法国小橡木桶**陈贮的加州酿酒师之一，因为他打算"重现"勃艮第风味。

• 截止近期，Fortant de France 葡萄酒的缔造者，法国人罗伯特·斯格利（Robert Skalli）在纳帕河谷拥有超过 6000 英亩的葡萄园，其酒厂名为 St. Supery。

• 意大利托斯卡纳酒商皮耶罗·安蒂诺里（Piero Antinori）在纳帕河谷拥有一家酒厂 Antica。

加州葡萄酒的风格

"风格"是指葡萄和葡萄酒的特色，是酿酒师的个性标签——每位酿酒"艺术家"都会尝试采用不同的技术充分发掘葡萄的潜质。

大多数酿酒师会告诉你，其实最终酿成的葡萄酒的风格 95% 取决于选用的葡萄，其余 5% 依赖酿酒师的个性发挥。以下是从数百个必须由酿酒师拍板的问题中选取的几例：

• 葡萄应该何时采摘？

• 选用哪些葡萄进行混合？什么比例？

• 葡萄汁应该在不锈钢桶里发酵，还是在橡木桶里？发酵多久？温度如何？

• 酒浆该不该陈贮？如果需要陈贮，贮藏多久？要用橡木桶吗？用哪种橡木桶？法国的还是美国的？

• 酒在瓶中贮藏多久才适合出售？

以上仅是冰山一角，酿酒过程中影响最终成效的因素太多了，酿造者可以用同一品种的葡萄酿出多种风格的葡萄酒，消费者因而能够从容选择喜欢的口味。由于美国的酿酒业相对自由，所以加州的葡萄酒将继续保持多样化的风格。

然而这种多样性容易令人迷惑。加州葡萄酒工业的复兴仅仅始于 40 年前。在这段不长的时间里，加州新建了 2100 座酒厂。今天，加州的酒厂超过 2800 家，其中大多数都能够生产多种葡萄酒。酒款的不同风格也体现在价格差异上，你能够以任何价位买到赤霞珠，从 1.99 美元的 Two Buck Chuck 到 500 美元一瓶的 Harlan Estate——该如何选择？坚持不懈的试验带来了葡萄酒行业的日新月异，也使得加州酿酒业变化莫测。

你不必把价格同质量划等号。一些产自加州的有品种标示的佳酿，价格完全适合普通消费者。不过也不排除有些品种（主要是霞多丽和赤霞珠）可能很贵。

任何一个市场的普遍规律都是供求关系决定价格。而且，新建的酒厂受到启动成本的影响，也会体现在酒价上。建厂时间较长的厂家，早已收回投资成本，有能力将酒价控制得较低以充分利用供求关系促进销售。购买加州葡萄酒时请记住：价格并不一定反映品质。

葡萄根瘤蚜病虫害的卷土重来

20 世纪 80 年代，葡萄根瘤蚜毁了加州相当一部分葡萄园，造成超过 10 亿美元的损失。然而，塞翁失马焉知非福。

如今听来或许很奇怪，那次虫灾究竟带来了什么福音？这一次，葡萄园主不必等待解决方案了，他们已经知道该怎么做——新栽一种对葡萄根瘤蚜有抵抗力的根茎。所以，尽管短期内损失惨重，长远看来却可以改善葡萄酒的品质。这是为什么？

加州葡萄种植业的早期，人们对什么地方适宜种植哪种葡萄缺乏经验，所以将许多霞多丽葡萄种植在了过于温暖的地方，却把赤霞珠种植在了过于寒冷的地方。葡萄根瘤蚜肆虐后，栽种者获得了修正原先错误的机会。他们趁着重栽，为不同的葡萄品种选择了最适宜的气候和土壤，也得以选用比之前更具天然优势的插条。但最大的变化是葡萄树的栽种密度。传统上，大多数酒厂采用的栽种间距为每英亩 400 ～ 500 株。重栽后的间距往往超过每英亩 1000 株，很多葡萄园的栽种密度甚至超过每英亩 2000 株。

最终的结果就是：如果你现在已经很喜欢加州葡萄酒了，你会在将来的日子里益发为它着迷。加州葡萄酒的品质已经变得越来越好，价格却越来越实惠——这是消费者和生产商共赢的局面。

在加州，许多酿酒师从一家酒厂到另一家酒厂，就像优秀的厨师从一间餐厅换到另一间一样，这很普遍。酿酒师们有时会在不同的酒厂重复使用同一配方，以检验其是否可行，有时他们会创新风格。

在纳帕河谷扬特维尔的一间餐厅，我听到这样一段对话："怎样才能在葡萄酒行业小赚一笔呢？""先花一大笔钱买酒厂吧！"

加州著名的个人葡萄园

Bacigalupi	Hyde
Bancroft Ranch	Martha´s Vineyard
Beckstoffer	McCrea
Bien Nacido	Monte Rosso
Durell	Robert Young
Dutton Ranch	S.L.V.
Gravelly Meadow	To-Kalon
Hudson	

2014 年，Kistler 酒厂的 10 座葡萄园里出产了多种霞多丽葡萄酒。

加州种植的白葡萄酒酿酒葡萄多达 24 种。

2016 年加州种植面积最大的两种上佳白葡萄品种：
1. 霞多丽（97826 英亩）
2. 长相思 / 白芙美（15248 英亩）

索诺玛栽种的葡萄中有三分之一是霞多丽。

蒙特雷县是整个加州霞多丽种植面积最大的产区，广达 17164 英亩。

加州的白葡萄酒

霞多丽

加州最主要的白葡萄品种是霞多丽。而加州霞多丽的主要产区是：

卡尼洛斯、纳帕、圣巴巴拉、索诺玛

这种原产于欧洲的绿皮葡萄被许多人认为是世界上最好的白葡萄品种，是众多勃艮第佳酿的原果，比如默尔索、夏布利、普里尼－蒙哈榭。它也是加州种植得最为成功的白葡萄，由其酿成的酒个性卓越，口感上乘。霞多丽的产量相当低，价格很高。霞多丽酒款属于干酒，相比其他美国白葡萄酒，受陈贮的影响最大，越陈越醇，其中的上品可以陈贮 5 年甚至更长时间。

最好的酒要陈贮在橡木桶内——有些超过 1 年。法国橡木桶的价格在过去 5 年内翻了 1 番，平均 1000 美元一个。把橡木桶、葡萄和酒款销售前的时间成本核算在一起，就构成了葡萄酒的售价。现在，你应该理解为什么最好的加州霞多丽酒要卖到 25 美元一瓶了吧。

美国加州的霞多丽葡萄比任何一个国家都多。

120

各不相同的霞多丽酒款

这么说吧，市场上很多品牌的冰激凌成分都差不多，但是只有一种冰激凌叫作 Ben & Jerry's。葡萄酒也是如此，许多因素都会导致差异，例如葡萄产自哪里？酒浆是否桶内发酵？是否经历过苹果酸乳酸发酵？在橡木桶还是不锈钢桶内陈贮？如果是橡木桶，是哪种橡木？在桶中贮存时间有多长？

笔者偏爱的霞多丽葡萄酒品牌

Acacia	Flowers	Peter Michael
Arrowood	Grgich Hills	Phelps
Au Bon Climat	Hanzell	Ramey
Aubert	Kistler	Robert Mondavi
Beringer	Kongsgaard	Rudd Winery
Brewer-Clifton	Landmark	Saintsbury
Cakebread	Lewis	Sbragia Family
Chalk Hill	Littorai	Shafer
Chateau Montelena	Marcassin	Silverado
Chateau St. Jean	Martinelli	Talbott
Diatom	Mount Eden	Testarossa
Dutton Goldfield	Paul Hobbs	Tor
Ferrari-Carano		

近年来加州霞多丽葡萄酒的最佳年份

卡尼洛斯：2004*　2007**　2008　2009*　2010
2011　2012*　2013*　2014*　2015*

纳帕：2007*　2008*　2009**　2010*　2011　2012*　2013*　2014*

索诺玛：2004**　2005**　2006*　2007**　2008*　2009**
2010*　2011　2012*　2013*　2014*　2015*

圣巴巴拉：2007*　2008　2009*　2010　2011　2012
2013*　2014*　2015*

* 表示格外出众　** 表示卓越

消费者可以买到的加州霞多丽葡萄酒有八百余种。

在美国，霞多丽是最受欢迎的酒款。

2012 年、2013 年和 2014 年是加州历史上最好的葡萄收获年——收获葡萄达 400 万吨——且品质一流。

罗伯特·蒙达维发现长相思葡萄酒鲜有人购买，于是把名字改成了白芙美。这样做完全是一种市场手段，瓶里的酒没变，结果销售真的有了起色。蒙达维决定不将其注册为商标，以便大家使用。许多酒商都采用了这个名字。

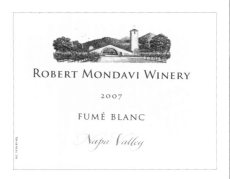

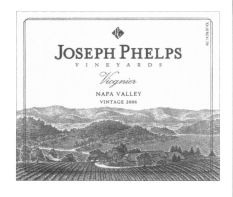

加州葡萄酒数十年来的发展
20世纪60~70年代：大瓶装酒（酒标标注夏布利或勃艮第）
20世纪80年代：品种葡萄酒（霞多丽，赤霞珠）
20世纪90年代：品种产区专门化（赤霞珠——纳帕，黑比诺——圣巴巴拉）
2000~2009年：品种对应的葡萄园的专门化
如今：各产区持续出产好酒

加州其他的主要白葡萄品种

长相思：有时酒标上标的是"白芙美"，这是法国波尔多格拉夫地区用来酿造干白葡萄酒的一个品种。此外，法国卢瓦河谷的桑榭尔、普伊芙美和新西兰等著名白葡萄酒采用的也是这个品种。美国加州长相思酿成的干白葡萄酒是世界级佳酿之一，有时在橡木桶内陈贮，偶尔还和赛美蓉葡萄混合。

白诗南：法国卢瓦河谷种植最广泛的品种之一。在美国加州，这种葡萄酿出的酒酒体轻盈，十分诱人而柔和。白诗南酿成的白葡萄酒通常是干酒或微甜，最适合作为开胃酒，简洁而富于水果气息。

维奥涅尔：法国罗纳河谷种植最广泛的品种之一。这种葡萄在阳光充沛的温暖地带生长得最繁茂，特别适宜美国加州某些地方栽种。所酿的白葡萄酒香气十分独特，既不像霞多丽那样丰满，又不像长相思那样清淡，是最好的餐酒之一。

笔者偏爱的长相思葡萄酒品牌

Brander	Grey Stack	Orin Swift
Caymus	Honig	Quintessa
Chalk Hill	Joseph Phelps	Robert Mondavi
Chateau St. Jean	Kenwood	Silverado
Dry Creek	Mason	Simi
Ferrari-Carano	Matanzas Creek	Vogelzang
Girard	Merry Edwards	

加州葡萄酒的发展

20世纪60年代是扩张和开发的10年；70年代是成长的10年——从加州兴建的酒厂数量、开办的企业和从业人数来看，这一点尤为突出；80年代和90年代是试验的年代，"试验"既体现在葡萄种植，也体现在酿造技术和市场策略等方面。

近20年来，酿酒师们终于可以从容地专注于提升葡萄酒的品质。如今，他们的产业已极具规模，酒款也极为精致，早已非加州酒业复兴初期所能比拟。他们的作品中，既有可以立即饮用的佳酿，也有待到我做祖父时可与孙辈共享的陈年好酒。质量标准大为提升，最好的酒厂也在日益进步。对于消费者来说，更重要的是：即使 20 美元以下的葡萄酒，口味也较从前大有改善了。

有一个趋势值得关注，那就是近年来加州各酒厂开始注重开发和提升各自专长的葡萄品种和酒款风格。40 年前，我可能会跟你讨论加州哪一家酒厂最好。今天，我会问：哪家酒厂、哪个 AVA 产区或私人葡萄园的霞多丽葡萄最好？长相思的最佳产区又在哪里？

霞多丽目前仍稳居加州白葡萄酒的主流地位，长相思也有长足进步，其酒款更适合新酿新饮。尽管长相思还未享有霞多丽的地位，却能和大多数食物相佐得宜。其他品种，如雷司令和白诗南，尚未获得同样的成功，销路不大好。一些酒厂种植了包括维奥涅尔和灰比诺在内的更多欧洲品种，建议继续关注。

—— 延伸阅读 ——

詹姆斯·科纳韦（James Conaway）著，《伊甸园另一边与纳帕河谷：一个关于美国伊甸园的故事》（The Far Side of Eden and Napa: The Story of an American Eden）

马特·克拉故著《理解加州葡萄酒》（Making Sense of California Wine）

乔恩·波恩（Jon Bonne）著，《加州最新葡萄酒》（New California Wine）

詹姆斯·哈利戴著，《加州葡萄酒地图》（The Wine Atlas of California）

鲍勃·汤普森（Bob Thompson）著，《葡萄酒地图——加州及太平洋西北沿岸》（The Wine Atlas of California and the Pacific Northwest）

詹姆斯·劳贝（James Laube）著，《葡萄酒观察家之加州葡萄酒》（Wine Spectator's California Wine）

迈克·德西蒙（Mike DeSimone）和杰夫·詹森（Jeff Jenssen）合著，精装版《加州葡萄酒》（Wines of California, Deluxe Edition）

美食配佳酿

"牡蛎、龙虾、大鱼佐黄油沙司和野鸡肉沙拉加食用菌都可搭配霞多丽。白肉，尤其是鱼肉菜肴以及嫩煎鱼、明火烤鱼等不太油腻的鱼适合与长相思相佐。"

——玛格利特·比弗（Margrit Biever）和罗伯特·蒙达维

"新鲜的水煮邓杰内斯大海蟹（新奥尔良煮法）配涂有黄油的法国酸面团面包和霞多丽是绝配。我喜欢新鲜三文鱼搭配长相思，怎么做都无妨。最好是将一大块三文鱼排或一条整鱼裹上锡纸烧烤。将鱼、洋葱片、柠檬片和大量的新鲜小茴香、盐、胡椒一起放入锡纸裹好，在烧烤台上烹熟即可。然后将鱼放入烤箱里保温，最后从锡纸内挤出汁水再加点无糖酸奶，就可以了。"

——干溪谷的大卫·斯戴尔

"酸橘汁腌鱼、贝类、三文鱼佐蛋黄奶油酸辣酱，都可以搭配霞多丽。"

——Stag's Leap酒庄的瓦伦·维纳斯基

"酸味沙司烧烤整条三文鱼适合霞多丽。嫩煎扇贝配新鲜蔬菜适合雷司令。"

——珍妮特·特福丝（Janet Trefethen）

"索诺玛海岸的邓杰内斯大海蟹蘸黄油茴香酱和霞多丽最般配。"

——里查德·艾尔伍德（Richard Arrowood）

"用橄榄油、柠檬叶和柠檬片烤熟的三文鱼、鳟鱼或鲍鱼，是搭配霞多丽的首选。"

——Chateau Montelena 酒厂的博·巴瑞特（Bo Barrett）

"搭配我们纳帕河谷卡布瑞酒庄的霞多丽要用意大利烤面包片和野生蘑菇、韭葱加填料鸡胸肉、大比目鱼加焦烤菊苣和鸡油菌。"

——杰克·卡布瑞（Jack Cakebread）

"可以用涂黄油的美味龙虾和三文鱼搭配霞多丽。"

——Sbragia Family酒庄的埃德·斯布拉贾（Ed Sbragia）

华盛顿州的葡萄酒

经过了 40 年的发展，华盛顿州的酿酒业已经相当成熟，拥有一些堪称世界上最好的葡萄酒产区。人们对华盛顿州葡萄酒从理解到欣赏的过程比较漫长，这里面有许多原因，不仅仅是因为气候条件。向普通葡萄酒消费者询问这个地区的酿酒业，最常见的反应恐怕是："西雅图那样多雨的天气怎么可能出好酒？"

当然，华盛顿州可以一分为二——东部和西部，以喀斯喀特山脉为界，西部包括两座火山：雷尼尔火山和圣海伦斯火山。在山脉的东侧，1500 万年前的地质巨变带来的岩浆流，加上前一次冰川期的洪水，使这里的土壤条件非常适宜优质葡萄生长和葡萄酒的酿造。华盛顿州西部的海洋性气候和东部的大陆性气候差异很大，相比太平洋沿岸年均 60 英寸的降水，华盛顿东部年均降水量只有 8 英寸，尤其是干热的夏季，特别适合酿酒葡萄生长。东部的葡萄产区还拥有理想的灌溉系统——一部分水源来自哥伦比亚河，这也是促使葡萄成熟的理想条件。

与加州不同，华盛顿州酿酒业的经历仅限于眼下和未来，谈不上什么过去。华盛顿州的酒厂已从 1970 年的 10 家发展到今天的近 700 家。小麦变葡萄，兰花圃变葡萄园，品种则从雷司令拓展到红葡萄（赤霞珠、美乐、西拉）。华盛顿州至

2015	
加州	纽约州
46.9 万英亩	3.7 万英亩
2842 家酒厂	316 家酒厂
华盛顿州	**俄勒冈州**
4.4 万英亩	2.04 万英亩
666 家酒厂	429 家酒厂

临太平洋的西北部产区包括美国的华盛顿州、俄勒冈州、爱达荷州以及加拿大的不列颠哥伦比亚省。

华盛顿州是美国出产葡萄酒的第二大州。

华盛顿州今昔对比
1970 年：10 家酒厂（9 英亩）
2015 年：666 家酒厂（4.4 万英亩）

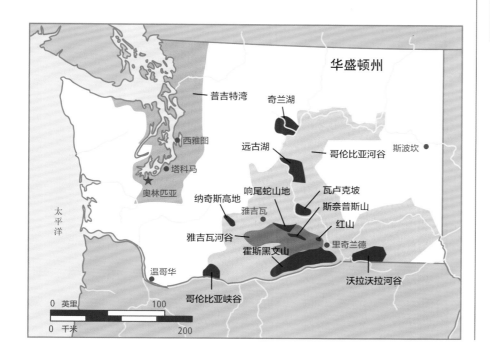

华盛顿州葡萄酒产量比例

50% 白葡萄酒　50% 红葡萄酒

Chateau Ste. Michelle 是世界上最大的雷司令生产商，最近，它与著名的德国厂牌 Dr. Loosen 建立伙伴关系，联合生产新款雷司令葡萄酒——Eroica。

2012 年，华盛顿州的葡萄收成是有史以来最好的。而 2013 年是自 2003 年以来最为炎热的一年。

—— 延伸阅读 ——

保罗·格雷格特（Paul Gregutt）著，《华盛顿州葡萄酒和酒厂基本指南》（Wash-ington Wines & Wineries: The Essential Guide）

罗恩·欧文（Ron Irvine）著，《葡萄酒酿酒工程》（The Wine Project）

今仍是美国第一大雷司令酒产地，其霞多丽酒亦因平衡的口感、清新的果香和生动的酸味跻身全美一流佳酿之列。

华盛顿州主要的白葡萄品种：

霞多丽	雷司令
(7654 英亩)	(6320 英亩)

主要的红葡萄品种：

赤霞珠	美乐
(10293 英亩)	(8235 英亩)

笔者偏爱的华盛顿州葡萄酒品牌

Andrew Will	Doyenne	Owen Roe
Betz Family	Fidelitas	Pepper Bridge
Canoe Ridge	Gramercy Cellars	Quilceda Creek
Cayuse	Hogue Cellars	Reynvaan
Charles Smith	Januik	Seven Hills
Chateau Ste. Michelle	L'Ecole No. 41	Spring Valley
Columbia Crest	Leonetti Cellar	Woodward Canyon
Columbia Winery	Long Shadows	Winery
DiStefano	McCrea Cellars	

近年来华盛顿州葡萄酒的最佳年份

2005* 2006* 2007* 2008** 2009* 2010* 2011 2012** 2013* 2014 2015

* 表示格外出众　　** 表示卓越

纽约州的葡萄酒

纽约州是美国出产葡萄酒的第三大州，拥有 9 个 AVA 产区。纽约州的 3 个主要产区是：

芬格湖群：加州以东最大的葡萄酒产区。

哈得逊河谷（Hudson Valley）：集中了出色的农庄酒厂。

长岛（Long Island）：纽约州的红葡萄酒产区。

纽约州种植的葡萄品种有三大类：

本土品种	欧洲品种	法美混合品种
美洲葡萄	欧洲葡萄	杂交品种

纽约州的哈得逊河谷是全美葡萄酒酿造历史最悠久的地区之一，法国的胡格诺教徒曾于 17 世纪在此种植葡萄。哈得逊河谷拥有全美最早开创的酒厂 Brotherhood，并于 1839 年产出了第一批年份葡萄酒。1973 年，亚历克斯·哈格雷夫（Alex Hargrave）与路易莎·哈格雷夫（Louisa Hargrave）夫妇二人在长岛建起了第一座葡萄酒厂。

2015 年，纽约州被《葡萄酒爱好者》杂志选为当年的年度葡萄酒产区，击败了法国的香槟地区、意大利的基安蒂产区，以及美国的索诺玛和华盛顿产区。

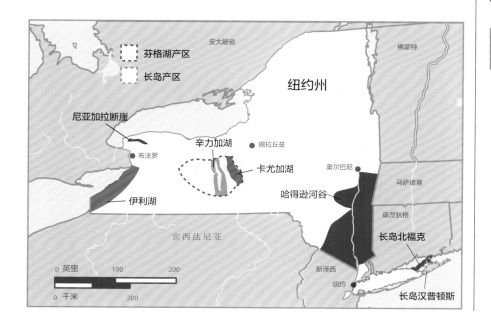

纽约州目前有 316 家酒厂，1970 年还不到 10 家。

从 2001 年到 2013 年，纽约州新开的酒厂超过 200 家。

纽约州的酒厂分布在 3 个主产区：芬格湖群 128 家，哈得逊河谷 60 家，长岛 72 家。

长岛每年有两百多天天气晴好，为葡萄提供了较长的生长期，是美乐和波尔多风格葡萄酒酿酒葡萄最理想的生长地。

芬格湖群的葡萄酒占纽约州总产量的 85%。

本土品种

美洲葡萄耐寒抗冻，在纽约州广泛种植。美洲葡萄家族里妇孺皆知的品种是康科德、卡托巴和德拉瓦。直到 20 世纪 90 年代，纽约州的大多数葡萄酒仍旧由这些品种酿造。常用来描述这些葡萄酒的词有：狐性、葡萄味、淳果篮风味，等等，都是美洲葡萄与生俱来的标签。

欧洲品种

40 年前，纽约州有些酒厂开始对传统的欧洲葡萄进行栽培试验。康斯坦丁·弗兰克（Konstantin Frank）博士是位俄罗斯葡萄栽培专家，他熟稔耐寒品种的培植，致力于促进欧洲品种在纽约州的引种。这在当时前所未闻，遭到人们冷嘲热讽，酒商们预言试验必定失败，纽约州气候寒冷而且反复多变——在这样的条件下种植欧洲葡萄，怎么可能成功？

"你们这是什么话？"弗兰克博士回应道，"我从俄罗斯来，那里比这儿冷多了。"

大多数人仍表示怀疑，然而 Gold Seal 葡萄园的查尔斯·福涅尔（Charles Fournier）却对此产生了兴趣，他决定给弗兰克博士一个机会。结果当然是博士成功地引种了欧洲葡萄，而且用它们酿出了世界级的葡萄酒，尤其是雷司令和霞多丽。此后，纽约州的众多酒厂都获得了成功，这多亏了弗兰克博士和查尔斯·福涅尔的远见和勇气。

法美混合品种

一些纽约州和东海岸的酿酒师栽种了法美混合品种，融合了欧洲葡萄的传统风味和美洲葡萄强健的抗寒能力。这一品种是由法国栽种者于19世纪最先开发出来的。白赛瓦和威代尔最能代表白葡萄，黑巴克和钱赛勒则是红葡萄的突出代表。

长岛地区和芬格湖群都经历过重要的大开发时期，也就是新葡萄园的大规模扩张。自1973年以来，长岛的葡萄园面积从100英亩增长至四千余英亩，未来有进一步拓展的可能。

近年来，芬格湖群的葡萄酒品质不断提升，当地较为凉爽的气候，非常适合包括雷司令、霞多丽和黑比诺在内的欧洲品种生长。

欧洲葡萄在长岛的葡萄品种中占绝对多数，这使长岛葡萄酒能够在国际市场上有效地与对手竞争，而该地区较长的生长季节更适合种植红葡萄。

哈得逊河谷的Millbrook酒厂已经显示了该地区具备生产世界级葡萄酒的实力——不仅仅是白葡萄酒，还有红葡萄酒（用黑比诺、品丽珠等品种酿成）。

近年来纽约州葡萄酒的最佳年份
2010 2012 2013* 2014 2015*

* 表示格外出众

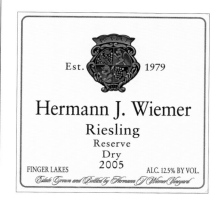

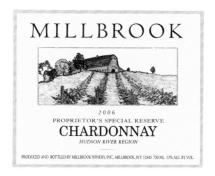

俄勒冈州有超过 70% 的酒厂位于威拉米特河谷内。

哥伦比亚河谷和沃拉沃拉河谷都是 AVA 产区，位于俄勒冈州和华盛顿州交界处。

威拉米特河谷和法国的勃艮第地区都位于北纬 45 度附近。

威拉米特河谷的英文 "Willamette Valley" 读作 Wil-AM-it，而不是 Wil-AH-mit。发音要准确！

超过半数的俄勒冈州葡萄园种有黑比诺。

俄勒冈州法律要求：酒标上标有黑比诺的酒款必须 100% 由黑比诺葡萄酿造。

俄勒冈州的葡萄酒

尽管俄勒冈州从 1847 年就开始种植葡萄并出产葡萄酒，但该地区的现代葡萄栽种大约从 40 年前才开始。当时这个行业只有为数不多的几个敢于吃螃蟹的人，其中包括大卫·莱特（David Lett，开创 Erie 酒厂）、迪克·艾拉斯（Dick Erath，开创 Erath 酒厂）、迪克·庞兹（Dick Ponzi，开创 Ponzi 酒厂）。这些新兴的葡萄栽种者和酿酒师坚信，适合凉爽气候的品种，如黑比诺、霞多丽、灰比诺等，不仅可以在俄勒冈州种植，而且必定能酿出世界级好酒。他们的确做到了！俄勒冈州酿酒业与相邻的加州和华盛顿州有所不同，他们引进了法国勃艮第和阿尔萨斯的葡萄插条。

大多数俄勒冈州的酒厂是小规模、家族式的小作坊，地理位置靠近波特兰市和俄勒冈州美丽的海岸线，因此，这个产区是观光者的必游之地。

俄勒冈州主要的葡萄品种：

黑比诺	灰比诺
（12560 英亩）	（2590 英亩）

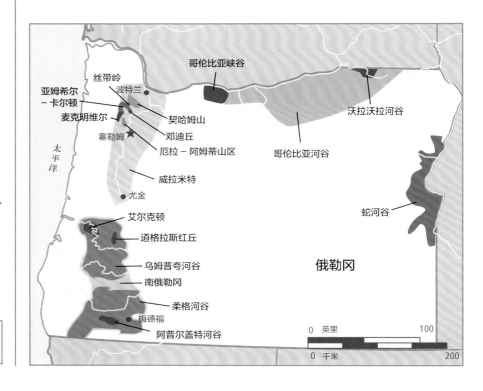

国际黑比诺节是美国最盛大的葡萄酒节日之一，1987 年起在俄勒冈州举办，汇集了世界上最精彩的黑比诺酒。

笔者偏爱的俄勒冈州葡萄酒品牌

A to Z	Brick House	King Estate
Adelsheim	Chehalem	Penner-Ash
Alexana	Cristom	Ponzi
Archery Summit	Domaine Drouhin	Rex Hill
Argyle	Domaine Serene	Shea
Artisanal	Elk Cove	Sokol Blosser
Beaux Frères	Erath	Soter
Benton Lane	Evening Lands	St. Innocent
Bergström	Eyrie	Tualatin
Bethel Heights	Ken Wright	

俄勒冈州的 King Estate 是全美最大的灰比诺生产商。

近年来俄勒冈州葡萄酒的最佳年份

2005* 2006* 2008** 2009* 2010** 2011

2012** 2013 2014 2015

* 表示格外出众　　** 表示卓越

—— 延伸阅读 ——

安迪·普渡（Andy Perdue）著，《西北地区葡萄酒指南》（*The Northwest Wine Guide*）

丽萨·莎拉·霍尔（Lisa Shara Hall）著，《太平洋西北部地区的葡萄酒》（*Wines of the Pacific Northwest*）

美国南部葡萄酒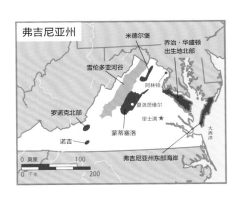

弗吉尼亚州

弗吉尼亚州是美国第五大葡萄酒产区，目前拥有231座酒厂，葡萄种植面积达2974英亩。

弗吉尼亚州知名酒厂
AmRhein Wine Cellars
Barboursville Vineyards
Boxwood Winery
Château Morrisette
Fabbiloi Cellars
Horton Vineyards
Jefferson Vineyards
Keswick Vineyards
King Family Vineyards
Rappahannock Cellars
Trump Winery
White Hall Vineyards
The Winery at La Grange

詹姆士敦是英国在美洲建立的第一个据点，根据当地的历史文献，弗吉尼亚州早在1609年的殖民地时期就开始了葡萄的种植和葡萄酒的酿造。在托马斯·杰斐逊担任美国第三任总统前，曾作为美国大使派驻法国。结束外交任务回国的同时，他也带回了一批上等法国葡萄酒，并开始在弗吉尼亚州垦植自己的葡萄园。这不仅在当时是非常艰巨的挑战，就算在今天也并非易事。乔治·华盛顿的葡萄园以失败告终。直至1979年，弗吉尼亚州仍只有6家酒厂。

弗吉尼亚州的主流葡萄品种为霞多丽，但另一个白葡萄品种维奥涅尔正越来越受欢迎。当地原产的红葡萄品种诺顿（Norton）紧随其后，受到越来越多的关注。诺顿葡萄与其他品种混酿而成的红色酒浆非常漂亮，也获得了成功。弗吉尼亚州北部地区在近7~10年来发展迅速，出产了大量葡萄酒。在美国酒业"四大州"之外，弗吉尼亚是成长最快的葡萄酒产区。

得克萨斯州

得州最早的葡萄园是由传教士于1662 年开垦种植的。Val Verde 酒厂是得州最老的酒厂，开办于1883 年。很多人都没想到在得州这样的气候条件下生长起来的葡萄也能酿出好酒，得州的葡萄酒从业者仍决心一试，以赤霞珠和霞多丽作为主要种植品种，并取得了成功。近年来他们又开始尝试种植马贝克葡萄和维奥涅尔葡萄，前景可堪一观。得州有8 个AVA 产区，其中规模最大的是得州丘陵带（Texas Hill Country），葡萄种植面积达600 英亩，拥有70 座酒厂。

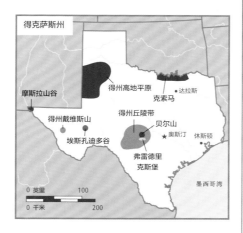

密苏里州

密苏里州的葡萄种植历史可以追溯至19 世纪早期。在加州开始发展葡萄酒产业之前，有一段时期，密苏里州的葡萄酒产量甚至曾位列全美第二，居于纽约州之后。该州最老的酒厂是开办于1847 年的Stone Hill 酒厂。从1837 年开始，许多原籍德国的移民纷纷来到密苏里州赫尔曼一带定居，因为这里的环境与德国的莱茵河谷十分相似。这批德

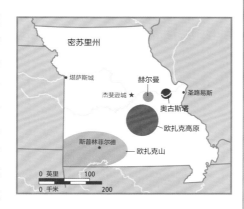

国移民在密苏里河两岸建起了葡萄种植园。1848 年秋天，赫尔曼举办了当地的首届葡萄酒节，这一传统一直延续到现在，正是如今北美十月节的前身。1980 年，密苏里州的奥古斯塔产区率先被政府认定为AVA 产区。

目前，一种由美洲葡萄（康科德）和法国葡萄杂交的品种——维诺葡萄（Vignoles），在密苏里州广泛种植。不过该地区最重要的葡萄品种当属诺顿，这种葡萄能够酿出柔和、平衡的干红葡萄酒。诺顿葡萄原产自弗吉尼亚州，现在却是密苏里州葡萄酒业的中流砥柱。

诺顿葡萄有时也被叫作辛西安纳葡萄（Cynthiana），是同一个品种。
Korbel 酒庄的创始者Heck 家族就是在密苏里州开始其葡萄酒产业生涯的。

北卡罗来纳州是美国名列十一位的葡萄酒产区，目前拥有 126 座酒厂，葡萄种植面积达 1800 英亩。

坐落于玫瑰山（Rose Hill）上的杜普林酒厂（Duplin Winery）是北卡罗来纳州最古老的酒厂，也是全球最大的斯卡巴农葡萄酒生产商。

北卡罗来纳州知名酒厂

Biltmore Winery

Childress Vineyards

Duplin Wine Cellars

RagApple Lassie Vineyards

RayLen Vineyards

Shelton Vineyards

Westbend Vineyards

北卡罗来纳州

1524 年，为法国国王效力的意大利探险家乔凡尼·达·韦拉扎诺（Giovanni de Verrazano）在开普菲尔河谷发现了斯卡巴农葡萄。16 世纪末，沃特尔·罗利爵士（Sir Walter Raleigh）在卡罗来纳一带进行探险活动，并在当时的日志中提到，葡萄树遍布此地。这是美国种植的第一种水果，也是如今北卡罗来纳州的特产水果。

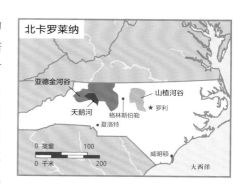

位于该州哈利法克斯县布林克利维尔的梅多克葡萄园（Medoc vineyard）建于 1835 年，是当地第一座商业性酒庄，一度成为该县葡萄酒产业的领头羊。2001 年时，当地的酒厂数量已经不止翻了两番，酒商们开始将目光投向赤霞珠、霞多丽和美乐等欧洲葡萄品种。此后，这些欧洲品种多被种植在该州西北部和皮埃蒙特地区。北卡罗来纳州最重要的葡萄种植区是亚德金河谷（Yadkin Valley），于 2003 年由政府认定为该州首个 AVA 产区，拥有超过 30 家酒厂及 400 英亩以上的葡萄园。

位于阿什维尔市的比特摩尔庄园每年都要接待 140 万人次的观光客。

五大湖区葡萄酒

宾夕法尼亚州

1683 年，威廉·佩恩（William Penn）在宾州建起了第一座葡萄种植园；1793 年，宾夕法尼亚州葡萄酒公司成立，使得宾州成为美国第一个葡萄酒商业据点。宾州是一个"垄断产区"，即这里出产的所有葡萄酒都要先经州政府买断，再由其治下的商店卖出。宾州政府是全美最大的独立葡萄酒买家之一，这里也是美国第五大酿酒葡萄产地。

和纽约州一样，宾州酿造葡萄酒使用的原果主要有：本土的美洲葡萄，如康科德和尼亚加拉（Niagara）；欧洲葡萄，如赤霞珠和霞多丽；以及杂交品种，如白赛瓦和香宝馨（Chambourcin）。大多数的宾州酒厂都坐落在东南部的温暖地带，如约克郡、巴克斯郡、切斯特郡和兰开斯特郡。

宾州是美国第七大葡萄酒产区，目前拥有 189 座酒厂，葡萄种植面积达 13600 英亩。

宾州知名酒厂

Allegro Vineyards
Arrowhead Wine Cellars
Blue Mountain
Chaddsford Winery
J. Maki
Manatawny Creek
Pinnacle Ridge Winery
VaLa Vineyards

俄亥俄州

1823 年，俄亥俄州建起了第一座葡萄种植园。到 1842 年，此地的葡萄种植面积已经达到了 1200 英亩。俄亥俄州最古老、最大的酒厂是始建于 1856 年的 Meier's 酒厂。19 世纪 60 年代，俄亥俄州曾是美国最大的葡萄酒产区。产区内大多数葡萄园种植的都是本土的美洲葡萄，产自这里的卡托巴起泡酒更是负有盛名。不幸的是，病虫害毁掉了绝大部分植株，禁酒令

俄亥俄州是美国第八大葡萄酒产区，目前拥有 157 座酒厂，葡萄种植面积达 1900 英亩。

20 世纪初，有十几家酒厂将厂址选在了伊利湖中的岛屿上。此后，数千加仑的葡萄酒在此地被源源不断地生产出来。如今，这里已经是著名的"伊利湖葡萄带"（Lake Erie Grape Belt）了。

密歇根州是美国第九大葡萄酒产区，目前拥有 129 座酒厂，葡萄种植面积达 14200 英亩。

Château Grand Traverse 酒厂于 1983 年率先推出了冰葡萄酒。

也严重打击了本地的葡萄酒产业。

如今，俄亥俄州种植的葡萄品种超过 30 种。主要为杂交品种，如白赛瓦和香宝馨。最近，欧洲葡萄品种亦渐渐开始受到关注，如雷司令和品丽珠。在"俄亥俄州葡萄栽培和酿酒工艺计划"（Ohio State Viticultural and Enology programs）的努力推动下，该产区的葡萄酒品质已经有了显著提高。

密歇根州

在密歇根州广达 14200 英亩的葡萄种植区域里，仅有 2600 英亩的葡萄用于酿酒。不过，雷司令葡萄在这里凉爽的气候条件下生长得极好，最近 10 年来其产量已经得到了稳步且快速地提升。

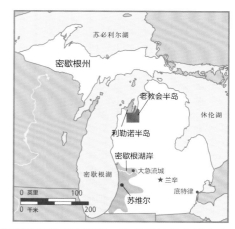

这里的海洋性气候极大地影响着密歇根州的葡萄酒产业。该州半数以上的酒厂都坐落于利勒诺半岛（The Leelanau Peninsula），在很多方面受益于此地的湖泊效应。冬季充足的降雪会将葡萄植株严实覆盖，避免了植株在早春临时提前发芽，从而巧妙地躲过了回寒期的霜冻破坏，大大延长了葡萄的生长期。近来，密歇根州葡萄协会（The Michigan Grape Council）开始广泛品尝本州其余各地产出的葡萄，致力于找出适宜的葡萄种植产区以提高产量。这意味着，我们可以期待，密歇根州将推出更多高品质的葡萄酒。

伊利诺伊州

　　1778 年，定居在马耶城（La Ville de Maillet）——现为皮奥里亚（Peoria）——的法国移民将酿制葡萄酒的技艺从家乡带到了伊利诺伊州。从此，巨大的葡萄榨汁机和葡萄酒地窖便成了该地的特色。19 世纪 50 年代，当地栽种者开始种植康科德葡萄。1857 年，埃米尔·巴克斯特（Emile Baxter）和儿子在密西西比河沿岸的诺伍（Nauvoo）开起了酒厂。Baxter's Vineyards 酒厂是伊利诺伊州最为古老且

仍在运营的酒厂，已经传至巴克斯特家族第 15 代。最近几年，伊利诺伊的葡萄酒产业突飞猛进，1997 年只有 12 座酒厂，如今已超过 90 座，葡萄种植面积也有了大幅度增长。今天的伊利诺伊州一直稳居美国葡萄酒产量前十二位。

伊利诺伊州是美国名列十二位的葡萄酒产区，目前拥有 98 座酒厂，葡萄种植面积达 1083 英亩。

伊利诺伊州知名酒厂

Alto Vineyards
Baxter's Vineyards
Fox Valley Winery
Galena Cellars
Hickory Ridge Vineyard
Lynfred Winery
Mary Michelle Winery & Vineyard
Owl Creek Vineyard
Spirit Knob Winery and Winery
Vahling Vineyards

---

30 美元以下的 5 款最具价值的美国白葡萄酒

Château St. Jean Chardonnay • Columbia Crest Sémillon-Chardonnay • Dr. Konstantin Frank Riesling

Frog's Leap Sauvignon Blanc • King Estate Pinot Gris

更完备的清单请翻到第 324 ～ 325 页。

不妨翻到第 345 页的测试题，看看自己对美国葡萄酒的相关知识掌握得如何。

品酒指南

　　第一章我们介绍了法国的白葡萄酒，在第二章，我们继续了解同样风格的葡萄酒，来尝尝美国白葡萄酒吧。从未经橡木桶陈贮、酒精浓度低的雷司令葡萄酒开始，这类酒清新爽口。然后尝尝适合搭配菜肴的长相思葡萄酒，最后好好品尝各种霞多丽葡萄酒，为本次品酒划上圆满的句号。

酒 款

美国雷司令葡萄酒

一款雷司令，单独品尝

　　1. 纽约州芬格湖群雷司令葡萄酒

美国长相思葡萄酒

两款长相思，比较

　　2. 索诺玛长相思葡萄酒

　　3. 纳帕河谷长相思葡萄酒

美国霞多丽葡萄酒

一款霞多丽，单独品尝

　　4. 加州霞多丽葡萄酒（非橡木桶陈贮）

两款霞多丽，比较（盲品）

　　5. 盲品一：

　　加州霞多丽葡萄酒（非橡木桶陈贮）VS. 加州霞多丽葡萄酒（橡木风味浓郁）

　　或索诺玛河谷霞多丽葡萄酒 VS. 纳帕河谷霞多丽葡萄酒

　　6. 盲品二：

　　勃艮第白葡萄酒 VS. 纳帕/索诺玛河谷霞多丽葡萄酒

　　或纽约州霞多丽葡萄酒 VS. 美国加州霞多丽葡萄酒

　　或澳大利亚霞多丽葡萄酒 VS. 美国加州霞多丽葡萄酒

　　公平起见，所有用于盲品的酒品质必须相当，年份一致（相差不超过 1 年），价位也要不相上下。

四款霞多丽葡萄酒（来自不同的 AVA 产区），比较

　　7. 索诺玛霞多丽葡萄酒

　　8. 圣巴巴拉霞多丽葡萄酒

　　9. 蒙特雷霞多丽葡萄酒

　　10. 卡尼洛斯霞多丽葡萄酒

一款陈年霞多丽（陈贮 5 年以上），单独品尝

　　11. 纳帕陈年霞多丽葡萄酒

第三章

德国的白葡萄酒

德国的葡萄酒 ❋ 德国葡萄酒的风格 ❋ 特级优质酒的等级

❋ 解读德国酒标

在德国，10 万名葡萄栽种者经营着 27 万英亩葡萄园，这意味着平均每位栽种者掌管 2.7 英亩。

究竟是谁的葡萄园
Piesporter Goldtröpfchen 有 350 个园主；
Wehlener Sonnenuhr 有 250 个园主；
Brauneberger Juffe 有 180 个园主。

如果你查看世界地图，不妨将手指放在德国境内，然后沿着北纬 50 度一直向西移到北美洲，你的手指将落在加拿大的纽芬兰岛上。

一台机械采摘机可以完成 60 人的工作。

德国葡萄酒

德国只是世界葡萄酒舞台上的一个小玩家，但如今也有超过 1400 个产酒村庄和超过 2600 座葡萄园。记住这些应该不成问题吧？但如果想研究 1971 年以前的德国葡萄酒，你需要记忆的词条高达 30000 条。那时，形形色色的人拥有不计其数的小块土地，涉及的名词当然少不了。为了删繁就简，德国政府采取措施并于 1971 年通过一项法规，规定每个葡萄园的规模不得小于 12.5 英亩。此后，葡萄园数量大为减少，葡萄园主的数量却增加了。

德国葡萄酒产量占全世界的 2%～3%，啤酒才是德国人的主流饮品。德国出产哪种葡萄酒取决于气候，为什么？因为在所有适合种植葡萄的国家中，德国位于最北部，而德国 80% 的高品质葡萄园位于山坡，机械化采摘无从谈起。

下图为德国的地形构成及其比例。

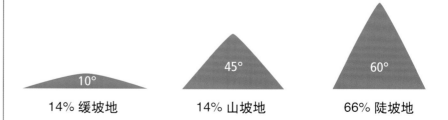

| 14% 缓坡地 | 14% 山坡地 | 66% 陡坡地 |

北海

德国

汉堡

柏林 ★

萨勒-翁施特鲁特

萨克森

莱茵河

阿尔
波恩
米特海恩
摩泽尔
莱茵高
黑森山区
法兰克福
纳森
弗兰肯
莱茵黑森
普法尔茨
巴登
伍腾堡
慕尼黑

摩泽尔河

莱茵河

0 英里 100 200
0 千米 200

德国葡萄酒今昔对比
1970 年：77372 公顷
2015 年：102186 公顷

85%

85% 的德国葡萄酒为白葡萄酒。

如果酒标上标有葡萄品种，比如雷司令，则该酒至少应含有 85% 的雷司令葡萄。

如果一款德国葡萄酒的酒标上注明出产年份，则 85% 的葡萄必须是该年所产。德国的顶级葡萄酒会使用 100% 单一品种并在酒标上注明出产年份。

德国主要的葡萄品种：

雷司令：这是在德国种植广泛、品质最好的葡萄品种。如果你在酒标上没有看到"雷司令"字样，说明其中很可能没有或者仅有极少量雷司令葡萄。记住，如果酒标上注明葡萄品种，那么其中至少应含有 85% 的该种葡萄，这是德国的法规。德国种植的葡萄中有 21% 是雷司令。

穆勒图格（Müller-Thurgau）：它是两个葡萄品种——雷司令与夏瑟拉（Chasselas，德语为 Gutedel）的杂交，占德国葡萄的 13.5%。

西万尼（Silvaner）：这个品种在德国葡萄中占 5%。

德国种植雷司令的历史可以追溯至 1435 年。

50 年前，绝大多数德国葡萄酒是干酒，而且很酸。当时，即便最好的餐厅都会为顾客奉上一勺佐酒白糖，以中和酸度。

德国拥有超过 50000 英亩的雷司令葡萄园，远远超过其他国家。全世界 60% 的雷司令葡萄都种植在德国。澳大利亚紧随其后，有 10000 英亩，法国有 8000 英亩，美国华盛顿州有 632 英亩。

莱茵黑森、莱茵高和普法尔茨 3 个产区同属莱茵河流域,又称"莱茵"。

——编者注

德国葡萄酒酒精浓度往往是 8%～10%,相比之下法国葡萄酒酒精浓度较高,为 12%～14%。

德国主要的葡萄酒产区

德国有 13 个葡萄酒产区,但掌握其中 4 个产区就足够,何必自寻烦恼?

4 个出产德国极品葡萄酒的产区是:

莱茵黑森 (Rheinhessen)　　**莱茵高 (Rheingau)**

摩泽尔　　　　　　　　　　**普法尔茨（Pfalz)**

1992 年以前名为　　　　　　　2007 年以前名为摩泽尔－萨尔－卢汶

莱茵普法尔茨（Rheinpfalz）　　（Mosel-Saar-Ruwer）

总体上讲,莱茵酒的酒体比摩泽尔酒更厚重,摩泽尔酒比莱茵酒酸度高而酒精浓度相对低一些。摩泽尔酒更多地呈现秋季水果的风味,比如苹果、秋梨、木梨的味道,而莱茵酒则常常富于夏季水果的口味,比如杏、蜜桃、油桃。

以下为重要的产酒村庄:

莱茵黑森:Oppenheim, Nackenheim, Nierstein

莱茵高:Eltville, Erbach, Rüdesheim, Rauenthal, Hochheim, Johannisberg

摩泽尔:Erden, Piesport, Bernkastel, Graach, Ürzig, Brauneberg, Wehlen

普法尔茨:Deidesheim, Forst, Wachenheim, Ruppertsberg, Dürkheimer

德国葡萄酒的风格

简单地说,德国风格是酸甜平衡,且酒精浓度低。请记住下面的公式:

$$糖 + 酵母 = 酒精 + 二氧化碳（CO_2）$$

糖分几乎都来自阳光。如果赶上好年景,而你的葡萄园又恰好位于朝南的山坡,日照充足自不待言,由此产生的适量糖分必能造就美酒。在许多年份里,德国酿酒师未能如此幸运,催熟葡萄的阳光不够丰沛,结果酸度升高而酒精浓度降低。为了弥补这种先天不足,有些酿酒师会在发酵前向葡萄汁里添加糖分,以提高酒精浓度,这种技术称为"加糖"。但高品质的德国葡萄酒禁止采用该技术。

德国葡萄酒有 3 种风格:

干而不甜	半干微甜	甜
Trocken	Halbtrocken	Fruity

以上风格分类并没有将葡萄酒的成熟度纳入考量,其实成熟度对酒款风格的影响非常显著。

发酵前的葡萄汁

人们对于德国葡萄酒存在一种普遍的误解,认为发酵过程结束,残余的糖分自然会使酒变甜。事实恰好相反,有些酒发酵后是不甜的。许多德国酿酒师会保留一定比例未发酵的葡萄汁,这种葡萄汁的原果与酒款一样,来自同一座葡萄园的同一品种。他们将保留天然糖分的葡萄汁注入发酵后的酒浆,人为控制甜度。最讲究的酿造师不会采用这种工艺,他们会通过中止发酵达到同样的效果。

德国葡萄酒按成熟度分类

1971 年的立法使德国的葡萄酒分为两大类:日常餐酒和优质酒。

日常餐酒(Tafelwein):从德文字面意思即知此类别属于餐酒。它是德国葡萄酒里的最低等级,一般不标明葡萄园的名字。

优质酒(Qualitätswein):同样,从字面上看得出它有"高品质"的意思,这一类别下还细分为两类:

1. 法定产区优质酒(Qualitätswein bestimmter Anbaugebiete):QbA 意味着酒款产自 13 个法定产区。

2. 特级优质酒(Prädikatswein):这个类别的葡萄酒品质出众,绝对是好酒,不允许采用加糖技术。

如果天气条件好,葡萄留在植株上的时间越长,甜味就越重。然而,酿酒师如果采取晚摘策略,就需要承担风险,因为坏天气随时有可能毁掉所有果实。

典型年份中德国葡萄酒的类型构成

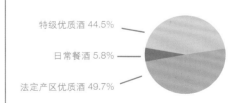

特级优质酒 44.5%

日常餐酒 5.8%

法定产区优质酒 49.7%

所有的特级优质酒必须经过权威实验室和品酒专家组的鉴定,获得认证号之后才被允许投放市场。

145

故事发生在约翰尼斯贝格山上的弗尔达修道院，后来成为约翰尼斯贝格宫（Schloss Johannisberg）的一座葡萄园，那时僧侣没有修道院院长的允许，不能擅自采摘葡萄。1775 年的收获季节，修道院院长去参加一个宗教会议。而那一年的葡萄刚好成熟得早，留在架上的一些果实已经开始腐烂。僧侣们坐立不安，遣人骑快马去请示院长批准。信使回来时，众僧侣认为果实已经全部腐烂了，不过他们还是把葡萄摘下来酿成酒。令人吃惊的是葡萄酒的口味相当好，甚至胜过以往。这就是第一款晚摘葡萄酒的缘起。

第一款贵腐葡萄酒于 1921 年产自摩泽尔。

今天，包括颗粒精选和贵腐在内的大多数德国葡萄酒都在春季或初夏装瓶。许多酒都不经过橡木桶或不锈钢桶陈贮，因为研究发现陈贮太久会破坏果味。

特级优质酒

特级优质酒包括 6 个等级，这里根据品质、价格、采摘时的成熟度，由低至高列出：

珍藏（Kabinett Light）：轻盈、半干，通常用成熟葡萄酿造。

晚摘（Spätlese）："晚摘"意味着酿酒葡萄是正常收获季节过后采摘的葡萄。额外的日照会使酒的质感更饱满，更浓醇可口。

精选（Auslese）："精摘"，也就是说，酿酒原果是从特定的葡萄串上采下来的，适宜酿造酒体丰满的酒。如果你种过水果，恐怕会做同样的事——摘下格外成熟的，把其他的继续留在植株上。

颗粒精选（Beerenauslese）：这些葡萄是被逐颗采摘下来的。精挑细选是为了酿造浓甜肥腴的甜酒，德国正是因为出产这种酒而享有盛名。颗粒精选每 10 年只出产 2~3 次。

贵腐（Trockenbeerenauslese）：这类酒使用的原果是"干葡萄"（Trocken 的本意是"干"——注意！这里的"干"是相对于"湿"的干，而非葡萄酒术语中相对于"甜"的"干"），风味如葡萄干。这些"萎缩的"葡萄能够酿造出最馥郁、最甜润，口感如蜂蜜的酒——也是价位最高的一档酒。

冰酒（Eiswein）：这是一类极为罕见的甜酒，浓度高，用留在架上的冰冻葡萄酿造——尚未化冻时就进行碾压。根据德国法规，这类酒的酿酒葡萄必须足够成熟，至少达到颗粒精选对原果的要求。

灰霉菌

灰霉菌，在德语中是 Edelfäule，属于霉菌的一种，在特殊情况下侵染葡萄，我们在讲苏特恩的部分中已有涉及。这种"高贵的腐蚀"在酿造颗粒精选和贵腐葡萄酒的过程中亦会起到颇为关键的作用。"高贵的腐蚀"发生在生长季节的晚期，那时夜间寒露浓重，早晨有雾，日间温暖。灰霉菌侵染葡萄，葡萄便开始萎缩，水分蒸发，只留下浓缩的糖分。受霉菌侵染的葡萄看起来或许并不诱人，不过千万别被外表迷惑，美酒最终会让你大吃一惊。

如何选择德国葡萄酒

　　首先，确定这款酒产自四大产区之一。其次，确认该酒所用葡萄是否为雷司令。德国的雷司令能够彰显最佳口感，是品质的保证。另外，还要留意年份。弄清楚酒款是否产自好年份，这一点对于选择德国葡萄酒尤为关键。最后也是最要紧的一点，就是要选择有声誉的葡萄园和品牌。

　　100美元的颗粒精选葡萄酒与200美元的有什么不同？最主要的区别是葡萄品种。100美元的颗粒精选葡萄酒多半使用穆勒图格葡萄或西万尼葡萄，而200美元的则采用雷司令葡萄。另外，酒款的产区也会在一定程度上决定其品质。传统上，最好的颗粒精选和贵腐葡萄酒往往产自莱茵或摩泽尔。

　　如遇以下条件，可以推断酒款的品质更为出色：

• 酒款的产量低。

• 葡萄成长时的气候条件适宜，或酒款的年份好。

德国也产红葡萄酒，但仅占总产量的15%，红葡萄在德国的气候里生长得不如白葡萄。

- 原果来自上等葡萄园。
- 酒款出自卓越的酿酒师之手。

笔者偏爱的德国葡萄酒品牌

摩泽尔

C. von Schubert	Friedrich-Wilhelm-	Meulenhof
Dr. H. Thanisch	Gymnasium	Rheinhold Haart
Dr. Loosen	Fritz Haag	S. A. Prum
Dr. Pauly-Bergweiler	J. J. Prum	Schloss Leiser
Egon Müller	Joh. Jos. Christoffel Erben	Selbach-Oster
	Kesselstatt	St. Urbans-Hof

莱茵黑森

Keller	Strub

莱茵高

Josef Leitz	Robert Weil	Schloss Vollrads
Kessler	Schloss Johannisberg	

普法尔茨

Basserman-Jordan	Dr. Bürklin Wolf	Lingenfelder
Darting	Dr. Deinhard	Muller-Catoir

解读德国酒标

德国酒标里包含着大量的信息。例如下面这个酒标：

Joh. Jos. Christoffel Erben 是生产商的名字。

Mosel 是葡萄酒产区的名称，即摩泽尔。这是四大产区之一。

2001 是葡萄的采摘年份。

Ürzig 是村庄的名称，Würzgarten 是葡萄园的名称。德国人会在地名后面加上"er"的后缀，变成"Ürziger"，意思就好像某个来自纽约的人被称为纽约客（New Yorker）一样。

Riesling 是葡萄品种，即雷司令。这款酒里必须有至少 85% 的雷司令原果。

Auslese 表示成熟度，即"精选"，在这里表示植株上熟得恰到好处的葡萄。

Qualitätswein mit Prädikat 表示葡萄酒的质量等级，即特级优质酒。

A.P. Nr. 2 602 041 008 02 是官方认证号，它证明该酒已经经过品酒专家组鉴定，并符合政府制定的严格质量标准。

Gutsabfüllung 即"园内灌装"。

A.P. Nr. 2 602 041 008 02

2 = 政府指定的机构或测试站

602 = 灌装者的地区编号

041 = 灌装者的识别编号

008 = 瓶装批次

02 = 酒款经专家组品鉴的年份

通常情况下，雷司令葡萄在 10 月成熟，在 11 月中旬前完成采摘。自 2000 年起，刚进入 9 月，就得准备收获雷司令葡萄了。

颗粒精选和贵腐葡萄酒更早的最佳年份为：1985 年，1988 年，1989 年，1990 年，1996 年。

2014 年，德国的年平均气温达到了百年以来的峰值。

2015 年，德国葡萄大丰收。

近 10 年间，德国出产了大量干酒和桃红葡萄酒。

德国白葡萄酒近年来的发展趋势

德国葡萄酒的品质日益提升，人们对德国葡萄酒的兴趣也与日俱增。

我认为风格较淡雅的干酒、半干酒、珍藏酒乃至晚摘酒，都很适合当做开胃酒，可以同清淡的食物相佐，也可以搭配烧烤类食物，尤其适合辛辣刺激的食物或太平洋沿岸的美食。如果你尚未或久未品尝德国美酒，那么 2001 ~ 2006 年都是值得考虑的卓越年份，足以彰显德国白葡萄酒最诱人的风格。还有一个好消息，过去那些难以辨认的哥特式手写体德文酒标已变得越来越人性化，更易读懂，设计也更具现代感。

2010 年是 30 年来德国葡萄收获最少的一年。

近年来德国葡萄酒的最佳年份

2001** 2002* 2003* 2004* 2005** 2006* 2007**
2008* 2009** 2010* 2011* 2012 2013 2014 2015**

* 表示格外出众　** 表示卓越

30 美元以下的 5 款最具价值的德国白葡萄酒

Dr. Loosen Riesling • J. J. Prüm Wehlener Sonnenuhr Spätlese • Josef Lietz
Rüdesheimer Klosterlay Riesling Kabinett • Selbach-Oster Zeltinger
Sonnenuhr Riesling Kabinett • Strub Niersteiner Olberg Kabinett or Spätlese

更完备的清单请翻到第 326 页。

美食配佳酿

"用半干晚摘雷司令酒烹制帕拉提纳特森林溪流里的淡水鱼，是我们的传统。我偏爱鳟鱼，用百里香、罗勒或西芹搭配，加点洋葱，以葡萄酒烹制。或者熏制，加一点山葵调味。这种酒几乎可与所有白肉相佐。帕拉提纳特的猪肉富于传统风味，鸡肉和鹅肉菜肴也很不错。"

——普法尔茨Weingut Lingenfelder Estate的酿酒大师兰内尔·凌根菲尔达（Rainer Lingenfelder）

"要问晚摘雷司令酒和什么菜肴最相配，可以说无所不配！听来或许荒唐，但有众多菜式可与其相配，因为晚摘雷司令风味均衡，微甜而果味洋溢。既可以在开宴时与略带咖喱、芝麻或生姜味的菜肴相佐，又可以搭配腌渍或烟熏的三文鱼，甚至可以搭配酸辣口味的巴萨米可油醋汁拌蔬菜沙拉，加点覆盆子味道更好，只要味道不太酸就行。很多人不喜欢用葡萄酒配沙拉，其实很棒。

"至于法式大菜，比如原汁爆炒鹅肝、鸭肝或者浓汁烩小牛肉，都是上选。还可以配沙拉和新鲜蔬果，或者配柠檬（或青柠）、巴萨米可醋调制的海鲜沙拉。

"如果你有一款陈酿的晚摘葡萄酒，那么烤鹿肉或奶油酱料菜式，以及填料烹制的白肉菜肴都可以与之相佐。最好搭配点时令水果，陈酿晚摘酒和水果一起享用或者单独做开胃酒，口味都无与伦比。

"半干晚摘雷司令酒是一款可与众多菜式相配的全能型葡萄酒，最佳的搭配对象还是海鲜和淡水鱼，也可以和淡味油醋汁调制的沙拉相佐，另外，奶油浓汤不易同酒款搭配，而选择这款酒就完全没问题。如果不确定用什么酒搭配菜肴，最保险的选择就是半干晚摘雷司令酒。

"当然，经典搭配还是德国甜酒配鹅肝，这可是奢侈的选择。"

——摩泽尔Selbach-Oster酒庄的约翰尼斯·泽巴赫（Johannes Selbach）

Selbach-Oster 酒庄与美国加州经验丰富的 Paul Hobbs 酒厂合作，在纽约州的芬格湖群产区开辟了一片雷司令葡萄种植园。

不妨翻到第 347 页的测试题，看看自己对德国白葡萄酒的相关知识掌握得如何。

—— 延伸阅读 ——

阿尔明·迪尔（Armin Diel）与乔尔·佩恩（Joel Payne）合著，《德国葡萄酒指南》（The Gault-Millau Guide to German Wines）。

品酒指南

对大多数人来说，德国葡萄酒或许不像法国或加州葡萄酒那样熟悉且容易理解。德国葡萄酒容易被忽视，因为德国酒分类复杂，还因为多是酒体轻盈的白葡萄酒，而最好的酒余糖又高。但不要错过德国葡萄酒，只要了解主要产酒村庄、葡萄园、分级制度，再学一点德语，你会慢慢发现，品鉴迷人优雅的德国佳酿没有想象中那么难。

酒 款

德国优质葡萄酒

一款酒，单独品尝

　　1.任何一款德国优质酒

德国珍藏级葡萄酒

两款珍藏级葡萄酒，比较

　　2.摩泽尔珍藏级雷司令葡萄酒

　　3.莱茵黑森珍藏级雷司令葡萄酒

德国晚摘级葡萄酒

两款晚摘级葡萄酒，比较

　　4.摩泽尔晚摘级雷司令葡萄酒

　　5.普法尔茨晚摘级雷司令葡萄酒

德国精选级葡萄酒

两款精选级葡萄酒，比较

　　6.摩泽尔精选级雷司令葡萄酒

　　7.莱茵高精选级雷司令葡萄酒

第四章

法国勃艮第和罗纳河谷的红葡萄酒

勃艮第红葡萄酒 ✳ 博若莱 ✳ 莎隆内坡

✳ 黄金坡 ✳ 罗纳河谷

勃艮第红葡萄酒

风味多变、细致微妙、尾韵悠长——红葡萄酒这些难以言喻之处会激发你的兴致，了解红葡萄酒时越发专注。

对于白葡萄酒，我们主要关注酸味与果味的平衡，而对于红葡萄酒，还需掌握其他特征，比如单宁酸。我们即将接触更多、更复杂的葡萄酒成分。

勃艮第的酿酒历史可以追溯至公元前51年。

继续介绍之前，我必须告诉你眼前没有捷径，勃艮第是葡萄酒最难的部分之一。人们对勃艮第感到迷惑，他们会说"需要了解的东西太多了"或"看起来就很难"。如果你觉得勃艮第葡萄酒难以捉摸，一定有人与你感同身受。1789年的法国大革命后，所有葡萄园都被分割成小块出售。根据《拿破仑法典》中有关土地继承权的规定，葡萄园将在继承人之间平均分配。这使得已然变成小块的葡萄园又被再次分割。这里有许多葡萄园和村庄，而且都是相当重要的知识。我会帮你解密勃艮第：名字、产区，还有酒标。实际上你只需要真正掌握15 ～ 25个名词，就可以理解勃艮第，并随心所欲地谈论这里的葡萄酒。

要想成为勃艮第葡萄酒专家，你需要记住一千多个名称和超过110个专有名词。

勃艮第主要的红葡萄酒产区：

| 博若莱 | 莎隆内坡 | 黄金坡 | 夜坡 |
| | | | 博纳坡 |

勃艮第的两大主要葡萄品种：

黑比诺　　佳美

根据法国原产地命名制度（AOC），所有勃艮第红葡萄酒均由黑比诺葡萄酿成，

博若莱除外——那里的红葡萄酒由佳美葡萄酿成。

土壤的重要性

　　不论询问哪个勃艮第葡萄酒生产商，他都会告诉你，酿造优质葡萄酒最关键的就是土壤。土壤，连同坡度、气候条件共同决定了出产的酒是归入村庄级、一级酒庄葡萄园，还是顶级酒庄葡萄园。土壤、坡度、气候条件构成的综合因素，在法语里有一个术语，叫做"Terroir"（风土）。一次，我在勃艮第旅行，连续下了5天雨。第6天时我看见山脚下有人带着桶和铲子收集坡上葡萄园中被雨水冲刷下来的泥土，这些泥土将被送回葡萄园。土壤对勃艮第葡萄酒的重要性由此可见一斑。

得之不易的黑比诺

黑比诺的声名远播源自法国勃艮第。要想照料好这种薄皮葡萄非常困难。它很容易染上多种疾病，而且如果生长季节的日照时间过长（热量过多），根本无法得到均衡的佳酿。但若肯付出真诚的热情和耐心，天性娇贵的黑比诺将酿出难得的美酒——单宁酸较少，色泽较浅，酒体轻盈。勃艮第最好的黑比诺酒并不以浓烈劲健见长，而是以优雅精巧尽逞其妙。

博若莱

这里的葡萄酒由 100% 佳美葡萄酿成。风格是典型的清淡果香型，适合新酿即饮，也可冰镇再饮。尽管博若莱各酒款的价格因质量等级有所不同，但大多数瓶装酒售价也不过 8~20 美元。目前为止，博若莱葡萄酒在美国一直是销量最好的勃艮第葡萄酒，原因很可能在于它产量高、风味平易近人、价格相对合理。

博若莱所有葡萄都是手工采摘的。

博若莱葡萄酒有 3 个质量等级：

博若莱级（Beaujolais）：这是最基本的博若莱葡萄酒，也是博若莱出产的绝大多数红葡萄酒。（1~9 美元）

博若莱村庄级（Beaujolais-Villages）：这类酒来自博若莱的 35 个特定村庄，这些村庄一贯生产高档葡萄酒。大多数博若莱村庄级酒都用产自这些村庄的酒勾兑而成，不过酒标上通常不会注明村庄的名字。（10~99 美元）

酒庄级（Cru）：这是顶级博若莱葡萄酒，通常以村庄的名字命名。（1000~9999 美元）

以下是 10 个出产酒庄级葡萄酒的村庄：

布鲁伊（Brouilly)	谢纳（Chénas)
希露博（Chiroubles)	布鲁伊坡（Côte de Brouilly)
花坊（Fleurie)	于连纳（Juliénas)
墨贡（Morgon)	风车磨坊（Moulin-à-Vent)
雷妮（Régnié)	圣－阿穆尔（Saint-Amour)

应该向哪些发货商或生产商购买博若莱葡萄酒？以下是我的建议：

Bouchard   Drouhin   Duboeuf   Jadot

博若莱葡萄酒需要保存多久？这取决于其质量等级和年份。博若莱级和博若莱村庄级可以存放 1 ~ 3 年。酒庄级可陈贮更久，因为其结构更复杂——含有更多果味和单宁酸。我曾经尝过陈贮十余年的博若莱酒庄级，仍旧精彩，但那只是特例。

其他不错的博若莱葡萄酒生产商有：Château des Jacques, Clos de la Roilette, Daniel Bouland, Domaine des Terres Poréss, Domaine Rochette, Dominique Piron, Georges Descombes, Guy Breton, Jean-Paul Braun, M.Lapierre, and Thibault Liger-Belair.

三分之一的博若莱葡萄被用来酿造新酿博若莱。

新酿博若莱

新酿博若莱（Beaujolais Nouveau）较之普通博若莱葡萄酒更清淡、果香更浓。这里的"新"是指从采摘、发酵、装瓶直到在零售店出售，前后历时仅数周，酿酒师几乎可以立即收回资金。另外，如同电影的预告片，新酿博若莱还为葡萄酒爱好者提供了想象的空间——下一个产酒年份的春季，酿酒师推出的博若莱葡萄酒会有什么样的风格和特质。新酿博若莱应当在装瓶后 6 个月内饮用，如果你还留着半年前出产的新酿博若莱，那么，现在就送给"朋友"吧。

我年轻时在勃艮第学习葡萄酒，便访问过博若莱。在某个村庄的酒馆，我点了一杯博若莱酒。侍者把酒端上来——是冰镇的。可我读过的所有葡萄酒书都说红葡萄酒要在室温下饮用。然而，通过切身体验我才知道，对于新酿博若莱、博若莱级、博若莱村庄级酒，略加冰镇可以激发果香和活力（酸味）。不妨在夏季尝试一下冰镇博若莱，你会明白我的意思。不过，博若莱葡萄庄级具有更浓的果香和更多单宁酸，应该在室温下饮用。

近年来博若莱葡萄酒的最佳年份

2009** 2010* 2011 2012* 2013 2014* 2015**

*表示格外出众 **表示卓越

"博若莱葡萄酒是极少数可以当作白葡萄酒饮用的红酒佳酿，我有时会在酒里对半掺水，它是世上最清新的饮品。"

——迪迭·摩曼森（Didier Mommessin）

美食配佳酿

博若莱葡萄酒几乎和一切食物相得益彰，尤其是简洁的菜式和乳酪。通常，应选择相对清淡的食物与博若莱相配，比如鱼、禽类、小牛肉。下面是一些专家的建议：

"许多菜肴都可以和博若莱葡萄酒相佐，搭配的建议由酒款的产地和年份决定。配熟肉和开胃菜，可以选较新的博若莱级或博若莱村庄级。烤肉则需配更浓郁、更有活力的酒，比如 Juliénas 或 Morgon 的酒庄级酒。搭配沙司烩肉菜，我推荐上好年份的 Moulin-à-Vent 酒庄级酒。"

——乔治·迪宝夫

"博若莱葡萄酒适合简洁的膳食，如淡味乳酪和烤肉，除甜食外什么都可以。"

——Louis Jadot的安德烈·嘉榭
（André Gagey）

莎隆内坡

经典的黑比诺葡萄酒具有相当高的性价比。请务必记住莎隆内坡的 3 个村庄：

梅克雷

95%
红葡萄酒

吉弗里

90%
红葡萄酒

乎利（Rully）

50%
红葡萄酒

梅克雷最重要，它出产高品质葡萄酒。梅克雷或许不大为人所知，但它的确物超所值。下面是购买莎隆内坡葡萄酒时值得考虑的发货商或生产商：

梅克雷	Château de Chamirey
	Domaine de Suremain
	Faiveley
	Michel Juillot
吉弗里	Chofflet-Valdenaire
	Domaine Jablot
	Domaine Thenard
	Louis Latour
乎利	Antonin Rodet

黄金坡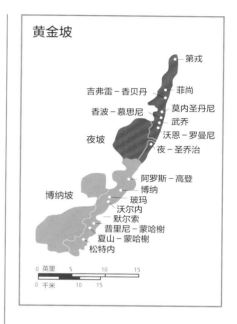

黄金坡

这里是勃艮第的心脏地带。黄金坡（Côte d'Or 的发音类似英语"coat door"），法语意为"金色的山坡"。一种说法认为该名称得自深秋时节这片坡地在林木装扮下的颜色，当然这里的酿酒师在收获季节的收入也同样"金灿灿"。这片坡地面积很小，所产佳酿却属世界最昂贵的葡萄酒之列。如果想找 9.99 美元一瓶的葡萄酒，那你找错地方了。

和此地出产的白葡萄酒一样，这里的红葡萄酒亦依不同的质量等级分类——普通级、村庄级、一级酒庄葡萄园和顶级酒庄葡萄园。顶级酒庄葡萄园的酒产量最少，但品质最好，且极为昂贵。普通级恰恰相反，尽管产量大、随时随地可以买到，却难有出色之作。

黄金坡可以分为两个地区：

极品勃艮第红葡萄酒产自夜坡。了解黄金坡葡萄酒的另一个办法是熟悉那里的重要村庄、顶级酒庄葡萄园和一些一级酒庄葡萄园。

黄金坡普通级葡萄酒的酒标上仅标有勃艮第字样，即"Burgundy"，又写作"Bourgogne"。好一点的普通级酒会在酒标上标注博纳坡（Côte de Beaune Villages）或夜坡（Côte de Nuits Villages）——这表示酒款由不同村庄的酒勾兑而成。

博纳坡

性价比高的村庄级葡萄酒
Fixin
Marsannay
Monthélie
Pernand-Vergelesses
Santenay
Savigny-lés-Beaune

勃艮第有五百多个一级酒庄葡萄园。

黄金坡共有 32 个顶级酒庄葡萄园。

到目前为止，产量最大的顶级酒庄葡萄园是 Corton，占全部顶级酒庄红葡萄酒产量的 25％。

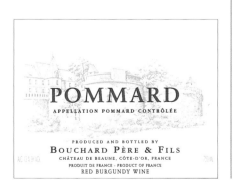

最重要的村庄	我偏爱的一级酒庄葡萄园	顶级酒庄葡萄园
阿罗斯 – 高登	Chaillots Fournières	Corton Corton Bressandes Corton Clos du Roi Corton Maréchaude Corton Renardes
博纳	Bressandes Clos des Mouches Fèves Grèves Marconnets	
玻玛	Épenots Rugiens	
沃尔内（Volnay）	Caillerets Clos des Chênes Santenots Taillepieds	

夜坡

如果你还未在地理知识上花太多精力，现在是时候了。大多数顶级酒庄葡萄园都在这里。

最重要的村庄	我偏爱的一级酒庄葡萄园	顶级酒庄葡萄园
香波－慕思尼 (Chambolle-Musigny)	Charmes Les Amoureuses	Bonnes Mares（部分） Musigny
弗拉吉－依瑟索 (Flagey-Échézeaux)		Échézeaux Grands-Échézeaux
吉弗雷－香贝丹 (Gevrey-Chambertin)	Aux Combottes Clos St-Jacques Les Cazetiers	Chambertin Chambertin Clos de Bèze Chapelle-Chambertin Charmes-Chambertin Griotte-Chambertin Latricières-Chambertin Mazis-Chambertin Mazoyères-Chambertin Ruchottes-Chambertin
莫内圣丹尼 (Morey-St-Denis)	Clos des Ormes Les Genevrières Ruchots	Bonnes Mares（部分） Clos de la Roche Clos de Tart Clos des Lambrays Clos St-Denis
夜－圣乔治	Les St-Georges Porets Vaucrains	
沃恩－罗曼尼 (Vosne-Romanée)	Beaux-Monts	La Grande-Rue La Romanée La Tâche Malconsorts Richebourg Romanée-Conti Romanée-St-Vivant
武乔		Clos de Vougeot

香贝丹红葡萄酒是拿破仑的最爱，他曾说："唯有透过一杯香贝丹，未来才显得无比瑰丽。"他显然在抵达滑铁卢之前就喝光了香贝丹。

从 19 世纪开始，勃艮第一些村庄的村民将当地最有名的葡萄园的名字附在村名之后。吉弗雷改成了吉弗雷－香贝丹，普里尼改成了普里尼－蒙哈榭，其余的你大概也都能猜到了。

La Grande Rue 隐藏在顶级酒庄葡萄园 La Tâche 和位于沃恩－罗曼尼的 Romanée-Conti 之间，新近升级为顶级酒庄葡萄园了。

Vougeot 酒庄是勃艮第最大的顶级酒庄，占地 125 英亩，共有八十多位园主！每位园主都有自己的酿酒方式，比如何时采摘、发酵风格、橡木贮存时间，等等。显然，Vougeot 酒庄出产的酒不可能一模一样。

仅有村庄名 = 村庄级（1~9 美元）

村庄名 + 葡萄园名 = 一级酒庄（10~99 美元）

仅有葡萄园名 = 顶级酒庄（1000~9999 美元）

从 1990 年起，所有勃艮第顶级酒庄必须在
酒标上注明"Grand Cru（顶级酒庄）"字样。

地理位置的重要性

　　掌握地理位置，能帮助你成为一个精明的选购者。如果你对大多数重要的村庄和葡萄园的名字耳熟能详，本书的目的多半就达到了。不过，倒也不必真的背下所有名字，事实上，酒标就包含了所有你需要的信息，请参照下面的方法逐步解码勃艮第酒：

该酒产自哪里？ 法国
是什么类型的酒？ 勃艮第
产自哪个产区？ 黄金坡
来自哪个区域？ 夜坡
出自哪座村庄？ 香波－慕思尼
酒标还能透露更多信息吗？ 能，它还告诉你葡萄园的名字叫 Musigny，是 32 个顶级酒庄之一。

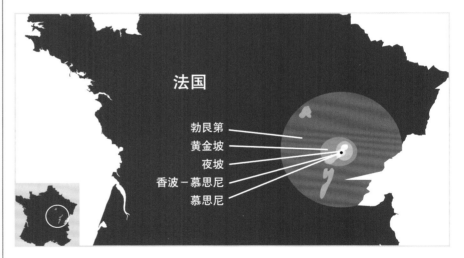

　　随着你将这幅地图不断放大，不断接近核心区域，酒款的品质也随之越来越高，价格也越来越贵。个中原委很简单：供求关系。勃艮第的葡萄园主和黄金坡的发货商有一个让天下所有商家嫉妒的困扰——供不应求，多年来一直如此，而且将继续如此。勃艮第是个小地方，出产的葡萄酒实在有限。相比之下，波尔多产区的产量是勃艮第的 3 倍。

勃艮第葡萄酒产量（单位：箱）	
地区级法定产区	2136674
博若莱	11503617
夏布利	755188
莎隆内坡	357539
夜坡	511594
博纳坡	1391168
马孔内	2136674
其他产区	339710
勃艮第总产量	19132164 箱

近5年来红葡萄酒和白葡萄酒的平均产量

20 世纪 60 年代，勃艮第葡萄酒从发酵到装瓶历时 3 周。现在，这个过程只需 6～12 天。

勃艮第今昔对比
20 世纪 70 年代：勃艮第的酒庄原装酒占 15%
2016 年：勃艮第的酒庄原装酒占 60%

如果你不想挑到一款让自己失望的勃艮第葡萄酒，就必须弄清楚出产年份。另外，由于黑比诺葡萄生性娇贵，勃艮第红葡萄酒需要妥善保存，所以选购时请务必选择悉心照料它的商家。

勃艮第的最近 40 年

勃艮第红葡萄酒依然是全世界黑比诺酒的代表。在最近 40 年中，勃艮第佳酿繁花似锦，精益求精。（也越来越贵了！）酒款的风格更稳定、品质更上乘。葡萄酒发货商和原装酒生产商致力于酿造出最好的勃艮第美酒。他们采用了更好的葡萄营养系选种和更高效的管理模式，并吸纳了大量的新一代酿酒师，今后几十年必将继续为人们带来美好享受。

值得尝试的勃艮第酒庄：绍黑－伯恩 (Chorey-les-Beaune)、托博父子酒庄 (Tollot-Beaut)、亚力士甘宝酒庄 (Alex Gambal)、艾诺菲尔酒庄 (Arnoux) 和香皮酒庄 (Champy)。

许多葡萄酒书籍作者和勃艮第酒爱好者都会这样描述黑比诺葡萄酒：**诱人而顺滑**。

—— 延伸阅读 ——

安东尼·汉森著，《勃艮第》(*Burgundy*)
罗伯特·帕克著，《勃艮第》(*Burgundy*)
雷明顿·诺曼 (Remington Norman) 著，《勃艮第著名葡萄园》(*The Great Domaines of Burgundy*)
马特·克拉姆著，《理解勃艮第》
查尔斯·柯蒂斯 (Charles Curtis) 著，《勃艮第顶级葡萄园》(*The Original Grand Crus of Burgundy*)
克莱夫·科茨的《勃艮第葡萄酒》(*The Wines of Burgundy*)

值得考虑的勃艮第红葡萄酒发货商：

Bouchard Père et Fils	Jaffelin	Joseph Drouhin
Chanson	Louis Jadot	

一些精致的酒庄原装酒也在美国限量出售，你可以向以下商家购买：

Armand Rousseau	Henri Lamarche	Parent
Clerget	Jayer	Pierre Damoy
Comte de Voguë	Jean Grivot	Pierre Gelin
Daniel Rion	Leroy	Potel
Denis Mortet	Louis Trapet	Pousse d'Or
Dujac	Lucien Le Moine	Prince de Mérode
Faiveley	Marquis d'Angerville	Romanée-Conti
Georges Roumier	Méo Camuzet	Tollot-Beaut
Groffier	Michel Gros	Vincent Girardin
Henri Gouges	Mongeard-Mugneret	

近年来黄金坡的最佳年份

1999*   2002**   2003*   2005**   2006   2007   2008*
2009**   2010**   2011   2012*   2013*   2014 *   2015**

* 表示格外出众   ** 表示卓越

美食配佳酿

"虽然白葡萄酒和红肉不相配，不过清淡的勃艮第红葡萄酒可以配鱼肉（非贝类）。要么就搭配鹌鹑、野鸡、兔肉，但是不要放太多调味料。对于风格浓烈的酒，羊肉和牛排是首选。"
——罗伯特·杜鲁安

"博若莱红葡萄酒比如 Moulin-à-Vent Château des Jacques，搭配弗勒里出产的法式烤肠就很美味。佳美葡萄酒的果味和清新都胜过黑比诺酒，我最喜欢的与勃艮第红葡萄酒相配的食物是布雷斯鸡肉。新鲜瘦肉鸡，填充食用菌，佐以优雅精致、产自上好水土的黑比诺葡萄酒，可谓绝配。"
——Louis Jadot的皮埃尔·亨利·嘉榭

"Château Corton Grancey 出产的酒适合搭配红酒沙司烩剔骨鸭，黑比诺酒配烤鸡、鹿肉还有牛肉都不错。成熟葡萄酒适合配本地干酪，比如香贝丹配西多干酪。"

——路易·拉图

罗纳河谷

与勃艮第相比，罗纳河谷红葡萄酒才是典型的醇厚浓烈的红葡萄酒，酒精浓度自然也更高。如此风格的形成自然应从地理因素谈起。罗纳河谷位于法国东南部，在勃艮第的南边。那里气候炎热、阳光充沛，良好的日照条件使葡萄含有较多糖分，也提高了酒精浓度。另外，当地的土壤富含岩石成分，可以更好地保存夏日高温带来的热量。根据法律规定，罗纳河谷的酿酒师必须将酒精浓度控制在某个具体的数值上，比如根据 AOC 规定，罗纳河谷酒最低酒精浓度为 10.5%，而其中教皇新堡（Châteauneuf-du-Pape）不得低于 12.5%。罗纳河谷级类似于博若莱级，只不过罗纳河谷级具有较强的酒体以及更高的酒精浓度（博若莱级的酒精浓度至少 9%）。

罗纳河谷包括两个迥异的区域：南罗纳（Southern Rhône）和北罗纳（Northern Rhône）。北罗纳最著名的红葡萄酒产区是：

克罗兹－艾米塔吉（Crozes-Hermitage，超过 3000 英亩）
罗迪坡（Côte Rôtie，555 英亩）
艾米塔吉（324 英亩）

南罗纳最著名的红葡萄酒产区是：

教皇新堡（7822 英亩）
吉恭达斯（Gigondas，3036 英亩）

罗纳河谷两个主要的葡萄品种：

歌海娜　　西拉

北罗纳的罗迪坡、艾米塔吉和克罗兹－艾米塔吉主要以西拉葡萄酿酒，都是该地区最浓烈、酒体最丰满的葡萄酒。至于教皇新堡，则由 13 种葡萄混合酿成，最好的生产商会大量使用歌海娜和西拉进行混合。该地区最有名的白葡萄酒来自孔德里约（Condrieu）和格里叶堡（Château-Grillet），二者都由维奥涅尔葡萄酿成。教皇新堡和艾米塔吉也出产白葡萄酒，不过每年只产数千箱。

法国一些最古老的葡萄园就坐落在罗纳河谷，例如存世两千多年的 Hermitage（艾米塔吉）。

歌海娜葡萄种植面积排名
法国（96000 公顷）
西班牙（83000 公顷）
美国加州（7700 公顷）
澳大利亚（4000 公顷）

罗纳河谷的另外两种重要的红葡萄是神索和
慕合怀特。

罗纳河谷级葡萄酒由南罗纳或北罗纳地
区的葡萄酿成，不过 90% 的罗纳河谷级
葡萄酒还是来自南罗纳地区。

罗纳河谷的 13 个产区

北罗纳：
格里叶堡（白葡萄酒）
孔德里约（白葡萄酒）
康那士（Cornas）
罗迪坡
克罗兹－艾米塔吉
艾米塔吉
圣约瑟夫（St-Joseph）
圣皮利（St-Pera）
南罗纳：
教皇新堡
吉恭达斯
利哈克（Lirac）
塔维尔（Tavel，桃红葡萄酒）
维格拉斯（Vacqueyras）

地区	日照量（小时 / 年）
勃艮第	2000
波尔多	2050
教皇新堡	2750

一些教皇新堡的酒标上印有中世纪教皇的盾
形纹章，该纹章图案只有葡萄园主才有权使
用。

罗纳河谷葡萄酒尚无法定分级制度，但仍有不同的质量等级：

8% 罗纳河谷村庄级
（Côtes du Rhône Villages）
10 ～ 99 美元

10% 罗纳河谷酒庄级
（Côtes du Rhône Crus，特定地区）
1000 ～ 9999 美元

24% 其他命名产区

58% 罗纳河谷级
（Côtes du Rhône）
1 ～ 9 美元

教皇新堡葡萄酒

　　教皇新堡即 Châteauneuf-du-Pape，法语意思是"教皇的新城堡"，因罗纳河谷阿
维尼翁市的一座宫殿得名，教皇克莱门特五世（Pope Clement V，第一位法国教皇）
14 世纪时曾在这座宫殿居住过。酿造教皇新堡时，酿酒师使用的葡萄品种可能多达
13 种，并且他们往往只有用最好的葡萄（正如厨师使用最好的原料）才能酿出口味
最佳、最昂贵的葡萄酒。25 美元一瓶的教皇新堡可能仅含有 20% 的上好葡萄（歌海
娜、慕合怀特、西拉、神索），而 75 美元的那瓶则可能含有 90% 的上好葡萄。

教皇新堡允许使用的 13 种葡萄	
歌海娜	莫斯卡丹 (Muscardin)
西拉	瓦卡尔斯 (Vaccarèse)
慕合怀特	皮卡尔登 (Picardin)
神索	克莱雷 (Clairette)
匹克鲍尔 (Picpoul)	路莎尼 (Roussanne)
德黑特 (Terret)	布尔布兰 (Bourboulenc)
古诺日 (Counoise)	

　　前 4 种葡萄占总量的 92%，而其中，歌海娜又遥遥领先。

塔维尔葡萄酒

　　这是一种桃红葡萄酒——一种不寻常的干桃红葡萄酒，主要由歌海娜葡萄酿成（可能由 9 种葡萄混合酿造）。你会发现塔维尔就像一款普通的红葡萄酒，具有一切红葡萄酒的成分，只是颜色稍浅。如何使桃红葡萄酒具有红葡萄酒的特征，而颜色又偏浅呢？这完全是浸皮的结果。

　　经过"短期浸皮"的葡萄酒，意味着葡萄皮和葡萄汁一同发酵的时间很短——刚好把酒浆染成桃红色。而罗纳河谷红葡萄酒刚好相反，经过了"长期浸皮"，比如酿造艾米塔吉或教皇新堡时，葡萄皮将与葡萄汁一同发酵至酒浆呈深宝石红色。

罗纳河谷葡萄酒产量比例

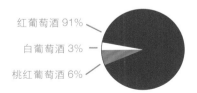

红葡萄酒 91%
白葡萄酒 3%
桃红葡萄酒 6%

旺度坡出产的葡萄酒性价比高，其中最容易买到的厂牌是 La Vieille Ferme。

如何选择罗纳河谷红葡萄酒

首先，你应该想好需要什么口味，是买一款清淡的罗纳河谷普通红葡萄酒，还是较浓烈的（比如我最喜欢的艾米塔吉）。接下来，你要考虑年份和生产商，两家最古老、最知名的酒庄是 M. Chapoutier 和 Paul Jaboulet Aîné。

另外值得考虑的生产商还有：

北罗纳

Delas	Jean-Louis Chave	M. Chapoutier
E. Guigal	Jean-Luc-Colombo	Paul Jaboulet Aîné

南罗纳，教皇新堡

Beaucastel	Domaine du la Janasse	Domaine St.-Préfert
Bosquet des Papes	Domaine du PégÜ	Domaine Vacheron-
Pouizin		
Château Rayas	Domaine du Vieux	Télégraphe Mont Redon
Clos des Papes	Domaine Giraud	Roger Sabon & Fils

南罗纳，吉恭达斯

Château de St.-Cosme	Notre Dame des Paillières	Pierre-Henri Morel
Domaine La Bouissièrel	Olivier Ravoire	Tardieu-Laurent

罗纳河谷葡萄酒证明了，并不是所有佳酿都适宜陈贮。下面是一些饮用时限的建议：

塔维尔：两年内

罗纳河谷：3 年内

克罗兹－艾米塔吉：5 年内

教皇新堡：5 年以后，高品质教皇新堡 10 年后饮用效果更佳

艾米塔吉：7~8 年，上好年份的艾米塔吉酒 15 年后饮用最好

罗纳河谷的最近 40 年

40 年前，罗纳河谷还笼罩在红葡萄酒帝国的两大巨擘——勃艮第和波尔多的阴影中；如今，三者已然并驾齐驱。甚至罗纳河谷葡萄酒的性价比还是最高的。最近 10 年来，这个地区一直受到优越天气状况的眷顾，尤其是南部。所有这些因素共同促成了当地葡萄酒出色的品质和合理的价格。

罗纳河谷葡萄酒证明了并不是所有佳酿都适宜陈贮，但有一个例外——艾米塔吉是生命周期最长，也是最好的罗纳河谷葡萄酒。上好年份的艾米塔吉葡萄酒能保存 50 年之久。

近年来罗纳河谷葡萄酒的最佳年份

北罗纳：1995　1996　1997　1998　1999*　2000
2001　2003*　2004　2005*　2006*　2007*　2009**
2010**　2011*　2012*　2013*　2014　2015**

南罗纳：1995　1998*　1999　2000*　2001*　2003*
2004*　2005**　2006*　2007**　2009*　2010**
2011*　2012*　2013　2014　2015**

* 表示格外出众　** 表示卓越

---

30 美元以下的 4 款最具价值的勃艮第及罗纳河谷红葡萄酒

Château Cabrières Côte du Rhône • Côtes-de-Nuits-Village, Joseph Drouhin •
Georges Duboeuf Morgon " Caves Jean Ernest Descombes" •
Jean-Maurice Raffault Chinon

更完备的清单请翻到第 324 ～ 325 页。

美食配佳酿

"罗纳河谷红葡萄酒要陈贮 10 年以后才最美妙，与野味或其他味道浓重的肉类相佐都不错。令人难忘的美味是野生蘑菇汤和块菌，配 Beaucastel 白葡萄酒，或炖野兔肉配 Beaucastel 红葡萄酒。"

——Beaucastel 酒庄的让·皮埃尔（Jean Pierre）和弗朗索瓦·佩里（François Perrin）

"我爷爷八十几岁了，每天还要喝一瓶罗纳河谷级葡萄酒，它也适合青年人，除了怪人之外，和什么人都相配。克罗兹－艾米塔吉酒和奶油沙司鹿肉或烤兔肉很相配。不过和沙司搭配要谨慎，需考虑酒体。牛肋骨和米饭与罗纳河谷级酒很相配，搭配烤鹌鹑一类的野禽也很协调。塔维尔酒稍稍冰镇后，和夏日沙拉相佐很清新。当然了，麝香葡萄酿造的博姆－德维尼斯（Beaumes-de-Venise）非常适合搭配鹅肝酱。"

——弗雷德里克·雅布莱（Frédéric Jaboulet）

禽类、清淡肉类和干酪配罗纳河谷级葡萄酒，非常合适。罗迪坡酒与白肉、前菜最相宜。教皇新堡则适合搭配最成熟的干酪、美味的鹿肉、浓郁诱人的野猪肉。艾米塔吉则宜搭配牛肉、野味、浓香干酪。

更早的上佳年份有：

北罗纳：1983, 1985, 1988, 1989, 1990, 1991
南罗纳：1985, 1988, 1989, 1990

罗纳河谷的产酒年份很奇怪：北部的好年份常常恰好是南部的坏年份，反之亦然。

过去 5 年里，美国进口罗纳河谷葡萄酒的增长超过了 200%。

对于偏爱甜酒的人们来说，可以尝尝来自博姆－德维尼斯的酒，它由麝香葡萄酿成。

不妨翻到第 349 页的测试题，看看自己对勃艮第和罗纳河谷红葡萄酒的相关知识掌握得如何。

—— 延伸阅读 ——

罗伯特·帕克著，《罗纳河谷的葡萄酒》（*The Wines of the Rhône Valley*）。

❧ 品酒指南 ❧

　　挑选勃艮第葡萄酒有 3 个关键因素，按重要性排列依次为：生产商、年份、等级。品酒时要留意并记录下这 3 个因素带来的感受上的细微差别。罗纳河谷的葡萄酒，从酒体适中的罗纳河谷级到丰满的克罗兹－艾米塔吉，再到强劲、激情、酒精浓度较高的教皇新堡，都算得上世界级佳酿，至今仍是最具品质和收藏价值的酒款。

酒 款

博若莱葡萄酒

两款博若莱葡萄酒，比较

　　1. 博若莱村庄级葡萄酒

　　2. 博若莱酒庄级葡萄酒

莎隆内坡葡萄酒

一款葡萄酒，单独品尝

　　3. 莎隆内坡葡萄酒

黄金坡葡萄酒

两款博纳坡葡萄酒，比较

　　4. 村庄级葡萄酒

　　5. 一级酒庄葡萄酒

两款夜坡葡萄酒，比较

　　6. 村庄级葡萄酒

　　7. 一级酒庄葡萄酒

罗纳河谷葡萄酒

三款罗纳河谷葡萄酒，比较

　　8. 罗纳河谷级葡萄酒

　　9. 克罗兹－艾米塔吉葡萄酒

　　10. 教皇新堡葡萄酒

第五章

法国波尔多红葡萄酒

波尔多葡萄酒 ✳ 梅多克 ✳

格拉夫 ✳ 玻美侯 ✳ 圣艾美浓 ✳

波尔多酒的年份 ✳ 如何挑选波尔多红葡萄酒

1970 年以前，波尔多出产的白葡萄酒通常多于红葡萄酒。

波尔多红葡萄酒

波尔多充满激情，历史积淀深厚，当地人最引以为傲的就是葡萄酒。对葡萄酒学习者来说，你会发现波尔多比勃艮第容易得多。因为这里的葡萄园面积较大，土地拥有者相对较少。而且，正如热爱葡萄酒的英国作家塞缪尔·约翰逊（Samuel Johnson）所说："如果有志于成为地道的饮者，就必须懂红葡萄酒。"他指的是波尔多的干红餐酒。

波尔多有 57 个葡萄酒产区出产 AOC 授权的高品质葡萄酒，其中 4 个是我心中的红葡萄酒圣地：

波尔多葡萄酒产量比例

红葡萄酒 85%

白葡萄酒 15%

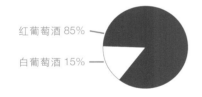

整个波尔多大约有 17.2 万英亩美乐，7.2 万英亩赤霞珠和 3.3 万英亩品丽珠。

梅多克（Médoc）	格拉夫 / 佩萨克－雷奥良
40676 英亩	12849 英亩
（只出产红葡萄酒）	（出产红葡萄酒和干白）
玻美侯（Pomerol）	圣艾美浓（St-Émilion）
1986 英亩	23062 英亩
（只出产红葡萄酒）	（只出产红葡萄酒）

你应该熟悉梅多克的 7 个重要产区：

上梅多克（Haut Médoc）　　玛歌（Margaux）　　宝雅克（Pauillac）

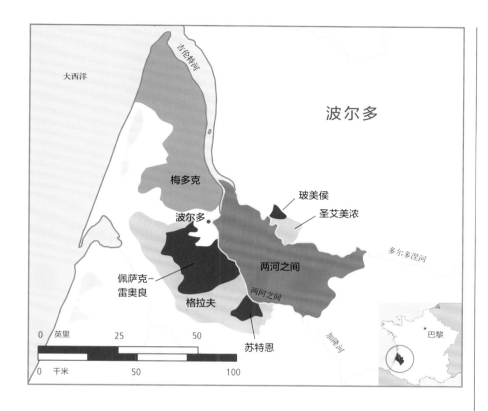

波尔多

就贸易额而言，美国是波尔多葡萄酒的第二大进口国。

小维铎（Petit Verdot）和马贝克有时也用来混合酿造波尔多葡萄酒。

圣朱利安（St-Julien）　利斯特拉克（Listrac）

圣埃斯塔菲（St-Estèphe）　慕里斯（Moulis）

波尔多的三大主要葡萄品种：

美乐　品丽珠　赤霞珠

勃艮第的酿酒师必须使用 100% 黑比诺酿造红葡萄酒（博若莱红葡萄酒必用 100% 佳美葡萄），波尔多红葡萄酒则几乎全部由不同品种的葡萄混合酿成。笔者在这里提供一条基本经验：产自多尔多涅河左岸村庄和地区的红葡萄酒，主要使用赤霞珠葡萄，右岸则多用美乐葡萄。

波尔多葡萄酒的 3 种质量等级：

波尔多级（Bordeaux）：这是波尔多地区等级最低的 AOC 葡萄酒——酒好、不

法国所有 AOC 葡萄酒中 27% 来自波尔多。

你可能熟悉的原装酒有：

Baron Philippe　　　　Michel Lynch

Lacour Pavillon　　　 Mouton-Cadet

Lauretan

波尔多主要的发货商有：

Baron Philippe de Rothschild

Barton & Guestier (B & G)

Borie-Manoux

Cordier

Dourthe Kressmann

Dulong

Eschenauer

Ets J-P Moueix

Sichel

Yvon Mau

以下 3 款酒属于同一家族，即罗斯柴尔德家族，Château Mouton-Rothschild 也是其名下酒庄。

波尔多级（专属名称）
法定波尔多产区

地区级
法定宝雅克产区

酒庄级
法定宝雅克产区 + 酒庄名

贵、品质稳定，是可以常饮的酒。这类酒被称为专属葡萄酒——你可以直呼其品牌名称，例如 Mouton-Cadet，不以产区或葡萄园而得名，是最廉价的波尔多 AOC 葡萄酒。（1~9 美元）

地区级（Region）：地区级葡萄酒来自 57 个产区，只有用当地葡萄酿造的葡萄酒才能冠以地区名称，如宝雅克和圣艾美浓。这一级比仅标有"波尔多"的要贵一些。（10~99 美元）

酒庄级（Region + Château）：酒庄级产自特定的葡萄园。波尔多有超过 7000 个酒庄。上溯至 1855 年，波尔多为一些酒庄正式划分了质量等级，数百个酒庄得到官方认证的质量等级。举例来说，梅多克有 61 个最高级别的酒庄被称为"顶级酒庄"（Grands Crus Classés），还有 246 座比顶级酒庄低一级的被称为"布尔乔亚酒庄"（Cru Bourgeois）。其他地区也有各自的质量等级。（10~9999 美元）

标价 8 ~ 25 美元的酒占据波尔多葡萄酒的 80%。

波尔多红葡萄酒主要分类

产区	等级	设立时间	认证酒庄
格拉夫	顶级酒庄	1959 年	12
梅多克	顶级酒庄	1855 年	61
梅多克	布尔乔亚酒庄	1920 年（1932 年、1978 年、2003 年、2010 年复审）	246
玻美侯	无分级		
圣艾美浓	特级顶级酒庄	1955 年（1996 年、2006 年、2012 年复审）	18
圣艾美浓	顶级酒庄	1955 年（1996 年、2006 年、2012 年复审）	85

酒庄

提起酒庄，许多人会浮想联翩：美轮美奂的雄伟建筑，里面挂着波斯地毯，到处是珍玩古物，窗外山峦连绵起伏，遍布美丽的葡萄园。然而大多数酒庄并非如此。酒庄的确有可能是建在广袤土地上的一幢大宅，也很可能是一座仅带一间双位车库的普通民居。酒庄级酒是波尔多葡萄酒中质量等级最高的，也是价位最高的。有些最知

依照法国法律，酒庄是附属于葡萄园的建筑，葡萄园有特定的面积限制，有酿酒和陈贮设施，如果达不到一定标准，所产葡萄酒亦不能称为酒庄级酒。Domaine、Clos 和 Cru 都有葡萄园或酒庄的意思。

如果你在酒标上看到酒庄的城堡式建筑，那么按法国的法律规定，这座建筑必须真实存在并且是该酒款酿酒师所在的场所。

名的顶级酒庄酒甚至可以卖出天价。没有人乐意费心去记住数千个酒庄的名字，所以我们从最重要的波尔多分级制度讲起。

梅多克

顶级酒庄

1855 年的巴黎世博会，拿破仑三世要求葡萄酒商会选出最好的酒，代表法国参展。波尔多商会接受了当时的葡萄酒等级划分方案，但不同意将这种分级纳入官方体制。当时，梅多克地区的葡萄酒是根据价格划分的，价格直接关系到酒的品质。这项制度要求，排名前 4 位（现在是前 5 位）的酒庄生产"第 1 级"葡萄酒，该位序接下来的 14 座酒庄生产第 2 级酒，如此一直到第 5 级酒为止。结果恰恰是经这一制度最终列出了"官方列级酒庄"，请看下页。

顶级庄葡萄酒的产量还不到波尔多葡萄酒总产量的 5%。

典型的梅多克葡萄酒混合比例

品丽珠 10% ～ 20% ——

美乐 25% ～ 40% ——

赤霞珠 60% ～ 80% ——

"在某个特定年份，各等级的售价与等级基本相符，这大大方便了贸易。所以第5级的售价总是第2级的一半，第3、第4级位于第2和第5级之间。第1级比第2级高出大约25%。"

——Ch. 考克斯（Ch. Cocks）
《波尔多葡萄酒》（*Bordeaux et Ses Vins*）1868 年

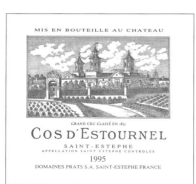

波尔多红葡萄酒佳酿
梅多克官方列级酒庄（1855年）

第1级列级酒庄（5座）

酒庄	AOC
Château Lafite-Rothschild	宝雅克
Château Latour（拉图酒庄）	宝雅克
Château Margaux（玛歌酒庄）	玛歌
Château Haut-Brion	佩萨克－雷奥良（格拉夫）
Château Mouton-Rothschild	宝雅克

第2级列级酒庄（14座）

酒庄	AOC
Château Rausan-Ségla	玛歌
Château Rausan Gassies	玛歌
Château Léoville-Las-Cases	圣朱利安
Château Léoville-Poyferré	圣朱利安
Château Léoville-Barton	圣朱利安
Château Durfort-Vivens	玛歌
Château Lascombes	玛歌
Château Gruaud-Larose	圣朱利安
Château Brane-Cantenac	玛歌
Château Pichon-Longueville-Baron	宝雅克
Château Pichon-Longueville-Lalande	宝雅克
Château Ducru-Beaucaillou	圣朱利安
Château Cos d'Estournel	圣埃斯塔菲
Château Montrose	圣埃斯塔菲

第3级列级酒庄（14座）

酒庄	AOC
Château Giscours	玛歌
Château Kirwan	玛歌
Château d'Issan	玛歌
Château Lagrange	圣朱利安
Château Langoa-Barton	圣朱利安
Château Malescot-St-Exupéry	玛歌
Château Cantenac-Brown	玛歌
Château Palmer	玛歌
Château La Lagune	上梅多克
Château Desmirail	玛歌

酒庄	AOC
Château Calon-Ségur	圣埃斯特菲
Château Ferrière	玛歌
Château d'Alesme（曾用名 Marquis d'Alesme）	玛歌
Château Boyd-Cantenac	玛歌

第4级列级酒庄（10座）

酒庄	AOC
Château St-Pierre	圣朱利安
Château Branaire-Ducru	圣朱利安
Château Talbot	圣朱利安
Château Duhart-Milon-Rothschild	宝雅克
Château Pouget	玛歌
Château La Tour-Carnet	上梅多克
Château Lafon-Rochet	圣埃斯塔菲
Château Beychevelle	圣朱利安
Château Prieuré-Lichine	玛歌
Château Marquis de Terme	玛歌

第5级列级酒庄（18座）

酒庄	AOC
Château Pontet-Canet	宝雅克
Château Batailley	宝雅克
Château Grand-Puy-Lacoste	宝雅克
Château Grand-Puy-Ducasse	宝雅克
Château Haut-Batailley	宝雅克
Château Lynch-Bages	宝雅克
Château Lynch-Moussas	宝雅克
Château Dauzac	上梅多克
Château d'Armailhac	宝雅克
（1956～1988年称为 Château Mouton-Baron-Philippe）	
Château du Tertre	玛歌
Château Haut-Bages-Libéral	宝雅克
Château Pédesclaux	宝雅克
Château Belgrave	上梅多克
Château Camensac	上梅多克
Château Cos Labory	圣埃斯塔菲
Château Clerc-Milon-Rothschild	宝雅克
Château Croizet-Bages	宝雅克
Château Cantemerle	上梅多克

"分级后的葡萄酒被归入5个等级，级与级之间的价格差约为12%。"

——威廉·弗兰克（William Frank）
《梅多克葡萄酒》(Traité Sur les Vins du Médoc)

1855年

1945 年，Château Mouton-Rothschild 的酒瓶上印上了代表胜利的 "V" 字——第二次世界大战终于结束了。自 1924 年起，菲利普·罗斯柴尔德男爵就开始邀请艺术家设计酒标，从 1945 年起每年更新。这个传统被他的女儿菲利普女爵继承了下来。很多世界知名的艺术家都曾为 Mouton-Rothschild 设计过酒标，其中包括：

1947 年：让·谷克多（Jean Cocteau）

1955 年：乔治·布拉克 (Georges Braque)

1958 年：萨尔瓦多·达利 (Salvador Dalí)

1964 年：亨利·摩尔（Henry Moore）

1969 年：若安·米罗（Joan Miró）

1970 年：马克·夏加尔（Marc Chagall）

1971 年：瓦西里·康定斯基 (Wassily Kandinsky)

1973 年：巴勃罗·毕加索 (Pablo Picasso)

1974 年：罗伯特·马瑟威尔 (Robert Motherwell)

1975 年：安迪·沃霍尔（Andy Warhol）

1983 年：索尔·斯坦伯格 (Saul Steinberg)

1988 年：凯斯·哈林（Keith Haring）

1990 年：弗兰西斯·培根 (Francis Bacon)

1991 年：出田节子（Setsuko）

1993 年：巴尔蒂斯（Balthus）

2004 年：查尔斯王子（HRH Charles）

2005 年：吉赛帕·帕诺内 (Giuseppe Penone)

2008 年：徐累（Xu Lei）

2009 年：安尼施·卡普尔 (Anish Kapoor)

2010 年：杰夫·昆斯（Jeff Koons）

2013 年：李禹焕（Lee Ufan）

解读 1855 年分级制度

你或许已经发现，1855 年分级制度有些繁冗，所以我将这份分级酒庄表拆解成了一张简表。我列出级别和产区，再标出各产区在每一级入选的酒庄数量，直至第 5 级。表格也可以反映出哪些产区每级都有酒庄入选，从而较为平均地占有市场。哪怕只是浏览一下我的表格，对你购买波尔多梅多克葡萄酒也会有些帮助：宝雅克在第 1 级和第 5 级都是占位最多的。玛歌在第 3 级中占压倒多数，且总计席位第一。另外，玛歌也是唯一一个每级都有酒庄入选的产区。圣朱利安在第 1 级和第 5 级没有酒庄入选，但在第 2 级和第 4 级实力很强。

1855 年列级列级酒庄简表

产区	第 1 级	第 2 级	第 3 级	第 4 级	第 5 级	总计
玛歌	1	5	10	3	2	**21**
宝雅克	3	2	0	1	12	**18**
圣朱利安	0	5	2	4	0	**11**
圣埃斯塔菲	0	2	1	1	1	**5**
上梅多克	0	0	1	1	3	**5**
格拉夫	1	0	0	0	0	**1**
酒庄总数	5	14	14	10	18	**61**

1855 年分级制度演化史

过去的一个半世纪里，世事变幻莫测。有些葡萄园通过并购毗邻土地，产量增加了一两倍；酒庄的所有权往往也几经易主；另外，像其他行业一样，波尔多酒业经历了跌宕起伏的考验。不过，1855 年分级制度倒是一直风雨无虞。只是这么多年过去了，难免有些变化。下面有 3 个小故事，是为例证。

1920 年，罗斯柴尔德男爵接管了家族的葡萄酒庄，他无法接受罗斯柴尔德的酒庄在 1855 年被定为第 2 级（酒庄被定级两年后才由他的曾祖父买下），认为自己的酒庄从一开始就应当评为第 1 级。他花了 50 年时间争取擢升为顶级酒庄。位列第 2 级酒庄期间，他的座右铭是：

我未能第一，我不甘第二，我是 Mouton。

而酒庄在 1973 年升级后，他更换了座右铭：

我是第一，以往居次，Mouton 故我。

20 世纪 70 年代早期，波尔多酒业正经历财政危机，即使其中的佼佼者玛歌酒庄也未能幸免。酒庄最著名的"第 1 级"葡萄园里最优质的美酒一度质量下滑，原因在于拥有酒庄的家族无法投入足够的资金和时间。1977 年，玛歌酒庄以 1600 万美元被出售给一个希腊和法国联姻的家族——门泽洛普洛斯（Mentzelopoulos）家族，从那时起它出产的葡萄酒才回升至顶级酒庄应有的水准。

圣朱利安产区的 Gloria 酒庄是一个特例，1855 年它尚未创立。20 世纪 40 年代，当时圣朱利安镇的镇长亨利·马丁买了很多"第 2 级"葡萄园的土地。他创立的这个酒庄生产出了顶级葡萄酒，却没有被纳入 1855 年的分级。

别忘了，当今的酿造技术与 1855 年相比已大为不同，葡萄酒的品质当然也随之提升。你会发现，有些 1855 年榜上排名靠前的酒庄如今已稍嫌过誉，有些酒庄则更宜居上。不过，大体而言，即使经过了 150 多年，当年的分级大多数情况下仍然合理地反映了酒的品质和价格。

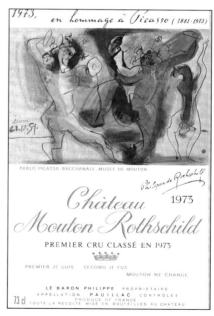

布尔乔亚酒庄 Château Larose-Trintaudon 是梅多克最大的葡萄园，年产葡萄酒 10 万箱。

布尔乔亚酒庄

　　布尔乔亚酒庄是自 1920 年起初次评定的。与官方列级酒庄的稳定性不同，布尔乔亚酒庄随着时间的推移变化很大。1932 年的分级名单上有 444 座酒庄，1962 年却只剩 94 座。梅多克布尔乔亚酒庄的最近一次复审是在 2010 年，目前在榜酒庄 246 座。由于 2000 年、2003 年、2005 年、2009 年、2010 年和 2015 年都是出产佳酿的好年份，今天的布尔乔亚酒庄葡萄酒中有许多性价比极高的葡萄酒。

　　以下是值得关注的布尔乔亚酒庄葡萄酒：

Château Chasse-Spleen	Château Les Ormes-Sorbet
Château Coufran	Château Marbuzet
Château d'Angludet	Château Meyney
Château de Lamarque	Château Monbrison
Château de Pez	Château Patache d'Aux
Château Fourcas-Hosten	Château Phélan-Ségur
Château Greysac	Château Pibran
Château Haut-Marbuzet	Château Pontensac
Château Labégorce-Zédé	Château Poujeaux
Château La Cardonne	Château Siran
Château Larose-Trintaudon	Château Sociando-Mallet
Château Les Ormes-de-Pez	Château Vieux Robin

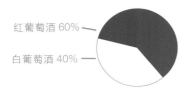

格拉夫葡萄酒产量比例

红葡萄酒 60%

白葡萄酒 40%

1987 年，格拉夫北部设立了一个更高级别的法定产区，被称为佩萨克－雷奥良（红白葡萄酒均有出产）。

在 Smith-Haut-Lafitte 酒庄的一家高级酒店内，客人们可以享受到葡萄树提取物、碾压过的葡萄籽和葡萄籽油等混合物的皮肤护理。

玻美侯葡萄酒的酿酒葡萄主要是美乐，赤霞珠用得很少。

Château Pétrus 1 年酿的酒还不及 Gallo 6 分钟酿得多。

格拉夫顶级酒庄

我们在 1855 年的官方列级榜上已经见过格拉夫最著名的酒庄，它就是 Château Haut-Brion。其他在 1959 年被定为顶级酒庄级的格拉夫红葡萄酒酒庄还有：

Château Bouscaut

Château Carbonnieux

Château de Fieuzal

Château Haut-Bailly

Château La Mission-Haut-Brion

Château La Tour-Martillac

Château Malartic-Lagravière

Château Olivier

Château Pape-Clément

Château Smith-Haut-Lafitte

Domaine de Chevalier

玻美侯

这是波尔多最小的顶级红葡萄酒产区。玻美侯的葡萄酒产量仅为圣艾美浓的 15%，十分稀少。如果你有幸找到一款，想必价格不菲。玻美侯红葡萄酒比较柔和，果香更重，比梅多克红葡萄酒更适合新酿即饮。尽管没有官方分级，还是为大家列出一些市面上最好的玻美侯葡萄酒：

Château Beauregard

Château Bourgneuf

Château Clinet

Château Gazin

Château La Conseillante

Château La Fleur-Pétrus

Château La Pointe

Château Lafleur

Château Latour-à-Pomerol

Château L'Église Clinet

Château L'Évangile

Château Le Pin

Château Nénin

Château Petit-Village

Château Pétrus

Château Plince

Château Trotanoy

Vieux Château-Certan

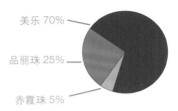

圣艾美浓的葡萄品种比例

美乐 70%

品丽珠 25%

赤霞珠 5%

圣艾美浓

　　圣艾美浓的葡萄酒产量约为梅多克的三分之二，这里是法国最美的地方之一。这里的葡萄酒于 1955 年最终获得官方等级评定，滞后于 1855 年定级整整一个世纪。在此期间，这里出现了 18 座堪与梅多克顶级酒庄媲美的酒庄。

波尔多出产红葡萄酒的其他产区还有：

布拉伊坡（Côtes de Blaye）

布尔坡（Côtes de Bourg）

弗朗萨克（Fronsac）

特级顶级酒庄（Premiers Grands Crus Classés）：

最高级别	Château Canon-La-Gaffelière
Château Angélus	Château Figeac
Château Ausone	Château La Gaffelière
Château Chevâl Blanc	Château La Mondotte
Château Pavie	Château Larcis Ducasse
Château Beau-Séjour-Bécot	Château Pavie Macquin
Château Beauséjour-Duffau-Lagarrosse	Château Troplong Mondot
Château Belair-Monange	Château Trottevieille
Château Canon	Château Valandraud
	Clos Fourtet

除此之外，在美国可以买到的重要的圣艾美浓顶级酒庄酒和其他葡萄酒还有：

Château Bellevue	Château Haut-Corbin
Château Dassault	Château La Tour-Figeac
Château de Ferrand	Château Monbousquet
Château Faugères	Château Pavie Decesse
Château Fombrauge	Château Tertre Daugax
Château Grand-Corbin	Clos des Jacobins

21 世纪的第一个 10 年被认为是波尔多历史上最好的 10 年。

趁你等待上佳年份酒款成熟的时候，比如等着 2009 年、2010 年或 2015 年的波尔多葡萄酒慢慢达到最佳状态的时候，不妨尝尝普通年份如 2011 年或 2012 年的其他波尔多

波尔多每个产酒年份平均出产 6000 万～7000 万箱（7.2 亿～8.4 亿瓶）葡萄酒。

"上佳年份的酒需要一个成熟期，稍逊的酒成熟得比好酒快。前者需要耐心等待，后者则可及时享用……拿新酿来说，评价较低的年份往往比评价较高的年份给人以更畅快的享受。"

——亚历克斯·利希纳（Alexis Lichine）

波尔多酒的年份

现在你已经了解波尔多最棒的红葡萄酒产区，让我们进一步了解最佳年份：

多尔多涅河左岸
梅多克 / 圣朱利安 / 玛歌 / 宝雅克 / 圣埃斯塔菲 / 格拉夫

更早的好年份	上佳年份	好年份
1982	1990	1994
1985	1995	1997
1986	1996	1998
1989	2000	1999
	2003	2001
	2005	2002
	2009	2004
	2010	2006
	2015	2007
		2008
		2011
		2012
		2013
		2014

多尔多涅河右岸
圣艾美浓 / 玻美侯

更早的好年份	上佳年份	好年份
1982	1990	1995
1989	1998	1996
	2000	1997
	2001	1999
	2005	2002
	2009	2003
	2010	2004
	2015	2006
		2007
		2008
		2011
		2012
		2013
		2014

如何挑选波尔多红葡萄酒

还记得吗，波尔多葡萄酒是由多种葡萄混合酿成的。你是想喝美乐风味——圣艾美浓或玻美侯的酒款，还是想喝赤霞珠风味——梅多克或格拉夫的酒款？请记住，在新酿阶段，美乐风味的葡萄酒比较平易近人。

接下来，请考虑你是想立即饮用还是陈贮起来。一款产自好年份的顶级酒庄波尔多葡萄酒，至少需要陈贮10年。低一个等级的布尔乔亚酒庄酒或顶级酒庄酒的副牌酒（Second label），至少需要陈贮5年。地区级酒可以在出产后2～3年内饮用。而酒标上仅有"波尔多级"的酒应当尽快饮用。

最后，确认出产年份。如果你想陈贮，就得选一个好年份。倘若想立即饮用而且想喝到著名酒庄的酒款，不妨选年份稍逊的。假如你想立即饮用并想选择较好的年份，那就不得不选次级酒庄的酒款了。

我想你已经看出来了，并不是所有波尔多葡萄酒都那么昂贵。尽管有些波尔多红酒的确价值不菲，但其实就整体而言，酒款的价格跨度相当大。所以，如果因为对价格的误判，令你错失了寻找并享用高性价比佳酿的机会，那就太遗憾了。我们这就来看看20美元和300美元的波尔多红葡萄酒究竟有何不同。

- 产区
- 葡萄树龄（通常植株越老，风味越好）
- 每株葡萄树的产量（低产量＝高品质）
- 酿造技术（例如，对酒浆在橡木桶中陈贮的时间控制）
- 出产年份

善用金钱的好办法就是采用"倒金字塔法"。比如你喜欢 Château Lafite-Rothschild，也就是侧边栏所示位居金字塔顶的那个，但是你买不起，怎么办？查看出产地，它产自宝雅克。你可以在1855年分级榜里宝雅克的第5级酒庄中选择，如此一来就能选到既能体现该产区风味又相对便宜的酒款。还是太贵吗？那就顺着金字塔再降一个等级，看看宝雅克的布尔乔亚酒庄。还有一个选择，就是买一款酒标上只写着"宝雅克"的酒。

我也并未牢记七千多个酒庄。若在零售店中发现一款从未听说过的酒庄酒，它来自宝雅克，年份好，而且价位在20～25美元，我会将它收入囊中。已知的几个要素情况尚好，一般来说，就不会选错。在葡萄酒的世界里从来没有绝对的答案，一切只在于你的选择。

法国人喝波尔多红葡萄酒太匆忙了。英国人偏爱波尔多红酒陈酿，他们喜欢带着朋友去满是蛛网和积垢的酒窖，以炫耀自己的陈年窖藏。美国人在波尔多红葡萄酒立即可饮时才喝，因为除此之外他们一无所知。

——佚名

Château Lafite-Rothschild
1000～9999美元

宝雅克第5级酒庄
100～999美元

宝雅克布尔乔亚酒庄
10～99美元

宝雅克地区级
1～9美元

酿造第1级的 Château Margaux, Château Latour, Château Lafite-Rothschild 和 Château Mouton-Rothschild 仅使用最好的、不到40% 的葡萄收成，其余的葡萄用来酿造副牌酒。

2011年，罗伯特·帕克主导的波尔多葡萄酒品酒会上，选出了如下酒庄酒款：Château Angelus，Château Brane-Cantenac，Château Clos Fourtet，Château Cos d'Estournel，Château Haut Bailly，Château La Conseillante，Château La Fleur Pétrus，Château Le Gay，Château Léoville-Las-Cases，Château Léoville Poyferré，Château Lynch-Bages，Château Malescot St. Exupéry，Château Palmer，Château Pape Clément，Château Pichon Baron，Château Pichon Lalande，Château Pontet-Canet，Château Rauzan Ségla，Château Smith Haut Lafitte 和 Château Trotanoy。

另一个避免花天价购买波尔多酒庄葡萄酒的方法，是花心思寻觅酒庄的副牌酒。这类酒款的葡萄来自酒庄最新开垦的地块，风格淡雅，成熟期短，最重要的是它比酒庄正牌酒便宜得多。

酒庄	副牌酒
Château Haut-Brion	Le Clarence de Haut-Brion
Château Lafite-Rothschild	Carruades de Lafite
Château Latour	Les Forts de Latour
Château Léoville-Barton	La Réserve Léoville-Barton
Château Léoville-Las-Cases	Le Petit Lion
Château Lynch-Bages	Echo de Lynch-Bages
Château Margaux	Pavillon Rouge du Château Margaux
Château Mouton-Rothschild	Le Petit Mouton
Château Palmer	Alter Ego
Château Pichon Lalande	Réserve de la Comtesse
Château Pichon-Longueville	Les Tourelles de Longueville
Domaine de Chevalier	L'Espirit de Chevalier

波尔多的最近40年

在过去的40年里，葡萄酒世界最具戏剧性的变化是世人对极品波尔多葡萄酒的消费需要。1985年波尔多葡萄酒最大的销售市场是英国，20世纪八九十年代美国和日本也成为重要的市场。而今天，亚洲成了新兴的不断增长的波尔多葡萄酒市场，尤其是中国和韩国。这势必造成波尔多葡萄酒价格的上涨。从某种意义上说，一个时代结束了。我第一次惊喜地发现葡萄酒是我热情的源泉，就是因为一款20年的波尔多陈酿。当时那瓶酒还不到25美元，但对一个大学生来说也是一笔不小的花销，可是花得很值。然而，我怀疑今天是否还有哪个年轻人或任何人愿意花2000美元买一款2005年的Château Latour葡萄酒，而且很可能接下来的10年之内都不能喝！如今，顶级酒庄酒已经成了葡萄酒中的贵族，成了富人才能享有的特权。

话说回来，在其他七千多座酒庄里依然有性价比很好的酒，是我们这些普通人有机会享受的。自1990年以来，顶级酒庄标准已经推广到整片产区，波尔多葡萄酒的整体品质空前提高，尤其是梅多克、圣艾美浓、格拉夫、布尔坡和布拉伊坡。

30美元以下的5款最具价值的波尔多红葡萄酒

Château Cantemerle • Château Greysac • Château La Cardonne •
Château Larose-Trintaudon • Confidences de Prieure Lichine

更完备的清单请翻到第 324 ～ 325 页。

美国前总统尼克松的最爱酒款是 Château Margaux。他经常去纽约著名的 21 Club 享用他中意的 Château Margaux 葡萄酒。

如果你在 1959 年纽约 Four Seasons（四季餐厅）刚开业时去那里吃饭，就有可能喝到 1918 年的 Château Lafite-Rothschild 酒，而你只需付 18 美元，哪怕 1934 年的 Château Latour 酒也只要 16 美元。如果还是超出预算，你还可以买到 9.5 美元一瓶的 1945 年出产的 Château Cos d´ Estournel 酒。

不妨翻到第 351 页的测试题。看看自己对波尔多红葡萄酒的相关知识掌握得如何。

美食配佳酿

"烤羊腿和明火烤鸭胸适合 Château La Louvière 红葡萄酒。"

——Château La Louvière和Château Bonnet的德尼丝·勒顿－穆勒（Denise Lurton-Moulle）

"简单而经典的搭配对波尔多红葡萄酒来说最好！红肉如牛肉和羊羔肉尤其适合，我们宝雅克人很喜欢这种搭配。如果有幸搭配用葡萄树烤出的红肉，那实在是人间难得的美味。"

——Château Lynch-Bages和Château Les Ormes-de-Pez的让－迈克尔·卡奇（Jean-Michel Cazes）

"在 Château Le Pin，星期天的午餐有很多本地产的牡蛎搭配波尔多白葡萄酒，还有葱烤排骨搭配玻美侯、玛歌或 Côtes de France 红葡萄酒。"

——Château Le Pin的雅各布·蒂恩潘（Jacques Thienpont）和菲奥娜·蒂恩潘（Fiona Thienpont）

"鸭胸肉、野蘑菇或葡萄烩几内亚母鸡可搭配波尔多红葡萄酒。"

——Château Carbonnieux的安东尼·佩兰

"搭配波尔多红葡萄酒，尤其是玻美侯红葡萄酒，必选羊肉。"

——克里斯蒂安·莫意克（Christian Moueix）

—— 延伸阅读 ——

奥兹·克拉克（Oz Clarke）著，《波尔多》（Bordeaux）
罗伯特·帕克著，《波尔多》（Bordeaux）
胡波特·杜克（Hubrecht Duijker）和迈克尔·布罗德本特合著，《波尔多葡萄酒汇编》（The Bordeaux Atlas and Encyclopedia of Chateaux）
简·安森（Jane Anson）著，《波尔多传奇》（Bordeaux Legends）
斯蒂芬·布鲁克（Stephen Brook）著，《波尔多全书》（The Complete Bordeaux）
詹姆斯·劳瑟，M.W.（James Lawther, M.W.）著，《波尔多佳酿》（The Finest Wines of Bordeaux）
克莱夫·科茨，M.W. 著，《伟大的葡萄酒》（Grands Vins）

品酒指南

　　波尔多葡萄酒以昂贵和需要陈年窖藏而著称。不过也并不尽然，80% 的波尔多葡萄酒的零售价为 8~25 美元，而且大多数适合在购买时或两年内饮用。我们在此环节品酒时应注意的两个重点是：酒款的级别和它的陈贮情况。

酒 款

波尔多葡萄酒

品鉴四款波尔多葡萄酒

　　1. 波尔多级葡萄酒

　　2. 地区级葡萄酒

　　3. 布尔乔亚级葡萄酒

　　4. 顶级酒庄葡萄酒

副牌酒

品鉴两款相同生产商的葡萄酒

　　5. 任何酒庄级副牌酒

　　6. 任何酒庄级正牌酒

波尔多定级葡萄酒

品鉴三款相同年份的葡萄酒

　　7. 布尔乔亚级葡萄酒

　　8. 第 3 级、第 4 级、

　　　 第 5 级酒庄葡萄酒

　　9. 第 2 级酒庄葡萄酒

陈贮过的葡萄酒

一款酒，单独品尝

　　10. 波尔多陈酿（至少陈贮 10 年）

第六章

美国加利福尼亚州红葡萄酒

再谈加州酒业 ✳ 加州主要的红葡萄品种：

赤霞珠 · 黑比诺 · 馨芳 · 美乐 · 西拉 ✳ 红葡萄产量大增

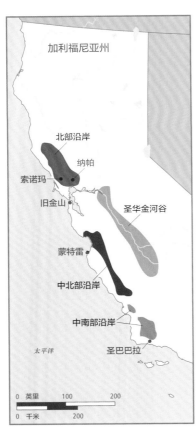

加利福尼亚州

北部沿岸
纳帕
索诺玛
旧金山
圣华金河谷
蒙特雷
中北部沿岸
中南部沿岸
圣巴巴拉
太平洋

0 英里 100 200

0 千米 200

1991 ～ 2013 年，红葡萄酒在美国的销量增长了 125%。

再谈加州酒业

在第二章，我们已经探讨过加州的历史和地理条件，现在不妨回顾一下加州主要的产区（参见侧边栏），再进一步了解加州的红葡萄酒。

下面，我们来深入讨论一个不可回避的问题。

红葡萄酒，还是白葡萄酒？

下图显示了最近 40 年美国的葡萄酒消费情况。1970 年，人们对红葡萄酒的兴趣胜过白葡萄酒。自 20 世纪 70 年代中期至 90 年代中期，消费者的偏好逐渐转向了白葡萄酒。而如今，天平再一次偏向了红葡萄酒。

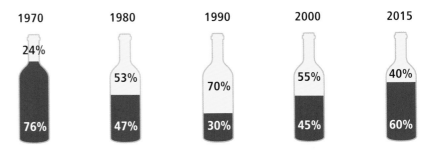

1970	1980	1990	2000	2015
24%	53%	70%	55%	40%
76%	47%	30%	45%	60%

美国在 20 世纪 80 年代遭遇了保健方面的困扰，那时很多人远离肉食和土豆，转而摄入鱼和素食，而清淡的膳食更适合搭配白葡萄酒，于是人们疏远了红葡萄酒。"霞多丽"一度用来指代"一杯白葡萄酒"。当时高品质的葡萄酒并不多见，因而无须窖藏，人们把质量不错的酒混合调制成一杯饮用，霞多丽最受欢迎。今天，新的

时尚又成了赤霞珠、美乐和黑比诺。红葡萄酒消费的这种戏剧性转变，媒体的力量和所谓"法国悖论"的推广也功不可没。

　　而美国红葡萄酒消费增长最重要的原因，或许是加州红葡萄酒的品质达到了空前的水准。还记得 20 世纪 80 年代加州遭遇的葡萄根瘤蚜灾害吗？（见第 119 页）病虫害迫使葡萄园主重栽葡萄树，提高了红葡萄的产量。加州的栽种者也得以优化他们多年来在气候、微观气候、土壤、格架和栽培技术等方面积累的经验。

　　总之，加州红葡萄酒已经跻身世界最佳葡萄酒之列，而且会更上一层楼。

法国悖论

　　20 世纪 90 年代初，电视节目《60 分》曾两次报道一个被称为"法国悖论"的现象：法国人患心脏病的比率低于美国人，但其饮食结构里的脂肪摄入却高于美国人。这是由于法国人日常饮食中有一项是美国人没有的——红葡萄酒。于是，一些研究人员就开始探究红葡萄酒与心脏病患病率之间的关系。不出所料，这档电视节目使得美国的红葡萄酒消费增长了 39%。

除了单宁酸，红葡萄酒里还含有白藜芦醇，经医学研究证明，该物质有抗癌功效。

适量摄入酒精，将提高 HDL（好胆固醇），降低 LDL（坏胆固醇）。

葡萄酒不含脂肪和胆固醇。

納帕河谷实在是红葡萄酒的"国度"，它拥有 33784 英亩红葡萄，10614 英亩白葡萄。赤霞珠是主产葡萄，有 19894 英亩，还有 5734 英亩美乐。

加州主要的红葡萄品种

加州种植的酿酒葡萄超过 30 个品种，其中最主要的有 5 个：赤霞珠、黑比诺、馨芳、美乐和西拉。

赤霞珠

加州种植最成功的红葡萄，它酿出了世界上最高水准的葡萄酒。上好的波尔多红葡萄酒使用的酿酒葡萄中，赤霞珠的比例占压倒多数，例如 Château Lafite-Rothschild 和 Château Latour。几乎所有加州产的赤霞珠酒都是干酒——有的酒体轻盈、适宜立即饮用；有的酒体极为丰满，适宜长期贮存——风格随不同生产商和不同年份各不相同。

笔者偏爱的加州赤霞珠酒品牌有：

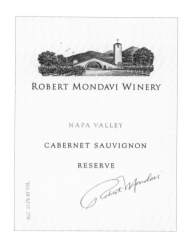

Araujo	Dunn Howell	Peter Michael
Arrowood	Mountain	Pine Ridge
Beaulieu Private	Frank Family	Plump Jack
Reserve	Gallo of Sonoma	Pride Mountain
Beringer Private	Estate	Ridge Monte
Reserve	Groth Reserve	Bello
Bevan	Harlan Estate	Robert Mondavi
Bond	Heitz	Sbragia Family
Brand	Hess Collection	Vineyards
Bryant Family	Hewitt	Schrader
Cakebread	Hundred Acre	Screaming Eagle
Caymus	Jordan	Shafer Hillside
Chappellet	Joseph Phelps	Select
Chateau Montelena	Kongsgaard	Silver Oak
Chateau St. Jean,	La Jota	Spottswoode
Cinq Cépages	Laurel Glen	Stag's Leap Cask
Clos du Val	Lewis	Staglin
Colgin	Mondavi Reserve	Tor
Dalla Valle	Opus One	Trefethen
Diamond Creek	Paul Hobbs	Whitehall Lane
Duckhorn		

酒标上的"Reserve"字样并无法规上的意义。有些酒厂，像 Beaulieu 酒庄和 Robert Mondavi 酒厂，仍然使用"Reserve"来标示特别酒款。Beaulieu 酒庄的"Reserve"表示酿酒葡萄来自某个特定葡萄园。Robert Mondavi 的 Reserve 表示采用特定比例的某几种葡萄混合酿制而成。其他语焉不详的术语还有"cask wine"（窖藏酒），"special selections"（精选）或"proprietor's reserve"（园主特酿）。

近年来纳帕河谷赤霞珠的最佳年份

1994*　1995*　1996*　1997*　1999*　2001**　2002**　2003

2004　2005*　2006**　2007**　2008**　2009**　2010**

2011　2012**　2013**　2014　2015*

* 表示格外出众　** 表示卓越

绝大多数赤霞珠酒混合了其他种类的葡萄，其中以美乐为主。要想在酒标上标出某一葡萄品种，酿酒时必须至少使用 75% 的该种葡萄。

消费者可以买到的加州赤霞珠酒超过 1000 种。

更早的赤霞珠上佳年份有：

1985 年、1986 年、1987 年、1990 年、1991 年

"黑比诺是詹姆斯·乔伊斯，赤霞珠则是查尔斯·狄更斯。都很受欢迎，只是其中一个比较容易理解。"
——《品醇客》(Decanter) 杂志

"正如你所见，这是一种很难种植的葡萄，对吧？它……呃……它的皮很薄，状态十分不稳定，可能很早就成熟。它不像，你知道的，它不像赤霞珠那样容易存活。赤霞珠在任何地方都能生长，就算没人管也能长得蓬勃茂盛。"
——迈尔斯（Miles）
电影《杯酒人生》对白

黑比诺

有时又被称为"令人头疼"的葡萄，因为它生性娇贵。黑比诺状态不稳，维护费用高昂，种植和酿造都殊为不易。这种原产于法国勃艮第的上等葡萄，酿出的名酒有玻玛、夜－圣乔治和香贝丹，也是法国香槟地区的主要品种之一。在美国的加州，为了找到最适合黑比诺生长的地区并完善发酵技术，栽种者经历了多年坚持不懈的尝试，使一些黑比诺酒款的品质已臻佳酿之境。黑比诺葡萄中所含单宁酸通常少于赤霞珠，成熟得也较快，往往只要 2~5 年。种植这种葡萄需额外支出费用，所以加州上好的黑比诺葡萄酒比其他品种的价格要高。种植黑比诺面积最大的 3 个县分别是：

索诺玛	蒙特雷	圣巴巴拉
（11000 英亩）	（6204 英亩）	（3401 英亩）

笔者偏爱的加州黑比诺酒品牌有：

Acacia	Gary Farrell	Patz & Hall
Artesa	Goldeneye	Paul Hobbs
Au Bon Climat	J. Rochioli	Pisoni
Brewer-Clifton	Kosta Browne	Robert Sinskey
Byron	Littorai	Rochioli
Calera	Lucia	Saintsbury
Dehlinger	Marcassin	Sanford
Donum	Melville	Sea Smoke
Etude	Merry Edwards	Siduri
Flowers	Morgan	Talley
Foxen	Papapietro-Perry	Williams Selyem

近年来黑比诺的最佳年份

索诺玛：2007* 2008 2009** 2010** 2011 2012* 2013** 2014* 2015*
卡尼洛斯：2008* 2009* 2010 2011 2012* 2013** 2014* 2015*
圣巴巴拉：2008 2009* 2010** 2011 2012* 2013* 2014* 2015
蒙特雷：2008* 2009** 2010* 2011 2012* 2013* 2014**

* 表示格外出众　** 表示卓越

馨芳

这是加州酿酒产业历史上非常重要的葡萄品种，早期曾被用来酿造普通酒和大瓶装酒。然而，过去的 30 年里，它已跻身最优质的红葡萄品种之列。挑选馨芳葡萄酒的难点在于，有太多可选择的风格。生产商不同，酒款风格既可能是刺激强劲、丰厚醇熟、高酒精浓度、凝重、浓郁且单宁酸充盈，也可能是另一极端——清淡而富有果香。更不用说白馨芳酒了。

笔者偏爱的馨芳酒品牌有：

Bedrock	Martinelli	Roshambo
Carlisle	Mazzocco	Sbragia
Cline	Merry Edwards	Seghesio
Dehlinger	Rafanelli	Signorello
Dry Creek Winery	Ravenswood	St. Francis
Hartford Family	Ridge	Turley
J. Rochioli	Rosenblum	

近年来北部沿岸馨芳的最佳年份
2003* 2005 2006* 2007* 2008** 2009*
2010* 2011 2012* 2013* 2014** 2015**
* 表示格外出众 ** 表示卓越

加州至今还有树龄超过 150 年的馨芳葡萄用于酿酒。

有些馨芳酒的酒精浓度会超过 16%。

Rosenblum 酒庄每年酿造 10 种馨芳葡萄酒。

最近的 DNA 研究结论显示，馨芳葡萄和意大利的普米蒂沃（Primitivo）是同一种属。

在美国，白馨芳葡萄酒与红馨芳葡萄酒的销量比例为 6：1。

卓越的加州桃红葡萄酒
Bonny Doon Vin Gris de Cigare
Etude Pinot Noir Rosé
Frog's Leap La Grenouille
Rouganté
SoloRosa

1960 年的加州只有**两英亩美乐葡萄**，如今已接近 45000 英亩。

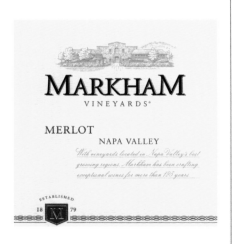

美乐

　　由于美乐的单宁酸更为平顺，质感更为柔和，许多年以来，在美国加州，美乐一直被认为只能同赤霞珠混合酿酒。如今的美乐赢得了独一无二的尊贵地位。在加州的红葡萄品种中，美乐在过去 20 年的发展速度最快。它酿出的酒柔和圆润，通常不需要像赤霞珠一样陈贮。由于美乐的成熟期早，又很容易搭配食物，因此亦是各大餐厅点单率最高的葡萄酒之一。

　　笔者偏爱的北部沿岸美乐酒品牌有：

Beringer	Hourglass	Pine Ridge
Carter	Lewis Cellars	Plumpjack
Chimney Rock	Luna	Pride
Clos du Bois	Markham	Provenance
Duckhorn	Matanzas Creek	Shafer
Franciscan	Newton	St. Francis
Havens	Palamo	Whitehall Lane

近年来北部沿岸美乐的最佳年份

2002*　2004*　2005*　2007*　2008　2009**　2011
2012*　2013*　2014*　2015

* 表示格外出众　** 表示卓越

西拉

　　法国罗纳河谷的主要品种之一，酿成了一些世界上最优秀、历史最悠久的酒款。西拉在澳大利亚被称为 Shiraz。美国人尤其爱它馥郁辛烈的口味，销量很高。这个品种也极其适合在阳光充足、气候温暖的加州种植。

　　笔者偏爱的西拉酒品牌有：

Alban	Epoch	Peay
Bonny Doon	Fess Parker	Phelps
Cakebread	Foxen	Qupe
Clos du Bois	Justin	Saxum
Copain	Lagier Meredith	Sine Qua Non
Dehlinger	Lewis	Tablas Creek
Dumol	Neyers	Viader
Edmunds St. John	Ojai	Wild Horse
Enfield	Pax	Zaca Mesa

> 在罗纳河谷，西拉常常和歌海娜或其他主流的葡萄品种混合起来酿制。

在加州种植的西拉葡萄中，以圣路易斯鄂毕坡和索诺玛的种植面积最大。

近年来加州西拉葡萄酒的最佳年份

中南部沿岸：2006*　2007*　2008**

2009**　2010**　2011　2012　2013*　2014*

北部沿岸：2004**　2006**　2007**　2008*

2009**　2010*　2011　2012*　2013*　2014*

* 表示格外出众　** 表示卓越

截至 2015 年，加州的红葡萄种植面积为 290914 英亩，白葡萄种植面积为 175054 英亩。

红葡萄产量大增

下表显示了加州的几个主要红葡萄品种种植面积的变化，以及增长情况。加州酒业的快速增长令人瞩目。

加州酿酒用红葡萄种植面积 (单位: 英亩)

品种	1970 年	1980 年	1990 年	2015 年
赤霞珠	3200	21800	24100	87972
美乐	100	2600	4000	44460
黑比诺	2100	9200	8600	42812
西拉	0	0	400	18476
馨芳	19200	27700	28000	47827

美瑞塔吉葡萄酒主流酒款：
Cain Five
Dominus（Christian Moueix）
Insignia（Phelps Vineyards）
Magnificat（Franciscan）
Opus One（Mondavi/Rothschild）
Trefethen Halo

美瑞塔吉葡萄酒

美瑞塔吉即 Meritage，这个词由 merit（美物）和 heritage（遗产）组成，是指在美国本土，用经典波尔多葡萄品种混合酿造的红白葡萄酒。酿酒师们不愿受限于"使用酒标标明的葡萄品种不应少于 75%"的法规限制，因而创造了这样一个类别。酿酒师们自信可以用不同的混合比例酿出好酒，比如 60% 的主品种加 40% 的副品种。美瑞塔吉的酿酒师于是享有了与波尔多酿酒师同等的自由。

该类别的酿酒用红葡萄品种包括：

赤霞珠　　美乐　　品丽珠　　小维铎　　马贝克

白葡萄品种则包括：

长相思　　赛美蓉

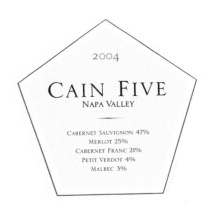

加州红葡萄酒的风格

若想购买加州产的赤霞珠、黑比诺、馨芳、美乐、西拉或是美瑞塔吉葡萄酒，只看酒标是无法了解酒款风格的。除非正好了解某个品牌，否则你会因反复尝试陌生酒款而不知所措。其实，如果你知道同一种葡萄能酿出风格截然不同的酒，就会明白反复品尝根本无济于事。

加州大约有 2800 家酒厂，其中过半的酒厂都生产红葡萄酒，它们不断更新风

在喧嚣的葡萄酒世界里，罗伯特·蒙达维和菲利普·罗斯柴尔德男爵联袂推出了 Opus One 这个品牌。

它是波尔多与纳帕河谷葡萄酒的合体。Opus One 以波尔多风格调配，混合了生长在纳帕河谷的葡萄品种。Opus One 最早在罗伯特·蒙达维位于纳帕河谷的酒厂生产，不过现在已经跨过 29 号公路，进驻专属的独立酒厂了。

格，推出新的酒款，你根本不可能及时了解。所幸，如今越来越多的酒厂在酒标上注明更多重要信息，例如是否应当陈贮、何时适宜饮用，以及食物搭配方案。为了避免不愉快的采购经历，一定要选对零售商，卖家要懂酒，还要理解顾客的需要。

加州红葡萄酒的陈贮效果

新出产的加州红葡萄酒，在口感上比适当陈贮过的波尔多酒还要出色。这是加州红葡萄酒，尤其在餐厅，销售势头一直强劲的一大原因。

加州红葡萄酒亦适宜陈贮，产自最佳酒厂的赤霞珠和馨芳更是如此！赤霞珠的

在"Beaulieu 酒庄私藏"50 周年庆典上，两天的时间里，我们和酿酒师安德烈·柴里斯契夫（André Tchelistcheff）尝遍了 1936～1986 年所有年份的酒款。参会的每个人对如许年份的美好窖藏效果都感到非常惊讶。

葡萄酒收藏者掀起热潮，以天价购买加州一些小酒厂的赤霞珠葡萄酒。这些狂热的酒厂生产价格不菲、产量极少的葡萄酒。

Araujo	Harlan Estate
Abreau	Scarecrow
Bond	Schrader
Bryant Family	Screaming Eagle
Colgin Cellars	Sine Qua Non
Dalla Valle	Sloan

纳帕河谷平均地价今昔对比
1970 年：2000～4000 美元（每英亩）
2016 年：150000～400000 美元（每英亩）

近年来，加州有一些很好的酒厂已售出：Mayacamas、Clos Pegase、Qupe 和 Araujo。

不妨翻到第 351 页，看看自己对加州红葡萄酒的相关知识掌握得如何。

—— 延伸阅读 ——
马特·克拉姆著，《理解加州葡萄酒》（*Making Sense of California Wine*）
乔恩·波恩著，《加州最新葡萄酒》（*New California Wine*）
詹姆斯·哈利戴著，《加州葡萄酒地图》（*The Wine Atlas of California*）
鲍勃·汤普森著，《葡萄酒地图——加州及太平洋西北沿岸》（*The Wine Atlas of California and the Pacific Northwest*）
詹姆斯·劳贝著，《葡萄酒观察家之加州葡萄酒》（*Wine Spectator's California Wine*）
迈克·德西蒙、杰夫·詹森（Jeff Jenssen）合著，精装版《加州葡萄酒》（*Wines of California, Deluxe Edition*）

陈酿，最早的有 20 世纪 30 年代、40 年代和 50 年代的，绝大部分都很好，有些还很出众，证明了赤霞珠的长寿。出自好酒厂、好年份的馨芳和赤霞珠至少需要陈贮 5 年才适宜饮用，如果继续陈贮 10 年，它们会越发美味。也就是说，你至少要等 15 年才能享受到至味。

最近 40 年加州葡萄酒的发展

特定的葡萄品种如今已与特定的产区（AVA）和私人酒庄联系起来。纳帕河谷的赤霞珠和美乐，安德森河谷、卡尼洛斯、蒙特雷、圣巴巴拉、索诺玛的黑比诺，西拉的最佳产地则是中南部沿岸，特别是圣路易斯鄂毕坡。

尽管加州的酿酒业已经开创了局面，酿酒师们却并未放弃新的尝试。这些年加州的新葡萄品种层出不穷，让我们期待更多使用巴贝拉、歌海娜、慕合怀特，以及西拉这类葡萄品种酿造的新酒。

最近 40 年酒精浓度的改变值得关注，红葡萄酒尤其如此。世界上大多数葡萄酒都提高了酒精浓度，加州尤为突出。许多酿酒师酿出了酒精浓度超过 15% 的葡萄酒！这样的改变影响了原有的均衡，酒精遮盖了葡萄果实的优雅风味。

30 美元以下的 5 款最具价值的加州红葡萄酒

Beaulieu Cabernet Sauvignon • Bonny Doon "Le Cigare Volant" • Frog's Leap Merlot • Louis M. Martini Cabernet Sauvignon • Ridge Sonoma Zinfandel

更完备的清单请翻到第 318 ~ 319 页。

美食配佳酿

"嫩羊肉、松鸡或驯鹿肉等野味配赤霞珠。猪腰或口味较清淡的野味，比如野鸡等配黑比诺。"

——玛格利特·比弗（Margrit Biever）
和罗伯特·蒙达维

"烤羊肉和口味繁茂的赤霞珠搭配很好，赤霞珠还可以配鸭胸肉或烤乳鸽加野生蘑菇。干酪类的菜，可以选羊乳干酪配成熟的赤霞珠，最好是圣安德鲁和塔雷吉欧这样口感微妙的乳酪。"

——汤姆·乔丹

"推荐羊腿肉加稀玉米粥配美乐新酒，或者明火烤鸭和菰米加波特沙司也很不错。我们最爱烧烤羊腿加点柔和的果香型辣酱。陈年的美乐应安排在餐尾，我们还喜欢来点卡姆博佐拉乳酪和热核桃。"

——玛格丽特·达克豪恩（Margaret Duckhorn）
和丹·达克豪恩（Dan Duckhorn）

DUCKHORN VINEYARDS

2005
NAPA VALLEY
MERLOT

"烤熟的精牛肉可以搭配赤霞珠，不管你信不信，我觉得巧克力或巧克力味的曲奇也很配赤霞珠。填料去皮的猕猴桃浸马德拉沙司烤鹌鹑，或者嫩猪腰肉加果香型沙司都可以搭配黑比诺。"

——珍妮特·特雷费森（Janet Trefethen）

"精制意大利烩饭加佩塔卢马的鸭肉配馨芳。摩洛哥羊肉加无花果配陈年赤霞珠。"

——Ridge酒庄的保罗·德拉普
（Paul Draper）

"羊肉或小牛肉加清淡口味沙司配赤霞珠。"

——Stag's Leap Wine Cellars的沃伦·维尼亚斯基（Warren Winiarski）

"黑比诺几乎无所不能，不过我喜欢搭配明火烤的鸡、火鸡、鸭、野鸡、鹌鹑。可用灌木架烤。鱼类如三文鱼、金枪鱼或笛鲷也很棒。"

——Calera Wine Co.的乔希·延森（Josh Jensen）

"迷迭香沙司烩制的索诺玛春季羊肉或羊排，非常适合赤霞珠。"

——理查德·阿罗伍德（Richard Arrowood）

"我最喜欢与馨芳酒搭配的食物组合是腌渍的蝶形羊腿肉。将处理好的羊腿放入塑料袋，倒半瓶Dry Creek馨芳酒、一杯橄榄油、6瓣捣碎的蒜、盐和胡椒。腌渍数小时或放放冰箱隔夜。取出烧烤至半熟，趁烧烤时在腌泡的酱汁里调入几勺黄油。真是太美味了。"

——Dry Creek酒庄的大卫·斯戴尔

"上好牛里脊烧烤后加日本酱油、姜、芝麻调成的沙司，鹿肉或用橄榄油调制的烤牛肉加迷迭香调味，羔羊肉配赤霞珠都是不错的选择。不过，如果是一款上好赤霞珠，我宁愿只倒一杯酒，不用搭配任何食物，一本书足矣。"

——Chateau Montelena酒厂的博·巴瑞特

"搭配赤霞珠，可以试试味浓的意大利烩饭，加点野生蘑菇更好。"

——Laurel Glen酒庄主人兼酿酒师帕特里克·坎贝尔（Patrick Campbell）

"享用纳帕河谷Cakebread赤霞珠时，我会搭配三文鱼加土豆脆片，或香草烤农庄羊肉配土豆泥，再来点红酒沙司。"

——杰克·卡布瑞

"我喜欢用赤霞珠配架烤牛肉、羊肉或嫩鸭肉。"

——Sbragia Family酒庄酿酒师埃德·斯布拉贾

"邓杰内斯蟹肉饼、架烤羊肉、烤猪肉、意式饺子可搭配索诺玛St. Francis珍藏美乐酒。也可以试试通心粉、蔬菜浓汤、扁豆汤、鹿肉、剔骨嫩排和凯撒沙拉。"

——St. Francis的酿酒师汤姆·麦基（Tom Mackey）

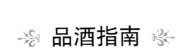

品酒指南

　　将前 6 款酒倒入酒杯，你可以清楚地看到黑比诺、馨芳和美乐葡萄酒在颜色方面的区别。品尝这 6 款酒之后，从中找出你喜欢的。那就是你的心动酒款。

酒 款

美国黑比诺葡萄酒

品鉴两款同年份黑比诺葡萄酒

　　1. 卡尼洛斯黑比诺葡萄酒

　　2. 俄勒冈州黑比诺葡萄酒

加州馨芳葡萄酒

品鉴两款同年份馨芳葡萄酒

　　3. 索诺玛馨芳葡萄酒

　　4. 纳帕馨芳葡萄酒

美国美乐葡萄酒

品鉴两款同年份美乐葡萄酒，比较

　　5. 华盛顿州美乐葡萄酒

　　6. 纳帕美乐葡萄酒

加州赤霞珠葡萄酒

一款酒，单独品尝

　　7. 纳帕河谷赤霞珠葡萄酒（风格适中且价格适中）

加州赤霞珠葡萄酒

品鉴三款赤霞珠葡萄酒（盲品）

　　第 8、9、10 款酒可以按不同年份、不同价位或加州不同产区来区别品鉴。

赤霞珠陈酿

一款酒（8 年以上），单独品尝

　　11. 纳帕河谷赤霞珠葡萄酒。

理解西班牙葡萄酒

西班牙拥有数千年葡萄种植及葡萄酒酿造的历史，是世界第三大葡萄酒生产国，位列法国和意大利之后。不过，就种植面积而言，西班牙超越了所有国家——有近300万英亩葡萄园！

自1986年加入欧盟以来，西班牙的葡萄园和酒厂获得了资金注入，受益良多。现代技术，包括不锈钢桶发酵技术和新型格架系统，也促进西班牙各产区酿出了品质出众的葡萄酒。西班牙气候干燥，常常受到旱灾影响，尤其是中部和南部。为了降低这一不利因素造成的影响，西班牙自1996年起通过立法确认了葡萄园汲水灌溉的合法性，这一措施大大提高了西班牙葡萄酒的品质和产量。

西班牙的酒厂有近800个，但80%的葡萄酒都产自其中的几个酒厂。

西班牙的其他葡萄酒产区

比左（Bierzo）
卡斯提亚-拉曼查（Castilla-La Mancha）
胡米亚（Jumilla）
纳瓦拉（Navarra）
托罗（Toro）

丹魄和精红是同一种葡萄在里奥哈和杜罗河的不同叫法。

——编者注

歌海娜在西班牙被称为 Garnacha，在法国称作 Grenache，阿维尼翁充当欧洲天主教中心时由西班牙人带入法国。

Finca 意思是"农庄"。

Vinos de pagos 的意思是"产自独立酒庄"。

你偶尔会发现酒标上有"Joven"字样，它表示酒款未经橡木桶陈贮，或者短暂陈贮，可立即饮用。

西班牙种植的葡萄品种超过 600 个，以下是在零售店和餐厅里最容易看到的：

西班牙本土品种		引进品种	
白	红	白	红
阿尔巴利诺	丹魄	霞多丽	赤霞珠
韦尔德贺	（又称精红 [Tinto Fino]）	长相思	美乐
马卡贝奥	歌海娜		西拉
（Macabeo	莫纳斯特雷尔		
又称维尤拉 [Viura]）	佳丽酿		

西班牙于 1970 年建立了原产地名号监控制度（DO），1982 年又经过重新审定。和法国法定原产地命名制度、意大利法定产区分级制度（DOC）相似，西班牙也规定了每个产区的边界、葡萄品种、酿造方式、单位面积产量，最重要的是规定了出售前的陈贮时间。如今的西班牙共有 69 个 DO 产区和两个优质产区（Denominación de Origen Calificada）——里奥哈与普里奥拉。

以下是西班牙最重要的产区及其主要葡萄品种：

产区	品种
里奥哈	丹魄
杜罗河	精红
佩内德斯（Penedès）	马卡贝奥、赤霞珠、佳丽酿、歌海娜
普里奥拉（Priorat）	歌海娜、佳丽酿
卢埃达（Rueda）	韦尔德贺
下海湾（Rías Baixas）	阿尔巴利诺
赫雷斯（雪利）	巴罗米诺（Palomino）

我们将在下一章专门介绍雪利酒，所以先把赫雷斯放在一边。从里奥哈开始，它位于西班牙北部，靠近西班牙和法国边界。

里奥哈

里奥哈距离波尔多不到 200 英里，19 世纪以来就受到波尔多酿造风格的影响。19 世纪 70 年代，葡萄根瘤蚜自北向南肆虐，波尔多酿酒业几乎被彻底毁灭。那时，许多波尔多的酿酒师和葡萄园主都搬到了里奥哈，那里尚未爆发根瘤蚜虫害，而且气候和种植条件与波尔多相似。他们在那里建起葡萄园和酒厂，由此影响了当地的酿酒方式，这种影响至今仍在里奥哈酿酒业中延续着。

尽管西班牙各地的葡萄酒风格层出不穷，里奥哈依旧是这个国家首屈一指的红葡萄酒产区，出产的葡萄酒品质好且产量较大，当之无愧地跻身世界最好的葡萄酒产区之列。如今里奥哈的葡萄种植面积已经超过 15 万英亩，41% 的葡萄树都是过去 10 年新种的。里奥哈不断地对传统风格加以改良，推出多种品质和等级的系列酒款，同时在价格上赢得新老葡萄酒爱好者。里奥哈新推出的葡萄酒具有更强劲、更凝重的"现代风格"。出产这类风格酒款的酒厂有：Allende，Palacios，Remelluri，Remirez de Ganuza，Remondo。

里奥哈主要的红葡萄品种为：

丹魄　　歌海娜

不过，里奥哈葡萄酒酒标上不一定标有葡萄品种，也没有官方等级评定，其主要的 3 个等级是：

佳酿（Crianza）：陈贮两年后上市，至少在橡木桶中培养 1 年。（1～9 美元）

珍藏（Reserva）：陈贮 3 年后上市，至少在橡木桶中培养 1 年。（10～99 美元）

特级珍藏（Gran Reserva）：陈贮 5～7 年后上市，至少在橡木桶中培养两年。（100~999 美元）

佳酿

珍藏

特级珍藏

世界上最好的葡萄酒博物馆坐落于里奥哈的布里翁内斯（Briones）。非常值得一去，一整天恐怕都难以尽兴。

挑选里奥哈葡萄酒

挑选里奥哈葡萄酒时，你只需要知道等级和酿酒师或发货商的声誉。还可以通过商标的名字来熟悉里奥哈葡萄酒。以下列出了不错的酒厂以及他们的知名品牌。

Baron de Ley

Bodegas Bretón

Bodegas Dinastía Vivanco

Bodegas Lan

Bodegas Montecillo

Bodegas Muga (Muga Reserva,
　Prado Enea, Torre Muga)

Bodegas Remírez de Ganuza

Bodegas Riojanas (Monte Real,
　Viña Albina)

Marqués de Cáceres

Bodegas Roda

Bodegas Tobía

Contino

CVNE (Imperial, Viña Real)

El Coto

Finca Allende

Finca Valpiedra

La Rioja Alta (Viña Alberdi,
　Viña Ardanza)

López de Heredía

Palacios Remondo

Marqués de Murrieta   Remelluri

Marqués de Riscal   Señorio de San Vicente

Martínez Bujanda   Ysios

    (Conde de Valdemar)

美国的三大西班牙酒进口商是 Steve Metzler（西班牙经典葡萄酒）、Jorge Ordoñez（西班牙上佳酒庄葡萄酒）、Eric Solomon（欧洲窖藏葡萄酒）。

近年来里奥哈葡萄酒的最佳年份
1994* 1995* 2001** 2004** 2005** 2006 2008
2009* 2010** 2011* 2012* 2013 2014 2015
* 表示格外出众 ** 表示卓越

Marqués de Murrieta 是里奥哈的第一家商业酒厂，创立于 1852 年。

《葡萄酒观察家》杂志将 Imperial 的 2004 年特级珍藏酒评选为 2014 年度世界最佳葡萄酒。

2016 年，里奥哈有超过 500 家酒厂。

一些里奥哈顶级酿酒师认为，2001 年和 2004 年是他们品尝过的最佳年份。

Aalto 1999 年第一次出酒,由 Vega Sicilia 的前任传奇酿酒师马里亚诺·加西亚 (Mariano Garcia) 和他的合作伙伴贾维尔·扎卡尼尼 (Javier Zaccagnini) 创立。目前生产两种酒:Aalto 和 Aalto PS.,酒评家认为两款酒都值得收藏。

你会在西班牙的一些酒标上发现一个词"Cosecha"。意思是"收获"或"产酒年份",也可能意味着某款酒在桶内陈贮时间较短,经常被生产商用来形容具有"现代风格"的葡萄酒。

杜罗河

杜罗河产区主要的红葡萄品种有:

赤霞珠	美乐
歌海娜	丹魄
马贝克	

本书初版面市时,杜罗河产区的大多数酒款都是联合生产的。除了西班牙最著名的 Vega Sicilia 酒厂,自 19 世纪 60 年代起就已独立产酒。到了 20 世纪 80 年代初,Pesquera 获得葡萄酒刊物的盛赞,由此奠定了杜罗河产区繁荣发展的基础,刺激了酒款品质的提高。今天,该产区已拥有超过 270 家酒厂,近 5 万英亩葡萄种植园,新一代优秀的酿酒师也层出不穷。该产区酒款的建议陈贮时间与里奥哈类似(依其所属佳酿级、珍藏级或特级珍藏而有所不同)。

笔者偏爱的杜罗河地区生产商:

Aalto	Bodegas Matarromera	Montecastro
Abadía Retuerta	Condado de Haza	Pago de los
Alejandro Fernandez	Dominio de Pingus	Capellanes
Arzuaga	García Figuero	Pesquera
Bodegas Emilio Moro	Hacienda Monasterio	Vega Sicilia
Bodegas Felix Callejo	Legaris	Viña Mayo
Bodegas Los Astrales		

近年来杜罗河葡萄酒的最佳年份

1996* 2001** 2004** 2005** 2009*

2010** 2011 2012** 2013* 2014 2015*

* 表示格外出众 ** 表示卓越

佩内德斯 ❧

　　佩内德斯紧邻巴塞罗那，出产一种著名的起泡酒"卡瓦"（Cava）。就像法国的香槟一样，卡瓦也有属于自己的 DO 产区。

　　佩内德斯的主要葡萄品种有：

用于卡瓦酒	用于红葡萄酒	用于白葡萄酒
霞多丽	赤霞珠	霞多丽
马卡贝奥	歌海娜	马卡贝奥
帕雷亚达（Parellada）	美乐	帕雷亚达
沙雷洛（Xarel-lo）	丹魄	雷司令 琼瑶浆

　　在美国最有名的两款西班牙起泡酒是 Codorníu 和 Freixenet，这二者也是世界上最大的瓶内发酵起泡酒生产商。（Freixenet 的品牌拥有者费勒 [Ferrer] 家族也出产 Segura Viudas 卡瓦酒，你或许已在酒水零售店中见过了。）在以传统方法酿造的起泡酒中，这两款酒的价格非常合理。

　　除了卡瓦，佩内德斯也因高质量餐酒而闻名。主要的生产商是桃乐丝家族，这个名字已经成了质量可靠的代名词，著名酒款是 Gran Coronas Black Label，以 100% 赤霞珠酿成，罕见而昂贵。不过桃乐丝家族也生产各种类型以及各个价位的优质葡萄酒。

　　笔者偏爱的佩内德斯生产商：

Albet i Noya　　　　　　　　Marques de Monistrol

Jean Leon　　　　　　　　　Torres (Mas La Plana)

普里奥拉今昔对比
1995 年：16 家酒厂
2016 年：102 家酒厂

阿瓦洛·帕拉西奥斯（Alvaro Palacios）是
西班牙葡萄酒业界标新立异的人物。他在里
奥哈开办了家族酒厂，又向普里奥拉和比
左（Bierzo）拓展。他的努力实现了这两个
产区的复兴。他的普里奥拉葡萄酒 L´Ermita
是西班牙最昂贵、最受好评的葡萄酒之一。
如果你追求较高的性价比，可以试试 Finca
Dofi，性价比最佳的非 Les Terrasses 莫属。

普里奥拉葡萄酒的酒精浓度至少是 13.5%。

普里奥拉

　　普里奥拉坐落在佩内德斯以南，这里是西班牙酒业复兴的一个缩影。天主教加尔都西会的僧侣经营普里奥拉的葡萄园达 800 年之久，直到 19 世纪早期政府将土地拍卖给当地农户。到了 19 世纪晚期，葡萄根瘤蚜肆虐，农户被迫停种葡萄，改种榛子和杏仁。1910 年时，当地绝大多数葡萄酒都是联合酿造的。而再往前追溯25 年，普里奥拉仍主要以酿造宗教仪式用酒而闻名。

　　20 世纪 80 年代末，一些最知名的西班牙葡萄酒生产商，包括 René Barbier 和 Alvaro Palacios，开始整顿恢复旧式的加尔都西会葡萄园。如今，普里奥拉已是许多西班牙顶级红葡萄酒的产区，西班牙政府也已于 2003 年授予普里奥拉优质 DO 产区资格。普里奥拉葡萄园的海拔都在 1000 ~ 3000 英尺，葡萄园大多位于陡坡，很难实现机械化采摘，因此骡子被广泛使用——就像许多年前那样！

　　普里奥拉红葡萄酒的主要葡萄品种有：

西班牙本土品种	其他品种
歌海娜 佳丽酿	赤霞珠 美乐 西拉

　　普里奥拉葡萄酒产量低、需求量也不高，所以很难找到物美价廉的酒款，销量最好的酒款要一百多美元。

　　笔者偏爱的普里奥拉生产商：

Alvaro Palacios	Clos Martinet	Mas La Mola
Clos Daphne	Clos Mogador	Pasanau
Clos de L'Obac	La Conreria D'Scala Dei	Vall Llach
Clos Erasmus	Mas Igneus	

近年来普里奥拉葡萄酒的最佳年份

2001**　2004**　2005**　2006*　2007　2008
2009*　2010**　2011　2012　2013　2014　2015*

* 表示格外出众　** 表示卓越

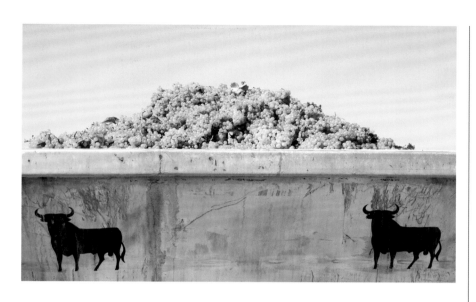

西班牙的白葡萄酒

卢埃达

卢埃达位于马德里西北部，这里的葡萄酒已经驰名数百年。直到 20 世纪 70 年代，这里的葡萄酒仍以巴罗米诺葡萄酿造的加烈酒为主——与雪利酒的风格类似。"现代风格"的卢埃达干白葡萄酒果香浓郁、清新爽口，由韦尔德贺、维尤拉，或偶尔用长相思葡萄酿成。

下海湾

位于西班牙加利西亚自治区（Galicia）的圣地亚哥－德孔波斯特拉古城附近，在葡萄牙北面。下海湾从 20 世纪 80 年代开始生产优质的白葡萄酒，90% 的白葡萄酒使用阿尔巴利诺葡萄酿成。

不妨翻到第 353 页的测试题，看看自己对西班牙葡萄酒的相关知识掌握得如何。

---- 延伸阅读 ----

杰瑞米·沃特森（Jeremy Watson）著，《西班牙最新和经典葡萄酒》（*The New and Classical Wines of Spain*）

约翰·拉德福（John Radford）著，《新西班牙》（*The New Spain*）

乔斯·皮宁（José Peñín）编著，《皮宁西班牙葡萄酒指南》（*Peñín Guide to Spanish Wine*）

吉泽斯·巴尔金（Jesus Barquin）、路易斯·古铁雷斯（Luis Gutierrez）、维克托·德·拉·塞尔纳（Victor de la Serna）合著，《里奥哈与西班牙西北部》（*Rioja and Northwest Spain*）

30 美元以下的 5 款最具价值的西班牙红葡萄酒
Alvaro Palacios Camins del Priorat • Bodegas Monticello Reserva • El Coto Crianza • Pesquera Tinto Crianza • Marqués de Cáceres Crianza

更完备的清单请翻到第 330 ～ 331 页。

在意大利，超过 100 万的葡萄栽种者，打理着 200 万英亩的广大葡萄园。

意大利三大产区的产量比例
威尼托（17.7%）
皮埃蒙特（17.1%）
托斯卡纳（10.7%）

意大利 DOC 酒有三百多种，占所有葡萄酒的 20%。

意大利 DOC 酒中 60% 为红葡萄酒。

理解意大利红葡萄酒

意大利已有超过 3000 年的酿酒历史，是世界最大的葡萄酒生产国之一。（法国与意大利每年都为竞争这把头名交椅激烈角逐。）这里的葡萄园比比皆是。正如一位意大利葡萄酒零售商所说："这哪里是一个国家，这里从南到北简直就是个大葡萄园。"

不论是宜细品的臻选酒，还是宜畅饮的日常酒，意大利葡萄酒有适合任何场合的各种酒款。这个国家有 20 个产区，96 个省，两千多个葡萄品种。不过别担心，要想了解意大利葡萄酒的基本情况，只需着重关注下面列出的三大产区，就能很快了如指掌。

产区	托斯卡纳	皮埃蒙特	威尼托（Veneto）
品种	桑娇维赛	内比奥罗	科维纳（Corvina）

和法国的 AOC 一样，意大利的法定产区分级制度（DOC）规定了葡萄酒生产的方方面面，但与法国最大的不同是，DOC 还对酒款的陈贮要求做了细分。DOC 制度于 1963 年生效：

- 产区的地理界限
- 允许使用的葡萄品种
- 各葡萄品种的使用比例
- 每英亩出产葡萄酒的上限
- 葡萄酒的酒精浓度
- 陈贮要求

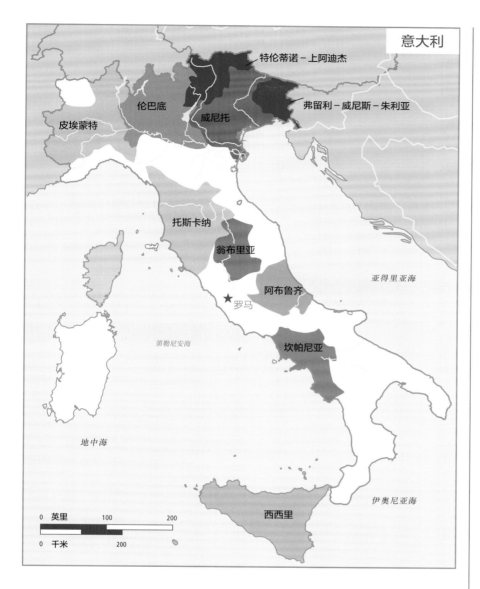

意大利

特伦蒂诺－上阿迪杰

伦巴底

皮埃蒙特

威尼托

弗留利－威尼斯－朱利亚

托斯卡纳

翁布里亚

阿布鲁齐

★罗马

亚得里亚海

坎帕尼亚

第勒尼安海

地中海

伊奥尼亚海

西西里

0 英里 100 200

0 千米 200

DOCG 葡萄酒
托斯卡纳

蒙塔尔奇诺布鲁耐罗
(Brunello di Montalcino)
卡蜜涅诺葡萄酒（Carmignano）
基安蒂（Chianti）
基安蒂经典（Chianti Classico）
阿尔巴阿利蒂科（Elba Aleatico Passito）
蒙特库科桑娇维赛
(Montecucco Sangiovese)
斯坎萨诺莫瑞里诺
(Morellino di Scansano)
圣吉米亚诺维纳诗雅
(Vernaccia di San Gimignano)
蒙蒂普尔查诺贵族酒
(Vino Nobile di Montepulciano)

皮埃蒙特

阿奎或阿奎布拉凯多
(Acqui / Brachetto d´Acqui)
上朗格（Alta Langa）
阿斯蒂的巴贝拉（Barbera d´Asti）
蒙弗拉托的超级巴贝拉
(Barbera del Monteferrato Superiore)
巴巴瑞斯可
巴罗洛
阿尔巴蒂亚诺多托（Dolcetta Diano d´Alba）
多利亚尼超级多赛托
(Dolcetto di Dogliani Superiore)
奥瓦达超级多赛托
(Dolcetto di Ovada Superiore)
卡卢索尼柏路丝（Erbaluce di Caluso）
加蒂纳拉（Gattinara）
嘉维或嘉维柯蒂斯（Gavi / Cortese di Gavi）
盖玛（Ghemme）
阿斯蒂莫斯卡托或阿斯蒂（Moscato d´Asti / Alba）
罗埃洛（Roero）
卡斯塔尼奥莱蒙弗拉托露诗葡萄酒
(Ruche di Castagnole Monteferrato)

威尼托

阿玛罗尼瓦尔波利塞拉
(Amarone della Valpolicella)
巴多利诺经典白葡萄酒（Bardolino Superiore）
科内利亚诺 瓦尔多比亚德尼 普罗赛克
(Conegliano Valdobbiadene-Prosecco)
雷乔托瓦尔波利塞拉
(Recioto della Valpolicella)
甘贝拉拉雷乔托（Recioto di Gambellara）
索阿维雷乔托（Recioto di Soave）
超级索阿维（Soave Superiore）

20 世纪 80 年代，意大利农业部对 DOC 进一步监控，增加了更高的级别 DOCG。G 代表 "Garantita"，意思是监控委员会必须绝对保证葡萄酒风格的真实性。还有一个级别 "IGT"，比 DOC 低一级，但比餐酒等级高。

意大利葡萄酒等级

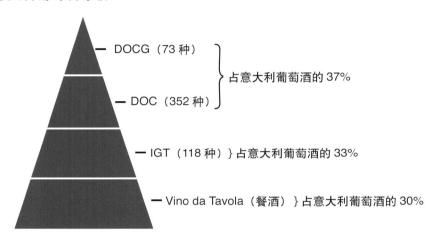

DOCG（73 种）
DOC（352 种） 占意大利葡萄酒的 37%
IGT（118 种）} 占意大利葡萄酒的 33%
Vino da Tavola（餐酒）} 占意大利葡萄酒的 30%

仅仅在 30 年前，餐酒的产量还占整个意大利葡萄酒总产量的 90%。

意大利葡萄酒的命名

对波尔多葡萄酒而言，你可能在酒标上最常看到酒庄的名字。对加州葡萄酒而言，你可能在酒标上最常看到葡萄品种。然而在意大利，不同的产区有不同的命名方法：用葡萄品种命名，用村庄或产区的名字命名，或者仅仅用所有者的名字命名。请看下面的例子：

葡萄品种	村庄或产区	所有者
巴贝拉	基安蒂	Tignanello
内比奥罗	巴罗洛	Sassicaia
灰比诺	巴巴瑞斯可	Ornellaia
桑娇维赛	蒙塔尔奇诺	Summus

托斯卡纳

葡萄酒酿造在托斯卡纳有着久远的历史，可以追溯到近 3000 年前，伊特鲁里亚人生活的前罗马时代。基安蒂是托斯卡纳葡萄酒的核心区，此地出产的葡萄酒都极负盛名。关于"基安蒂酒"的最早记载是在公元 700 年。Brolio 是一家重要的基安蒂酒生产商，1141 年开始投身酿酒业，家族三十多代人既经营葡萄园也酿酒。

基安蒂酒

根据最新的 DOCG 规定，生产基安蒂酒至少要使用 80% 的桑娇维赛葡萄。DOCG 也鼓励使用其他种类的葡萄——允许使用 20% 的非传统葡萄品种（赤霞珠、美乐、西拉等）。25 年来，这些改变再加上改良后的栽种和酿造技术，大大提升了基安蒂酒的形象。

只有 15% 的基安蒂酒属于经典珍藏酒。

基安蒂酒的等级划分：

基安蒂：第一级。（1～9 美元）

基安蒂经典：来自基安蒂的传统区域。（10～99 美元）

基安蒂经典珍藏（Chianti Classico Riserva）：来自经典区域，至少陈贮两年 3 个月。（1000～9999 美元）

为了使基安蒂经典酒赢得独立的 DOCG 地位，而不至于与基安蒂经典珍藏酒合占一席，许多这种酒的生产商现在用 100% 的桑娇维赛葡萄酿酒。

经典酒（Classico）：酒款所出的葡萄园均位于传统产区。

超级酒（Superiore）：酒精度数更高，且需要更长时间的陈贮。

蒙塔尔奇诺布鲁耐罗酒因供应有限，有时非常昂贵。如果想找性价比最高的托斯卡纳红葡萄酒，可以选择蒙塔尔奇诺（Rosso di Montalcino）和蒙蒂普尔查诺（Rosso di Montepulciano）红葡萄酒。

酒厂		栽种面积（英亩）
964	基安蒂经典	18000
208	蒙塔尔奇诺布鲁耐罗	5189
75	蒙蒂普尔查诺贵族酒	3025

挑选基安蒂酒

基安蒂酒有许多风格——取决于酒款所使用的混合葡萄品种。因此，首先找到你最喜爱的风格。其次，发货商或生产商的声誉好、可靠很重要。

高品质基安蒂酒品牌有：

Antinori	Castello di Ama	Montepeloso
Antinori Tenuta Belvedere	Castello di Bossi	Nozzole
	Fattoria di Magliano	Petra
Badia a Coltibuono	Fattoria le Pupille	Podere Grattamacco
Belguardo	Fontodi	
Brolio	Frescobaldi	Querciabella
Capannelle	Le Macchiole	Ricasoli
Castello Banfi	Melini	Ruffino
Castello del Terriccio	Michele Satta	Tenuta San Guid
	Monsanto	

其他托斯卡纳葡萄酒

托斯卡纳还出产许多其他可圈可点的酒款，你需要记住的有：蒙塔尔奇诺布鲁耐罗、蒙蒂普尔查诺贵族酒、卡蜜涅诺以及马雷玛的超级托斯卡纳。前3款是DOCG酒，最后这款我们后面会讲到——绝非等闲之品。

蒙塔尔奇诺布鲁耐罗

蒙塔尔奇诺是一个风景秀丽的小村庄，位于一座小山之巅，四下环绕着5000英亩的葡萄园。这里的葡萄酒由100%布鲁耐罗葡萄（即桑娇维赛葡萄）酿造，在全世界众多酒款中自成一家，是我最欣赏的红葡萄酒之一。蒙塔尔奇诺布鲁耐罗酒于1980年便获得了DOCG评级。自1995年起，布鲁耐罗酒被要求在橡木桶内至少陈贮两年，而不是以前的3年。结果呢？这种酒更具水果味，更平易近人了。2008年，布鲁耐罗酒的酿酒师们投票决定采用100%桑娇维赛葡萄酿酒，不与其他葡萄混合。如果你买了布鲁耐罗酒，很可能还需要陈贮5～10年才能达到最佳饮用状态。布鲁耐罗酒的生产商有一百五十多个。笔者偏爱的蒙塔尔奇诺布鲁耐罗品牌有：

Altesino	Col d'Orcia	Marchesi de
Barbi	Collosorbo	Frescobaldi
Capanna	Constanti	Poggio Antico
Caparzo	Gaja	Poggio il Castellare
Carpineto	La Fuga	Soldera
Castelgiocondo	La Poderina	Uccelliera
Castello Banfi	Lisini	
Ciacci Piccolomini	Livio Sassetti	
d'Aragona		

蒙蒂普尔查诺贵族酒

这个出产"蒙蒂普尔查诺贵族酒"的村庄多半（至少 70%）是因该产区一种名叫"普鲁诺阳提"（*Prugnolo gentile*）的桑娇维赛葡萄而闻名。跟蒙塔尔奇诺一样，蒙蒂普尔查诺也是热爱葡萄酒的观光客必游的地标村镇之一。这个产区有 75 家酒厂，葡萄种植园面积超过 3000 英亩。笔者偏爱的蒙蒂普尔查诺品牌有：

Avignonesi	Fassati	Poggio alla Sala
Bindella	Fattoria del Cerro	Poliziano
Boscarelli	Icario	Salcheto
Dei	La Braccesca	

卡蜜涅诺

这个小产区自罗马时代就已开始出产顶级葡萄酒，最近 20 年益发受欢迎。DOCG 制度规定，卡蜜涅诺必须包含至少 50% 的桑娇维赛，10%～20% 的赤霞珠或品丽珠，再与其他本地葡萄品种混合。卡蜜涅诺需至少陈贮 3 年再饮用。笔者偏爱的卡蜜涅诺品牌有：

Artimino	Poggiolo	Villa di Capezzana

如今许多意大利酒商都开始使用赤霞珠、美乐和霞多丽酿制葡萄酒了。

超级托斯卡纳

马雷玛葡萄酒产区位于托斯卡纳南部，因其地理风貌和酿酒产业，有时会被外界称作"西大荒"。保格利（Bolgheri）是马雷玛地区重要的产酒村庄，拥有超过400英亩的葡萄种植园。自19世纪起，这里就已开始种植葡萄。和卡蜜涅诺一样，保格利也在最近30年中逐渐为世界熟知。跟布鲁耐罗与贵族酒不同的是，保格利葡萄酒可以混合波尔多红葡萄品种进行酿制，如赤霞珠、品丽珠和美乐。有时甚至还可混以西拉、小维铎。当然，传统的桑娇维赛葡萄是必不可少的。

数十年前，有些葡萄品种的使用受到DOC制度的限制，比如赤霞珠。20世纪70年代，基安蒂酒的市场严重缩水。为了绕开DOC制度，酿造出更好的葡萄酒——就像美国加州葡萄酒业的有识之士一样——意大利的葡萄酒商开创出一个独特的品类，俗称餐酒。如今，这个品类的葡萄酒已经为自己赢得了世界级的声誉，以"超级托斯卡纳"之名为全球葡萄酒爱好者熟知。你或许已在一些意大利高级餐厅的酒水单上见过这种葡萄酒了。

笔者偏爱的保格利/马雷玛葡萄酒品牌有：

Ca' Marcanda	Le Macchiole	Petra
Cabreo Il Borgo	Luce	Sassicaia
Castello del	Masseto	Solaia
Terriccio	Montepeloso	Summus
Excelsus	Olmaia	Tignanello
Fattoria le Pupille	Ornellaia	Tua Rita

近年来基安蒂经典酒的最佳年份：
2006** 2007** 2008 2009 2010**
2011* 2012* 2013* 2014 2015*

近年来布鲁耐罗酒的最佳年份：
2004** 2005 2006** 2007** 2008
2010** 2011* 2012* 2013 2014 2015*

近年来马雷玛保格利葡萄酒的最佳年份：
2006** 2007** 2008** 2009 2010**
2011* 2012* 2013* 2014 2015*

* 表示格外出众　** 表示卓越

Bricco 的意思是位于山腹坡地的葡萄园。

皮埃蒙特葡萄酒产量比例

红葡萄酒 65%

意大利苏打白葡萄酒
（白起泡酒）18%

白葡萄酒 17%

皮埃蒙特

有一些世界上最好的红葡萄酒产自意大利的皮埃蒙特。皮埃蒙特主要的葡萄品种有：

巴贝拉	多赛托	内比奥罗
（41000 英亩）	（16000 英亩）	（9000 英亩）

这个地区有两种最好的 DOCG 葡萄酒，它们是巴巴瑞斯可和巴罗洛。这两款"重量级"葡萄酒，由内比奥罗葡萄酿成。两款酒都具有极其丰满的酒体，酒精浓度也高。如果你想用陈贮时间较短的这类酒同晚餐相佐，要慎重，它们有可能遮盖食物的味道。

	巴巴瑞斯可	VS	巴罗洛
葡萄品种	内比奥罗		内比奥罗
酒精浓度	12.5%		12.5%
风格酒体	较清淡。酒体精致而优雅。		口感繁厚。酒体丰满。
陈贮要求	两年（其中一年以橡木桶陈贮）		3 年（其中一年以橡木桶陈贮）
"珍藏"含义	陈贮 4 年		陈贮 5 年

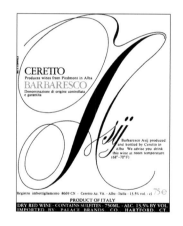

巴罗洛和巴巴瑞斯可的年产量（共计1100 万瓶），仅相当于加州一个中等规模酒厂的产量。

联合国已经在"联合国教科文组织世界遗产名录"中新增了 9 个皮埃蒙特产酒村庄，巴罗洛和巴巴瑞斯可位列其中。

另一种皮埃蒙特佳酿是加蒂纳拉。

秋季造访皮埃蒙特的三大理由：收获、美食和白松露。

皮埃蒙特更早的上佳年份有：1982 年、1985 年、1988 年、1989 年、1990 年

笔者偏爱的皮埃蒙特酒品牌包括：

A. Conterno	G. Conterno	Pio Cesare
Antonio Vallana	Gaja	Pira
B. Giacosa	La Spinetta	Produttori del
Borgogno	Luciano Sandrone	Barbaresco
C. Rinaldi	M. Chiarlo	Prunotto
Ceretto	Marcarini	Renato Ratti
Conterno Fantino	Marchesi di Barolo	Roberto Voerzio
Domenico Clerico	Marchesi di Gresy	Schiavenza
Erbaluce di Caluso	Mascarello e Figlio	Vietti
Fontanafredda	Paolo Scavino	

关于陈贮，Prunotto 的吉赛·柯拉（Giuseppe Colla）给出了他的建议：选个好年份的巴巴瑞斯可，收藏起来，至少 4 年后再饮用。同样条件下，巴罗洛放 6 年。如果年份上佳，巴巴瑞斯可不妨藏 6 年再饮用，而巴罗洛放 8 年。常言道"耐心是美德"——对于葡萄酒尤其如此。最近 10 年，皮埃蒙特酒有了些变化，以往的酒单宁酸较重，陈贮时间过短便很难享受，如今的皮埃蒙特酒更加平易近人。

近年来皮埃蒙特葡萄酒的最佳年份
1996** 1997* 1998* 1999* 2000**
2001** 2004** 2005* 2006* 2007* 2008* 2009*
2010 2011 2012* 2013* 2014 2015*
* 表示格外出众 ** 表示卓越

威尼托 🌿

　　这是意大利最大的葡萄酒产区之一。就算不能一下子认出威尼托这个名字，你肯定至少喝过一两次维罗纳（威尼托产区的城市）葡萄酒，像瓦尔波利塞拉（Valpolicella）、巴多利诺（Bardolino）或苏瓦韦（Soave）。这 3 种酒的风味一向稳定，口感平易，无须陈贮。它们与布鲁耐罗和巴罗洛不属同一类型，却也是很好的餐酒，价格也不会超出预算。瓦尔波利塞拉在 3 种酒中数最上乘，可以考虑选购以利帕索（Ripasso）酿酒法酿成的超级瓦尔波利塞拉（Valpolicella Superiore）。利帕索酿酒法是将阿玛罗尼酒（Amarone）中未压碎的葡萄皮重新加入瓦尔波利塞拉中，酒精浓度有所提升，风味也更浓郁。比较容易找到的威尼托生产商有：

Allegrini	Folonari	Santa Sofia
Anselmi	Quintarelli	Zenato
Bolla		

阿玛罗尼酒

　　阿玛罗尼酒的意大利语"Amarone"来自词根"Amar"，意思是"苦"，"one"（不是英语，读音为"欧内"），意思是"大"。这是瓦尔波利塞拉葡萄酒的一种，采用特定葡萄品种——科维纳、罗蒂内拉（Rondinella）、莫琳娜（Molinara），遴选整串葡萄最成熟的顶端部分，以威尼托地区的一种特殊工艺酿成。这种工艺与法国苏特恩甜酒和德国贵腐葡萄酒类似。但阿玛罗尼的不同之处在于，酿酒师会让所有的糖分都发酵为酒精，酒精浓度因而高达 14% ~ 16%。

　　笔者偏爱的阿玛罗尼酒品牌有：

Allegrini	Nicolis	Tommasi	Bertani
Quintarelli	Zenato	Masi	Tedeschi

近年来阿玛罗尼酒的最佳年份：							
1990*	1993	1995*	1996	1997*	1998	2000*	2001
2002*	2003*	2004	2005	2006	2008*	2009	2010
	2011	2012*	2013*	2014	2015*		

* 表示格外出众

其他重要产区

意大利的 20 个行政区都出产好酒，所以有必要了解一下不太知名产区的值得关注的葡萄酒。我已按照本地葡萄品种、值得尝试的酒款和我偏爱的品牌做了归类。

产区	葡萄	葡萄酒	品牌
阿布鲁齐	蒙蒂普尔查诺	阿布鲁齐蒙蒂普尔查诺 （Montepulciano d´Abruzzo）	Elio Monti Emidio Pepe La Valentina Masciarelli
坎帕尼亚	艾格尼科 （Aglianico） 菲安诺 （Fiano） 格来克 （Greco） 桑娇维赛	托福格来克 （Greco di Tufo） 阿韦利诺菲安 （Fiano di Arellino） 图拉斯 （Taurasi）	Feudi di San Gregorio Mastroberardino Molettiera Monte vetrano Mustilli Villa Matilde
弗留利－威尼斯－朱利亚	白比诺、灰比诺、霞多丽、长相思		Livio Felluga Marco Felluga Mario Schiopetto Vie di Romans
伦巴底	内比奥罗 特莱比亚诺	法兰恰阔尔达 （起泡酒） 卢嘉 （Lugana） 瓦特里纳 （Valtellina） （包括格鲁麦罗 [Grumello] 沙赛拉 [Sassella] 英菲诺 [Inferno] 和瓦格拉 [Valgella]）	起泡酒： Bellavista Ca´ del Bosco 瓦特里纳： Conti Sertoli, Fay Nino Negri Rainoldi

产区	葡萄	葡萄酒	品牌
西西里	红葡萄： 赤霞珠 美乐 黑达沃拉 (Nero d´Avola， 又叫卡拉贝斯 [Calabrese]) 西拉 白葡萄： 卡特拉托 (Cataratto) 霞多丽 盖凯尼科 (Grecanico) 尹卓莉 （Inzolia) 马姆齐葡 (Malvasia) 莫斯卡托	马沙拉 （Marsala) 潘泰莱里亚麝香酒 (Moscato di Pantelleria) 黑达沃拉酒	De Bartoli Duca di Salaparuta （Duca Enrico) Gulfi Morgante Palari Planeta Rapitalà Regaleali （Rosso del Conte) Santa Anastasia
特伦蒂诺 – 上阿迪杰 (Trentino Alto Adige)	白葡萄： 白比诺、灰比诺 霞多丽、长相思 琼瑶浆 红葡萄： 品丽珠、赤霞珠、 勒格瑞 （Lagrein)、 美乐		Alois Lagede Cantina di Terlano Colterenzio Ferrari （起泡酒) Foradori H. Lun Rotaliano Teroldego Tiefenbrunner Tramin
翁布里亚	特莱比亚诺 萨格兰蒂诺 (Sagrantino) 桑娇维赛 美乐	奥维多 （Orvieto) 蒙特法尔科萨格兰蒂诺 (Sagrantino di Montefalco) 托尔贾诺珍藏红葡萄酒 (Torgiano Rosso Riserva)	Arnaldo Caprai Castello Delle Regine Lungarotti Paolo Bea

威尼托有时被称为 "Tri-Veneto"，包括特伦蒂诺 (Trentino)、上阿迪杰 (Alto-Adige)、弗留利 (Friuli) 3 个地方，意大利一些最好的白葡萄酒产自这里。

弗留利 – 威尼斯 – 朱利亚和特伦蒂诺 – 上阿迪杰两个产区的葡萄酒都是以酒商或葡萄品种命名，而没有为酒款特意起名。

意大利葡萄酒的产量比例

50% 白葡萄酒　50% 红葡萄酒

灰比诺是一种白葡萄，在法国的阿尔萨斯也能找到，在那里它被称为"Pinot Gris"，灰比诺在加州和俄勒冈的种植也很成功。

皮埃蒙特种植最多的白葡萄品种为莫斯卡托葡萄，种植面积达 25000 英亩。

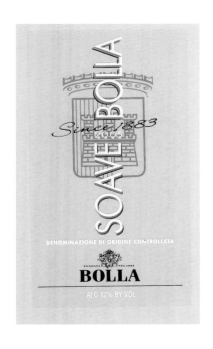

意大利的瓶装水和啤酒的销量都在上升，葡萄酒销量却在下降。

意大利白葡萄酒

你可能发现，我没有单独讲一章节意大利白葡萄酒，为什么呢？不妨看一眼最畅销的白葡萄酒苏瓦韦、弗拉斯卡蒂（Frascati）甜白葡萄酒以及灰比诺葡萄酒等，它们的零售价多在 15 美元以内。一般来说，意大利白葡萄酒在品质上并不能与其红葡萄酒比肩。不过近年来，意大利人既种植更优良的本地白葡萄，也种植国际品种如霞多丽和长相思，这也使得意大利白葡萄酒的品质有所提高。意大利的白葡萄酒中，来自皮埃蒙特的嘉维以及弗留利的酒值得一试。

意大利葡萄酒之最近 40 年

对意大利人来说，葡萄酒是日常消费品，好比餐桌上调味用的胡椒。不过，如今的酿酒业越来越受重视，意大利酿酒师的理念也发生了巨大变化，开始致力于生产更高品质的葡萄酒并适应世界市场的需要，他们借助现代技术、更新的果园管理方式以及现代化酿造工艺，逐渐实现了这一目标。他们还尝试选用非本国葡萄品种，如赤霞珠、美乐等。请注意我讲的不是加州，而是意大利，这些变革可是在有着数千年传统的地方发生的。这意味着意大利的生产商必须抛却以往的累世经验，重新学习酿酒技术，为的是生产出更好的酒以适应出口市场。

最近 25 年，意大利葡萄酒的价格已经大大提高——对消费者来说当然不是什么好消息，有些意大利酒甚至进入全世界最昂贵葡萄酒之列。倒不是说它们不值这样高的价格，而是说现在的价格和 40 年前相比完全不同了。

最新的趋势之一是独立葡萄园的贴标现象。

30 美元以下的 5 款最具价值的意大利葡萄酒

Allegrini Valpolicella Classico • Castello Banfi Toscana Centine • Michele Chiarlo Barbera d'Asti • Morgante Nero d'Avola • Taurino Salice Salentino

最完备的清单请翻到第 327 ~ 328 页。

美食配佳酿

在意大利，葡萄酒本来就是为佐餐而生，桌无美酒不成席。以下是一些意大利酒商的建议。

"基安蒂酒配意大利熏火腿、鸡肉、意粉，当然还可以配比萨。基安蒂经典珍藏酒，则和丰盛的肉排或嫩肋条搭配为宜。"

——Ruffino酒庄的安布罗吉欧·福洛纳里（Ambrogio Folonari）

"基安蒂酒和所有的肉类菜肴都相配。不过我会把布鲁耐罗酒留给更为浓香味厚的菜肴，比如肉排、野猪肉、野鸡或其他野味，也可以配羊乳干酪。"

——Castello Banfi的埃齐奥·李维拉（Ezio Rivella）

"巴巴瑞斯可配肉类，或者与较醇厚又不太浓重的干酪相配，比如埃曼塔尔和梵堤那。但不要用脱脂硬干酪和羊乳干酪与巴巴瑞斯可搭配。如果是巴罗洛，最好配烤嫩羊肉。"

——安吉洛·嘉雅（Angelo Gaja）

"我喜欢清爽的多赛托配头道菜或是所有白肉，尤其是小牛肉和鸡肉。

但不喜欢用多赛托配鱼类，这种酒和辛辣味浓的酱汁不太相衬，不过和番茄沙司和意粉倒是相佐得宜。"

——Prunotto酒厂的吉赛·柯拉

"巴贝拉和多赛托同鸡肉和较清淡的食物都比较相配，巴罗洛和巴巴瑞斯可需要与丰美的大菜搭配才能体现酒体。推荐用巴罗洛酒炖菜——用酒烹制的肉类，如野鸡、鸭肉、野兔。如果想做特别的菜肴，不妨试试用巴罗洛酒烹制意大利烩饭。与水果的搭配，建议草莓和桃子配多赛托酒。"

——雷纳多·拉蒂（Renato Ratti）

"对于未陈年的基安蒂酒，推荐烤鸡、雏鸽或肉酱意粉。而陈年基安蒂酒，我推荐意式宽面烩基安蒂酒炖的肉菜，比如雉鸡等野味以及野猪和烤牛肉。"

——Badia a Coltibuono的洛伦佐·德·美第奇（Lorenza de´ Medici）

"我喜欢基安蒂酒配烧烤类食物，托斯卡纳因这些食物而闻名，尤其是烤肉排。不过禽类甚至汉堡也值得一试。我喜欢以最佳年份的基安蒂经典珍藏酒与野猪肉和意大利硬质干酪相佐。这款酒和烤牛肉、烤火鸡、羊肉和小牛肉都是完美的组合。"

——皮耶罗·安蒂诺里（Piero Antinori）

"皮埃蒙特葡萄酒与食物相佐，比单独品尝效果更好。"

——安吉洛·嘉雅

"饮用意大利葡萄酒时，最好不要单独品尝，一定要与食物相佐。"

——吉赛·柯拉

小牛肉烹调后呈白色或略带浅粉色，有人将其归于白肉类。

——编者注

当你开始喝皮埃蒙特红葡萄酒时，应该先从清淡的巴贝拉和多赛托开始，接下来喝更丰满的巴巴瑞斯可，最后才能欣赏巴罗洛。年迈的酒商雷纳托·拉蒂提说："巴罗洛是葡萄酒的终点站。"

不妨翻到第353页的测试题，看看自己对意大利葡萄酒的相关知识掌握得如何。

—— 延伸阅读 ——

维克多·哈赞（Victor Hazan）著，《意大利葡萄酒》（Italian Wine）

玛丽·尤因·玛里根（Mary Ewing Mulligan）和埃德·麦卡锡（Ed McCarthy）合著，《意大利葡萄酒傻瓜书》（Italian Wines for Dummies）

伯顿·安德森（Burton Anderson）著，《西蒙舒斯特意大利葡萄酒袖珍指南》（The Simon & Schuster Pocket Guide to Italian Wines）

约瑟夫·巴斯蒂安尼克（Joseph Bastianich）和大卫·林奇（David Lynch）合著，《意大利葡萄酒》（Vino Italiano）

伯顿·安德森著，《意大利葡萄酒地图》（Wine Atlas of Italy）

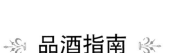

⊱ 品酒指南 ⊰

　　大多数人对美国和法国葡萄酒有所了解，对西班牙或意大利葡萄酒却知之甚少。因而这次品酒有发现、揭秘的意义：体味那些用桑娇维赛、内比奥罗或丹魄葡萄酿成的酒。在品赏皮埃蒙特红葡萄酒时，请遵循雷纳托·拉提的建议，从清淡的巴贝拉开始，到丰满的巴巴瑞斯可，最后欣赏饱满的巴罗洛或阿玛罗尼酒。

酒　款

里奥哈葡萄酒

品鉴三款葡萄酒，比较

1. 佳酿级里奥哈葡萄酒

2. 珍藏级里奥哈葡萄酒

3. 特级珍藏级里奥哈葡萄酒

托斯卡纳葡萄酒

品鉴三款葡萄酒，比较

4. 基安蒂经典珍藏贵族酒

5. 蒙蒂普尔查诺葡萄酒

6. 蒙塔尔奇诺布鲁耐罗葡萄酒

皮埃蒙特葡萄酒

品鉴三款葡萄酒，比较

7. 巴贝拉或多赛托葡萄酒

8. 巴巴瑞斯可葡萄酒

9. 巴罗洛葡萄酒

威尼托葡萄酒

一款，单独品尝

10. 阿玛罗尼葡萄酒

第八章

香槟、雪利酒和波特酒

起泡酒和加烈酒 ※ 香槟 ※ 雪利酒 ※ 波特酒

起泡酒和加烈酒

现在我们进入了最后阶段，在如此愉快的气氛中，没有什么比香槟更适合助兴了，不是吗？

为什么将香槟、雪利酒、波特酒放在一起介绍？因为这 3 种酒都是混合型葡萄酒，即便风格迥异，消费者却都可以通过可靠而有信誉的发货商选购酒款。所以发货商将最终决定酒款各方面的风格。以香槟为例，法国 Moët & Chandon 就是最具国际知名度的香槟；西班牙佩德罗·多默（Pedro Domecq）的雪利酒闻名遐迩；而葡萄牙山地文（Sandeman）则是无人不知的波特酒品牌。

直到 1850 年前后，香槟还都是甜的。

女人对于香槟的蜚声四海贡献良多。蓬巴杜夫人（Madame de Pompadour，路易十五的情人）说，香槟是唯一一种女人喝过之后仍能保持迷人风姿的饮品。帕拉贝夫人（Madame de Parabère）曾说，香槟酒饮后令人双目生辉而不会双颊潮红。

一位记者问莉莉·伯林格（Lilly Bollinger）何时饮用香槟，她说："我开心和伤心时都会喝。有时候独处也会喝，有人相伴时，我觉得非喝不可。如果不饿，我就小酌，反之则畅饮。其他情况下，我几乎不碰香槟，不过，口渴时例外。"

据说，玛丽莲·梦露曾倾注了 350 瓶香槟以沐浴。她传记的作者乔治·巴里斯（George Barris）说，她啜饮、呼吸着香槟，"好像那就是氧气"。

果香和酸的平衡，再加上气泡（二氧化碳），就可以造就一款好香槟。

香 槟

香槟是新年前夜大家都要喝的一种起泡酒。不过还不止于此，香槟还是个法国地名，是法国葡萄酒产区中最靠北的一个。准确地讲，香槟地区在巴黎的东北方向，大致一个半小时车程的距离。地理位置非常重要。因为在更具北方特点、更为凉爽的气候条件下，香槟地区葡萄的酸度比其他地区高，这是香槟口味独特的原因之一。香槟里的酸，不仅能带来清新的风味，而且能延长酒的寿命。

香槟地区可以分为 4 个主要的区域：

马恩河谷（Marne Valley）　　　白色山坡（Côte des Blancs）
兰斯山区（Reims Mountain）　　奥布省（Aube）

香槟地区有 43680 英亩葡萄园，超过 20000 个葡萄园主向大约 250 家发货商销售葡萄。酿酒师可以用来酿造香槟的葡萄主要有 3 种：

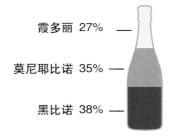

霞多丽 27% —

莫尼耶比诺 35% —

黑比诺 38% —

在法国，只有产自香槟地区的起泡酒才能称为香槟。有些美国的生产商借用香槟的名字为他们的起泡酒冠名，这类酒当然无法与法国香槟相提并论。

香槟的 3 个主要类别：

不记年香槟（Nonvintage / multiple vintage）：由两个或两个以上年份收获的葡萄混合酿成，其中 60% ~ 80% 来自当年的收获，20% ~ 40% 来自以往的年份。

年份香槟（Vintage）：由同一年份的葡萄混合酿成。

顶级香槟（"Prestige" cuvée）：由同一年份的葡萄混合酿成，陈贮时间更长。

和葡萄酒产业的其他细分类别不同，香槟的年份是由各发货商评定后对外公布的，所以并不是每个自然年都能有幸成为香槟的年份（详见本章末的最佳年份列表）。顶级香槟通常要达到下列标准，才能获得授权：

• 用顶级村庄的最佳葡萄酿成。

• 只用第一道碾压的葡萄。

• 较之不记年香槟，陈贮时间更长。

• 只在上好年份酿造。

• 产量小。

香槟法

酿造香槟的程序被称为香槟法（Méthode Champenoise）。如果在香槟地区以外的地方使用类似的酿造方法，则称为"传统酿造法"（Méthode Traditionnelle、Método Tradicional 或 Classic Method）。"香槟法"这个称谓在非香槟地区是被欧盟禁止使用的。

收获：通常在每年的 9 月底至 10 月初。

碾压葡萄：AOC 制度允许进行两道碾压。顶级香槟通常只使用第一道碾压的葡萄。第二道碾压被称为"Taille"，会添加其他酒浆，用来酿造年份香槟或不记年香槟。

第一次发酵：在这个步骤中，葡萄汁转化为酒浆。请复习以下公式：

$$糖分 + 酵母 = 酒精 + 二氧化碳$$

大多数香槟会先置于不锈钢桶内发酵。第一次发酵需要 2 ~ 3 周时间，二氧化碳几乎完全挥发，生成非发泡性酒浆。

勾兑：这是生产香槟最重要的步骤。每一种酒浆都由同一村庄的几个葡萄品种

80% 的香槟出产年份**不是**单一年份，也就是说，由多个出产年份的酒浆混酿而成。

> 不记年香槟较之年份香槟，更具各个发货商的风格。

> 年份香槟必须使用 100% 当年收成的葡萄酿造。

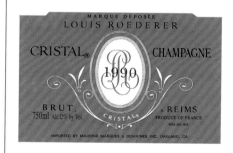

2011 年香槟地区收获季提前，创下 1822 年以后的**最早收成记录**。

普通香槟的芳香类型：

苹果香	酵母味（面团的甜香）
烧烤味	榛果
柑橘香	核桃香

Dom Pérignon（唐培里侬）香槟王上市出售前需要陈贮6～8年。

Domaine Chandon 属于酩悦轩尼诗，酩悦轩尼诗也负责酿造法国的 Dom Pérignon。其实，是同一位酿酒师到加州勾兑了 Chandon 香槟。

香槟标上的 R.D. 意思是"刚经过去渣"。

发酵得来。在这个阶段，酿酒师需要做出许多决定，其中最重要的是：

1. 混合哪 3 种葡萄，以及混合比例如何安排？

2. 从哪些葡萄园遴选酒浆？

3. 勾兑哪些年份的酒浆？是全部采用当年的，还是不同年份的酒浆？

添加混合液（Liqueur de tirage）：完成勾兑后，酿酒师要在酒浆中加入一种糖和酵母的混合物——它会带来酒浆的第二次发酵。酒浆会被盛入最终上架的酒瓶，覆以临时瓶盖。

二次发酵：这次发酵过程产生的二氧化碳会被留在瓶中，用以制造起泡酒里的气泡。不过，二次发酵还将在酒里留下自然形成的酒渣。

陈贮：带渣陈贮的时间非常重要，将决定香槟的品质。酿造不记年香槟，酒浆须在装瓶后陈贮至少 15 个月；酿造年份香槟，则须陈贮至少 3 年。

摇瓶（Riddling）：在此阶段，酒瓶会瓶口朝下置于 A 形架上。摇瓶师依次将所有放置在架子上的酒瓶向下转动，每向下转动一次，都会使酒瓶倾斜度增大一点，6～8 周后酒瓶几乎完全倒置，酒渣聚积在瓶口。凯歌夫人芭比-妮可·彭萨丁（Barbe-Nicole Ponsardin）是凯歌庄园男主人弗朗索瓦·凯歌（Francois Clicquot）的遗孀。她在丈夫英年早逝后，于 1816 年发明了摇瓶法。其庄园用此法酿造推出的香槟酒以"Veuve"命名，这个词在法语中意为"寡妇"。

去渣（Disgorging）：接下来，将瓶口浸入冰盐水溶液中，使之冻结，然后摘掉临时瓶盖，冻住的酒渣便会被二氧化碳推出瓶外。

添料（Dosage）：去渣之后，糖和葡萄酒的混合物将被加入酒瓶中，此时需要酿酒师来决定这款香槟是偏甜还是偏干。以下是香槟的含糖量：

天然干	绝干	干	半干	微甜	半甜	甜
完全无糖	比干更干	干	半干	半甜	甜	很甜

再次加盖：这次加盖是使用真正的软木塞瓶盖。此后会在软木塞之上再加一枚金属瓶盖。最后覆以线篮，即自瓶盖至瓶颈包裹的一层金属丝网，以资固定。

如你所见，香槟法是一套非常耗时、环环紧扣，同时造价也较高的酿造工艺，这就是为什么香槟酒通常比别的优质葡萄酒、起泡酒更昂贵的原因。同时，由于香槟瓶必须能承受一定的气压，要求它比一般葡萄酒瓶更厚更结实，这一成本的增加也会抬高香槟酒的价格。

香槟的不同风格

香槟酿造的基本规律是：勾兑时白葡萄比例越高，香槟的风格越清新。勾兑时红葡萄比例越高，香槟的酒体越丰满。白中白香槟（Blanc de blancs）由 100% 霞多丽葡萄酿成。白中黑香槟（Blanc de noir）由 100% 黑比诺葡萄酿成。

有些生产商在橡木桶中发酵酒浆。Bollinger（伯林格）部分采用橡木桶发酵，而 Krug（库克）全部采用橡木桶发酵。相比不锈钢桶发酵的香槟，Krug 香槟的酒体和香气更丰满宜人。

如何买到好香槟

首先确定你偏好的风格，酒体是要丰满还是轻盈，甜度是要天然干还是甜酒。然后确保从可靠的发货商或生产商处购买。香槟生产商超过 4000 家。每个生产商都以自身的独特风格为荣，而且年复一年尽力保证自己品牌的香槟勾兑风格始终如一。尽管没有硬性、精确的规定，但以下标明的生产商风格基本稳定。记住，供求比在很大程度上决定了顶级香槟的价格。

新一代的香槟瓶进一步减重了 7%，而且也更加环保。新瓶在外观上有两大改变：瓶身更瘦长，瓶底的凹槽（碹底）更深更大。

淡、精致	清淡至适中	适中	适中至丰满	丰满、浑厚
A. Charbaut et Fils	Billecart-Salmon	Charles Heidsieck	Henriot	A. Gratien
Jacquesson	Bruno Paillard	Moët & Chandon	Louis Roederer	Bollinger
Lanson	Deutz	Piper-Heidsieck		Krug
	G. H. Mumm	Pol Roger		Veuve Clicquot
	Laurent-Perrier	Salon		
	Nicolas Feuillatte			
	Perrier-Jouët			
	Pommery			
	Ruinart			
	Père & Fils			
	Taittinger			

一瓶香槟有多少粒气泡？根据科学家比尔·莱拜克（Bill Lembeck）的推算，每瓶香槟约有 4900 万粒气泡。

"香槟不是勃艮第酒，也不是波尔多酒，它是一种起泡酒，贮存不应超过两三年，适合年轻时饮用。"

——克劳德·泰亭哲（Claude Taittinger）

判断一款香槟的品质，要留意气泡。酒越好，气泡越小。另外，好香槟的气泡存留时间较长。气泡是香槟不可分割的一部分，正是它们造就了香槟的质感和口感。

香槟的陈贮

一般来说，香槟是购得即可饮用的酒。但也有需要陈贮的情况，不记年香槟应在 2~3 年内饮用，而年份香槟和顶级香槟可存贮 10~15 年。你如果还保存着 15 年前结婚纪念日收到的 Dom Pérignon，还等什么，赶紧开瓶吧。

香槟的正确开瓶方法

开香槟是个好玩又刺激的动作，但最好交给有经验的人，因为香槟的开瓶可能有危险，我认为每个人都有必要了解如何正确地给香槟开瓶。香槟瓶内每平方英寸的压力为 90 磅，大约是标准大气压的 6 倍，是汽车轮胎内压力的 3 倍。遵循以下步骤开瓶前，要避免瓶口冲着自己、他人，或任何易损之物。

正确开瓶：

1. 香槟在打开前应该经过冷藏，这一点尤为重要。

2. 切开瓶口的封膜。

3. 用拇指按住瓶塞，瓶塞完全拔出之前不要松手。我知道这个动作显得有些笨拙，但若你经历过瓶塞在这一步意外迸飞的场面，就会明白这很重要。

4. 摘掉金属丝，可以将它留在木塞上，也可以小心地取下来。

5. 用餐巾裹住瓶塞。（这样，即使瓶塞弹出，餐巾也会抵消大部分的力道。）

6. 用你的主利手抓住被餐巾裹好的瓶塞，用另一只手握住瓶身。主利手慢慢旋动瓶塞，握住瓶身的手往反方向缓缓发力。要和缓地旋出瓶塞，而不是一声巨响、泡沫飞溅。

轰然开瓶或许很有气氛，却并无益处，因为泡沫四溢，二氧化碳随之渐渐挥发。而二氧化碳正是香槟里宝贵的气泡。如果你按上面的方法开瓶，香槟在开启后的几个小时内，仍可以保持原来的气泡。

2010 年几个潜水员在一艘两百多年前的沉船上发现了 150 瓶香槟。这些最古老的香槟中有 Veuve Clicquot、Juglar（即 Jaquesson）和 Hiedsieck，有些香槟甚至现在还能喝！

"我亲爱的女孩，这酒不够冰。喝 3.3 摄氏度以上 1953 年的 Dom Pérignon 香槟，就像听披头士不戴耳机一样糟糕。"

——詹姆斯·邦德（James Bond）电影《金手指》（*Goldfinger*）对白（1964 年）

美国是最大的香槟进口国。

香槟地区的发货商需承担香槟三分之二的市场营销，却只拥有 10% 的葡萄园。

酿造桃红香槟的方法有两种：1）加入红葡萄酒勾兑；2）将红葡萄果皮浸泡在葡萄汁内一小段时间。

喝香槟的酒杯

不管你选择用什么香槟待客，必须选用适合的玻璃杯。关于香槟杯还有一个源自希腊神话的小故事。最初的香槟杯，即高脚浅碟杯，其原形据说是特洛伊美女海伦的乳房。古希腊人所用的酒杯的确形似乳房般圆润，但杯下并无立着的细长脚，反而在杯侧有一环把可供手持。另一则故事认为高脚浅碟杯脱模自数百年后法国王后玛丽·安托瓦内特（Marie Antoinette）的左乳——这个传言同样不可信。旧式的宽口酒杯很容易使香槟中的气泡迅速挥发，所以现在常用长笛形和郁金香形玻璃杯。这两款酒杯的形状还能够提升杯中香槟的芳香。

香槟和其他起泡酒的区别

香槟是用"香槟法"酿造的优质起泡酒，产自法国香槟地区，我认为它是世界上最好的起泡酒。因为这个地区集合了生产优质起泡酒的所有必备条件，且十分理想。该地区的土壤是精细的白垩质土，起泡酒酿酒葡萄生长得最好，气候也无可挑剔。

其他地区出产的起泡酒品质各异。西班牙出产以传统酿造法酿造的性价比极高的起泡酒卡瓦。德国则出产塞克特（Sekt）。意大利有苏打白（Spumante），也是起泡酒的意思，还有威尼托快速成长起来的起泡酒普罗赛克（Prosecco）。在美国，加州和纽约州是起泡酒的两大产地。加州生产不少优质起泡酒，著名品牌有 Domaine Carneros, Domaine Chandon, Iron Horse，来自 Jordan 酒厂的"J"，Korbel, Mumm Cuvée Napa, Piper-Sonoma, Roederer Estate, Scharffenberger 和 Schramsberg，加州其他许多较大规模的酒厂也都向市场推出了自己的起泡酒。纽约州最有名的生产商是 Gold Seal，Great Western 和 Taylor。

大多数没有采用"香槟法"酿造的起泡酒一般是在不锈钢桶中进行二次发酵，这种工艺被称为"查玛法"或"意大利传统酿造法"，普罗赛克即以此法酿成。（如果一瓶起泡酒卖 9.99 美元，或许就是运用了此种工艺。）有些用这种工艺在大桶中进行二次发酵的酒款，一桶酒浆足以产出 10 万瓶起泡酒。

香槟的最佳年份
1995** 1996** 1998 1999 2000 2002** 2003
2004** 2005 2006** 2008 2009* 2012** 2013*
* 表示格外出众　** 表示卓越

美食配佳酿

香槟是最八面玲珑的葡萄酒，可与从开胃菜到甜点的众多食物相佐。以下是专家推荐的香槟配餐。

"不要配甜食。纯霞多丽香槟要配海鲜、鱼子酱或雏鸡。气泡酒与干酪也不和谐。"

——克劳德·泰亭哲

"不记年的干香槟配清淡开胃菜或梭子鱼肉冻。年份香槟配雏鸡、龙虾以及其他海鲜。桃红香槟酒配草莓甜点。"

——克里斯蒂安·波罗杰
（Christian Pol Roger）

普罗赛克原本是葡萄的名字，2008 年又成了地名。最好的普罗赛克酒为 DOCG 级，酒体适中，香气扑息，有清新的水果味。该酒容易入口，酸度较高、均衡优雅、酒精浓度不高（11.5% ～ 12%）。

美国消费的起泡酒 40% 来自进口。美国出产的起泡酒 20% 用"香槟法"生产。

香槟干酒和绝干酒可以用做开胃酒或餐酒。微甜和半甜酒则搭配甜点或婚礼蛋糕。

不妨翻到第 355 页的测试题，看看自己对香槟的相关知识掌握得如何。

另外几种著名的加烈酒有：苦艾酒
(Vermouth)，来自意大利和法国；马沙
拉，来自意大利；还有一种加烈酒叫马
德拉（Madeira）。尽管已不像过去那样流
行，但马德拉很可能是美国进口的第一种
葡萄酒，据说深受英国殖民者的喜爱。乔
治·华盛顿也热衷此酒，他向独立宣言举
杯致敬时，杯中就是这种酒。

雪利酒在西班牙葡萄酒中的比例还不到 3%。

将无色白兰地加入酒浆后，酒精浓度会从
15% 升至 20%。

圣玛丽亚港是哥伦布建造船只的地方，也是
他与伊莎贝拉女王（Queen Isabella）就探险
之旅达成共识的地方。

雪利酒

　　全世界两种最好的加烈酒是雪利酒和波特酒，尽管风格完全不同，二者仍然有
许多共同点。加烈酒是这样生产出来的：将无色白兰地（蒸馏葡萄酒）加入酒浆中，
以提高酒精浓度。波特酒和雪利酒的区别是加入白兰地的时间不同。波特酒是在发
酵过程中加入白兰地，多余的酒精杀灭酵母，中断了发酵过程，因此波特酒比较
甜。雪利酒则在发酵之后才加入白兰地。波特酒的酒精浓度通常为 20%，而雪利酒
为 18% 左右。让我们先从雪利酒讲起，它产自阳光明媚的西班牙西南部。

　　此地的 3 座城镇形成了一个"雪利酒三角"：

赫雷斯－德拉弗龙特拉
圣玛丽亚港（Puerto de Santa María）
桑卢卡尔－德巴拉梅达（Sanlúcar de Barrameda）

　　赫雷斯－德拉弗龙特拉是赫雷斯的全称，"雪利"一词来自西班牙语的赫雷斯
（Xerez），英语为 Sherry，因产地得名。

酿造雪利酒的葡萄主要有两个品种：

巴罗米诺　　　**佩德罗－希梅内斯**（Pedro Ximénez）

雪利酒的类型：

曼萨尼亚	菲诺	阿蒙蒂亚	欧洛罗索	奶油
(Manzanilla)	(Fino)	(Amontillado)	(Oloroso)	(Cream)
干	干	干到半干	干到半干	甜

酿造雪利酒的氧化控制工艺

通常情况下，酿酒师会尽量避免让酿造过程中的酒浆接触空气。然而空气恰恰是使酒氧化酿成雪利酒的关键。酿酒师会将酒存入桶中，注至六成满，然后将软木盖掀开一些，把空气放进去，再将酒桶贮藏在酒窖里。在雪利酒产区，因为需要空气，酒窖高于地表。这一过程中一些酒挥发了——每年有 3%（被称作"天使的分享"）。你现在知道雪利酒产区的人们为什么这么开心了吧，他们独享着充满了雪利酒气息的空气。

巴罗米诺葡萄占雪利酒酿酒葡萄的 90%。

如果你想了解雪利酒，恐怕得知道 PX，也就是佩德罗－希梅内斯葡萄。甜雪利酒就是以 PX 酿造并和欧洛罗索雪利酒勾兑而成。

今天的雪利酒，只使用美国橡木桶陈贮。

有些索乐拉"母酒"混合了10~20个收获季节的酒浆。

要想澄清雪利酒,去除所有酒渣,可以加入蛋清,酒渣会附着在蛋清上而后沉在酒桶底部。问题来了:怎么处理蛋黄?你听说过果馅饼吗?是一种像布丁一样的甜点,用蛋黄做成。在雪利酒产区,这道甜点被称为"tocino de cielo",意思是"天堂的培根"。

不妨翻到第355页的测试题,看看自己对雪莉酒的相关知识掌握得如何。

—— 延伸阅读 ——

朱利安·杰夫斯(Julian Jeffs)著,《雪利酒》(Sherry)
塔莉娅·柏亚齐(Talia Baiocchi)著,《雪利酒》(Sherry)

索乐拉法

酿造雪利酒的下一步是部分勾兑,通过索乐拉法(Solera)实现。这道工艺流程,在陈贮时连续地勾兑不同年份雪利酒而使酒浆成熟完成。到装瓶时,从这些桶中取出的酒不超过总量的三分之一,目的是为新年份的酒腾出空间。这样才可以保证雪利酒的"本厂"风格,因为"母酒"构成了雪利酒风味的基础,而一定比例的新酿又在勾兑中使之不断更新。

如何选择雪利酒

最佳参考是生产商,生产商购买葡萄并进行勾兑。西班牙十大雪利酒生产商占有出口市场的60%。雪利酒的十大生产商是:

Croft	Hidalgo	Sandeman
Emilio Lustau	Osborne	Savory and James
González Byass	Pedro Domecq	Williams & Humbert
Harveys		

雪利酒开瓶后还能保存多久

雪利酒比一般餐酒开瓶后的保存时间要长一些,它酒精浓度较高,酒精充当了防腐剂。不过一旦开瓶,雪利酒就不可避免地丧失原始风味。要想喝到最佳状态的雪利酒,应将开过瓶的酒放入冰箱并在开瓶后两周内喝完并。曼萨尼亚和菲诺雪利酒接近白葡萄酒,应在一两天内喝完。

美食配佳酿

"陈年很久且稀有的雪利酒应当与干酪相佐。菲诺和曼萨尼亚雪利酒可以当做开胃酒,与烧烤食物搭配,或配煎鱼和烟熏三文鱼,这样你尝到的烟熏风味会比搭配普通白葡萄酒时更好。阿蒙蒂亚雪利酒的饮用方法不同,它应当和清淡干酪、香肠、火腿或者烤羊肉串一道享用,与海龟汤或肉煮清汤相配尤为美妙。奶油雪利酒的配餐,推荐曲奇、油酥面点和蛋糕。佩德罗-希梅内斯雪利酒则可搭配香草冰激凌,或当作咖啡和白兰地之前的甜酒。"

——何塞·伊格纳西奥·多默
(José Ignacio Domecq)

"菲诺雪利酒应冷藏再饮用,可与西班牙式开胃菜一起享用,也可以佐鱼肉菜肴。搭配蛤、贝类、龙虾、对虾、海鳌虾、鱼汤或三文鱼等较清淡的鱼也不错。"

——毛里西奥·冈萨雷斯(Mauricio González)

波特酒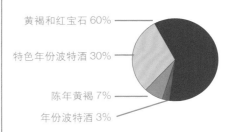

波特酒产自葡萄牙北部的杜罗河地区。近年来，为了避免"Port"一词被滥用，产自葡萄牙的正宗波特酒被重新命名为"Porto"，源自港口城市波尔图（Oporto），波特酒从这里销往世界各地。记住，波特酒是在发酵过程中加入无色白兰地，中断了发酵过程，留下 9%～11% 的剩余糖分，这就是波特酒成为甜酒的原因。

葡萄牙波特酒的两个主要类别：

1670 年波特酒开始出口到英格兰，19 世纪，为了在长途运输中保存好波特酒，发货商采用了添加白兰地的方法，于是形成了今天的葡萄牙波特酒。

波特酒的产量比例

黄褐和红宝石 60%
特色年份波特酒 30%
陈年黄褐 7%
年份波特酒 3%

桶贮波特酒（Cask-aged Port）	
红宝石波特酒（Ruby Port）	色深而果味浓，由较年轻的新酿无年份酒浆勾兑而成（10 美元以内）
黄褐波特酒（Tawny Port）	色泽较浅而精致，由多个年份的酒浆勾兑而成（10～99 美元）
陈年黄褐波特酒 (Aged Tawny)	陈贮有时达到 40 年甚至更久（10～999 美元）
科尔海塔波特酒（Colheita）	产自同一年份葡萄酿造，至少存贮 7 年（10～9999 美元）

瓶贮波特酒（Bottle-aged Port）	
晚装瓶年份波特酒（LBV）	产自同一年份葡萄酿造，收获后在瓶中陈贮 4～6 年，与年份波特酒的风格相似，但是较清淡。适宜立即饮用，无需移注换瓶（100～999 美元）
特色年份波特酒（Vintage Character）	同 LBV 风格类似，却由较好年份的酒浆勾兑而成（10～99 美元）
酒庄波特酒（Quinta）	来自单独某个葡萄园（100～9999 美元）
年份波特酒（Vintage Port）	在橡木桶中陈贮两年，在酒瓶中达到成熟（1000～9999 美元）

不仅仅是波特酒。近 10 年来，葡萄牙已将眼光转向了干红和干白。其中我最喜欢的品牌有：杜罗河产区——Real Companhia Velha、Quinta Castro、Quinta du Passadouro、Rozes 和 Durum；阿连特茹产区（Alentejo）——Luis Duarte Vinhos、Susana Esteban。

桶贮波特酒一旦装瓶，适合立即饮用，存放品质也不会提升；相比之下，瓶贮波特酒会在瓶中继续成熟。与香槟一样，波特酒的每个发货商的出酒年份各不相同。比如，2003 年、2007 年和 2011 年被大多数生产商认定为出酒年份，但其间的那些年却被认为没有达到年份要求。上佳年份波特酒可以自出酒年份起陈贮 15 ~ 30 年再饮用，具体陈贮时间不同年份有所区别。

如何选择波特酒

和雪利酒一样，选购什么样的波特酒与葡萄品种无关。要想买到喜爱的风格和勾兑类型，重要的是找到可靠的生产商。在美国能买到的波特酒中最重要的品牌有：

A. A. Ferreira	Fonseca	Robertson's
C. da Silva	Harveys of Bristol	Sandeman
Churchill	Niepoort & Co., Ltd.	Taylor Fladgate
Cockburn	Quinta do Noval	W. & J. Graham
Croft	Quinto Do Vesuvio	Warre's & Co.
Dow	Ramos Pinto	

享用波特酒

波特酒的瓶底很可能有酒渣，通过移注换瓶可将酒渣留在原来的瓶底，这样做能够提升品质。（移注方法见第 306 页。）波特酒似乎比普通餐酒保存的时间长，因为它的酒精浓度更高。不过，如果你想在最佳状态饮用波特酒，请在开瓶后一周内喝完。

葡萄牙波特酒的最佳年份						
1963*	1970**	1977*	1983*	1985	1991*	1992
1994**	1995*	1997**	2000**	2003**	2004	
2007**	2008	2009*	2011**	2012	2013	

* 表示格外出众　　** 表示卓越

英国人钟爱波特酒广为人知。按照传统，婴儿降生时父母会买一瓶波特酒存起来，等到孩子 21 岁生日再打开。21 岁不仅是一个人成熟的年龄，也是葡萄牙波特酒成熟的时候。

波特酒第一个有记录的好年份是 1765 年。

不妨翻到第 355 页的测试题，看看自己对波特酒的相关知识掌握得如何。

—— 延伸阅读 ——

戈弗雷·史彭斯（Godfrey Spence）著，《波特酒指南》(*The Port Companion*)

詹姆斯·沙克宁（James Suckling）著，《年份波特酒：葡萄酒观察家终极手册》(*Vintage Port: The Wine Spectator's Ultimate Guide*)

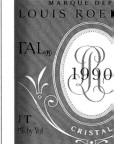

⊱ 品酒指南 ⊰

　　你们现在已经可以从世界之窗葡萄酒学校毕业了，没有什么能比香槟更适合用来庆祝。我们先品两款欧洲出产的起泡酒，再尝试两款美国的起泡酒，然后开始品鉴 3 款香槟。最后品鉴 3 个等级的波特酒——红宝石波特酒、黄褐波特酒和年份波特酒。

酒 款

欧洲起泡酒

两款起泡酒，比较

    1. 普罗赛克起泡酒

    2. 卡瓦起泡酒

美国加州起泡酒

两款起泡酒，比较

    3. 安德森河谷起泡酒

    4. 纳帕河谷起泡酒

香槟

两款香槟，比较

    5. 不记年香槟

    6. 年份香槟

波特酒

三款波特酒，比较

    7. 红宝石波特酒

    8. 黄褐波特酒，10 年陈贮

    9. 年份波特酒

≈ 第九章 ≈

世界各地的葡萄酒

智利 ❋ 阿根廷 ❋ 澳大利亚 ❋ 新西兰 ❋ 南非 ❋

加拿大 ❋ 奥地利 ❋ 匈牙利 ❋ 希腊

智利葡萄酒

　　智利国土平均宽度仅 109 英里，却有长约 2500 英里的海岸线。气候类型多样，北部地区接近沙漠，南部地区冰川覆盖，首都圣地亚哥位于中部，南北辐射 150 英里内均是标准的地中海气候——白天温暖、夜间凉爽、海风习习，适宜品质出众的葡萄生长。白雪皑皑的安第斯山脉——各山峰的平均高度约 1.3 万英尺，是世界上最长的山脉——它通过洪水和滴水灌溉为葡萄种植提供了水源。

　　西班牙人于 1551 年在智利种下第一批葡萄后开始酿造葡萄酒，1555 年第一次出酒，19 世纪中期开始引入赤霞珠和美乐等法国品种。不过，直到 19 世纪 70 年代，智利葡萄酒的出口才愈显重要，因为葡萄根瘤蚜侵袭了美国和欧洲。然而 1938 年，智利政府勒令不得新辟葡萄园，之前取得的一切进展被迫停滞，这条禁令一直延续至 1974 年。1979 年，不锈钢桶发酵等现代技术由西班牙的桃乐丝家族引入智利。智利现代葡萄酒业的复兴开始。20 世纪 90 年代，智利产出了世界级的葡萄酒，以红葡萄酒为主，赤霞珠尤为突出。直到今天，智利的葡萄酒产业仍在不断发展。但此前 20 年的努力带来的变化不容小觑——绝不仅仅是产出了好酒而已！智利不断更新和改进基础设施建设，使这个国家日益转型成为一个吸引外资的旅游业和工业大国。

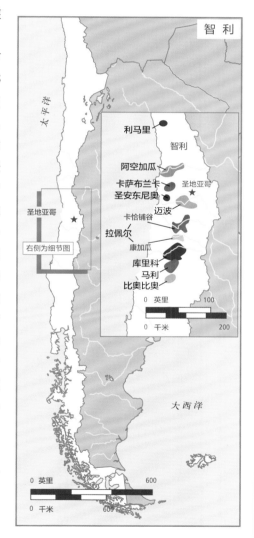

智利今昔对比
1995 年：12 家酿酒厂
2016 年：超过 100 家

品尝了一整天智利葡萄酒之后，最好以智利传统的**皮斯科酒**（Pisco Sour）收尾——这是一种将白兰地与柠檬汁或青柠汁、糖浆、蛋清、少许安古斯图腊苦酒（Angostura bitters）混合而成的饮品。品尝的智利葡萄酒越多，越应该尝尝皮斯科酒。

智利葡萄酒的海外投资人

海外投资方	国家	智利酒厂
Antinori	意大利	Albis
Dan Odfjell	挪威	Odfjell Vineyards
O. Fournier	西班牙	O. Fournier
Quintessa	美国加州	Veramonte
Torres Winery	西班牙	Miguel Torres Winery

法国在智利的投资

法国投资方	智利酒厂
Baron Philippe de Rothschild	Almaviva
Bruno Prats & Paul Pontallier	Aquitania
Château Lafite-Rothschild	Los Vascos
Château Larose-Trintaudon	Casas del Toqui
Grand Marnier	Casa Lapostolle
William Fèvre	Fèvre

智利葡萄酒产业遵循欧盟的酒标要求，酒内至少含有 85% 酒标指定年份和产区的葡萄品种。今天的酿酒师享有许多自由：传统的法国橡木桶陈贮、新兴的不锈钢桶发酵技术、科学的葡萄园管理模式以及滴水灌溉共同成就了高品质的葡萄酒。智利一直坚持学习新知，不断试验，迅速成长，其红葡萄酒已跻身世界最佳性价比葡萄酒之列，价位在 15~25 美元。

智利主要的白葡萄品种有：

霞多丽　　长相思

智利主要的红葡萄品种有：

赤霞珠　　卡曼纳（Carménère）　　美乐　　西拉

新栽种的马贝克、佳丽酿、黑比诺、神索，会在未来 10 年使智利葡萄酒更加丰富多彩。

智利太狭长了，很难界定葡萄酒产区。也许，最好的方法应该是以东西和南北为两个坐标，由东至西，你会发现 3 种气候类型：

智利是美国的第四大葡萄酒进口国。

美国市场上 5 个最大的智利葡萄酒品牌

Concha y Toro

Walnut Crest

San Pedro

Santa Rita

Santa Carolina

数据来源：Impact Databank

沿海：气候凉爽

中部河谷：气候温暖

安第斯山脉：气候凉爽或温暖

从南北方向看，最重要的产区有：

卡萨布兰卡河谷（Casablanca Valley）　　**迈波河谷**（Maipo Valley）

拉佩尔河谷（Rapel Valley）/ **康加瓜**（Colchagua）

卡曼纳

波尔多的酿酒方法对智利早期的酿酒业影响深远，这也是赤霞珠成为当时智利最主要的红葡萄品种的原因。19 世纪 50 年代，智利开始种植其他品种，比如美乐和品丽珠。1994 年，DNA 分析显示智利有相当一部分被误认为美乐并酿成酒销往各地的葡萄，事实上是另一种波尔多葡萄——卡曼纳。卡曼纳是一种厚皮葡萄，酿出的酒单宁酸柔和、甘甜，酸度较低。

这原本可能是市场的灾难，却转而成为智利葡萄酒的新亮点。如今卡曼纳葡萄成了智利最主要的葡萄品种之一，而智利也是世界上唯一用卡曼纳葡萄酿造单一品种葡萄酒的国家。1997 年，智利各个酒厂之间的卡曼纳葡萄酒品质参差不齐，大多数有青草味。仅过了 10 年，智利卡曼纳葡萄酒的变化之大实在令人刮目相看。以下是酿造优质卡曼纳葡萄酒的一些必要条件：

- 葡萄要种植在排水性好的土壤中。
- 老藤出美酒。
- 卡曼纳是晚熟型葡萄，需要气候条件良好。
- 收获季将要结束时，将葡萄藤上的叶子摘下，让葡萄尽可能接触阳光。
- 与赤霞珠和西拉勾兑效果更佳。
- 至少 12 个月的橡木桶陈贮。这样才能融合果味、单宁酸和酸。

应该趁年轻（3 ~ 7 年）饮用，最好的酒款价格在 20 美元以上，性价比很高。

笔者偏爱的智利葡萄酒生产商及其品牌酒款：

Almaviva	Leyda
Anakena (Ona)	Matetic (EQ)
Aquitania	Miguel Torres

赤霞珠占智利葡萄种植面积的 32%。

智利的其他葡萄酒产区

阿空加瓜（Aconcagua）：赤霞珠

比奥比奥（Bío Bío）：黑比诺

卡恰铺谷（Cachapoal）：赤霞珠

库里科（Curicó）：赤霞珠，长相思

利马里（Limari）：赤霞珠

马利（Maule）：赤霞珠

圣安东尼奥（San Antonio）：霞多丽

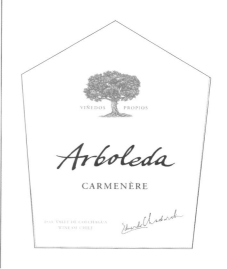

智利最大的 7 家酒厂	
酒厂	创立年份
San Pedro	1865 年
Concha y Toro	1883 年
Errazuriz	1870 年
Santa Carolina	1875 年
Santa Rita	1880 年
Undurraga	1885 年
Canepa	1930 年

在智利，超过 40% 的酿酒师是**女性**。

不妨翻到第 357 页的测试题，看看自己对智利葡萄酒的相关知识掌握得如何。

—— 延伸阅读 ——
彼得 · 理查兹（Peter Richards）著，《智利葡萄酒》(*The Wines of Chile*)

Arboleda

Caliterra (Cenit)

Carmen (Grande Vidure)

Casa Lapostolle
   (Cuvée Alexandre, Clos Apalta)

Casa Silva

Chadwick

Concha y Toro (Don Melchor)

Cono Sur (Ocio)

Cousiño Macul (Finis Terrae,
   Antiguas Reservas, Lota)

De Martino

Echeverria

Emiliana Orgánico

Errazuriz (Don Maximiano)

Montes (Alpha M, Folly)

Morandé

O. Fournier (Centauri)

Odfjell

Santa Carolina
   (Viña Casa blanca)

Santa Rita (Casa Real)

Seña

Tarapaca (Reserva Privada)

Undurraga (Altazor)

Valdivieso (Caballo Loco, Eclat)

Los Vascos
   (Le Dix de Los Vascos)

Veramonte (Primus)

Viña Koyle

近年来智利葡萄酒的最佳年份

卡萨布兰卡：2011　2012　2013*　2014　2015

迈波：2005** 2006* 2007** 2008* 2009 2010* 2011*
2012　2013*　2014　2015

康加瓜：2005*　2007*　2009　2010　2011　2012
2013*　2014　2015　2016*

* 表示格外出众　　** 表示卓越

30 美元以下的 5 款最具价值的智利葡萄酒

Arboleda Carmenère • Casa Lapostolle "Cuvée Alexandre" Merlot •
Concha y Toro Puente Alto Cabernet • Montes Cabernet Sauvignon • Veramonte Sauvignon Blanc

更完备的清单请翻到第 323 页。

阿根廷葡萄酒

阿根廷是南美面积第二大的国家,有优越的气候和土壤条件,尤其是对红葡萄酒来说。阿根廷全年日照时间长达300天,年降水量却只有8英寸,拥有复杂的运河网络和水坝系统,可以有效灌溉葡萄园。

阿根廷的葡萄酒历史可以追溯到西班牙殖民时代,和美洲大陆上许多葡萄酒生产大国一样,是传教士首先种植和培育葡萄。耶稣会士于1544年在门多萨种下第一批葡萄,后来又传至北部的圣胡安。最初,阿根廷不需要出口葡萄酒,因为出产的酒物美价廉,大多内销。然而最近20年,阿根廷发生了许多变化,包括巨额投资。但引进的不仅仅是资金,还迎来了拥有葡萄园和酒厂的世界级专家。

阿根廷拥有960家酒厂,其中超过600家位于门多萨。

265

海外投资

阿根廷平均地价只有 30000 美元 / 英亩，难怪过去十几年那么多有影响力的酒界名人和企业会在这里投资。

酒厂	国家	阿根廷酒厂
Chandon	法国	Bodegas Chandon
Concha y Toro	智利	Trivento，San Martin
Cordorníu	西班牙	Séptima Winery
Hess	瑞士	Colomé Winery
O. Fournier	西班牙	O. Fournier
Paul Hobbs	美国	Viña Cobos
Pernod Ricard	法国	Etchart Winery
Sogrape Vinhos	葡萄牙	Finca Flichman

来自波尔多的投资

波尔多投资方	国家	阿根廷酒厂
Château Cheval Blanc	法国	Cheval des Andes
Château Le Bon Pasteur	玻美侯	Clos de los Siete
Château Le Gay	玻美侯	Monteviejo
Château Léoville Poyferre	圣朱利安	Cuvelier Los Andes
Château Malartic-Lagraviere	佩萨克－雷奥良	Bodegas Diamandes
Château Clarke，Château Dassault 和 Listrac	圣艾美浓	Flechas de los Andes
Lurton	法国	François Lurton

20 世纪 80 年代到 90 年代，阿根廷国内的葡萄酒消费从平均每人每年 20 加仑降至 8 加仑。继而遭遇比索贬值（1998 ~ 2002 年），葡萄酒出口的利润率更高了。在海外投资和酿酒专家的指导下，阿根廷凭借代表性的马贝克葡萄进入出口市场的绝佳时机终于到来。阿根廷如今是南美第一大葡萄酒生产国，全世界排名第五，也

代表菜肴是牛肉。阿根廷人均每天消费半磅牛肉。另外，从 Francis Mallman 1884 到 Urban at O. Fournier，许多酒厂都有自己风味独具的餐厅。

携全家游**巴塔哥尼亚**（Patagonia）吧，那里有全世界最多的恐龙化石。

是世界第六大葡萄酒消费国。阿根廷幅员辽阔,葡萄酒的性价比在全世界有口皆碑。尚有数千英亩地域可供栽植葡萄,有望开发出新的产区和酒款。今后 20 年出产的葡萄酒值得期待。

阿根廷主要的白葡萄品种有:

长相思　　托伦特里奥哈诺

阿根廷主要的红葡萄品种有:

赤霞珠　　美乐　　丹魄　　马贝克　　西拉

所有阿根廷单一品种酒,但凡在酒标上注明葡萄品种,须 100% 使用该品种葡萄酿成。

阿根廷主要的葡萄酒产区和葡萄有:

北部地区

萨尔塔(Salta):托伦特里奥哈诺、赤霞珠

卡法亚特(Cafayate):马贝克、赤霞珠、丹娜(Tannat)、托伦特里奥哈诺

库约(Cuyo)地区

门多萨(Mendoza):马贝克、丹魄、赤霞珠

乌格河谷(Uco Valley):赛美蓉、马贝克

巴塔哥尼亚(Patagonia)地区

圣胡安(San Juan):巴纳都、西拉

内格罗河省(Río Negro):黑比诺、托伦特里奥哈诺

内乌肯(Neuquén):长相思、美乐、黑比诺、马贝克

马贝克又称 Cot,法国卡奥尔地区出产的这种葡萄酿的酒,酒体丰满。

阿根廷的杂交葡萄品种巴纳都(Barnardo),在阿根廷的种植面积为 45500 英亩,但由于单宁酸含量低,往往和马贝克、赤霞珠勾兑,很少以单一品种酒出现。

WEINERT
CABERNET SAUVIGNON

ORIGEN LUJAN DE CUYO - MENDOZA
BODEGA Y CAVAS DE WEINERT S.A.

世界最著名的法国酿酒顾问迈克尔·罗兰（Michel Rolland）加盟阿根廷一座拥有5家酒厂的酒庄Clos de los Siete。5家酒厂分布集中、比邻相望，罗兰的合作伙伴多是顶级酿酒专家和栽培专家。《葡萄酒倡导者》（Wine Advocate）杂志论及该品牌2007年的酒款时写道："在阿根廷，或许没有更精致的红葡萄酒了。"另外4家酒厂为：Monteviejo、Flechas de los Andes、Cuvelier los Andes和Diamandes。

不妨翻到第357页的测试题，看看自己对阿根廷葡萄酒的相关知识掌握得如何。

—— 延伸阅读 ——
迈克尔·罗兰、恩里克·克拉博洛斯基（Enrique Chrabolowsky）合著，《阿根廷葡萄酒》（Wines of Argentina）

阿根廷拥有50万英亩葡萄园，70%位于门多萨。不过，新兴产区萨尔塔也值得关注。

笔者偏爱的阿根廷葡萄酒生产商有：

Achaval Ferrer (Finca Mirador)	Kaiken
Alta Vista (Alto)	Luca (Nico by Luca)
Bodega Noemìa de Patagonia	Luigi Bosca (Icono)
Bodega Norton (Perdriel Single Vineyard)	Mendel (Finca Remota)
Catena Zapata (Adrianna Vineyard)	O. Fournier (Alfa Crux Malbec)
Cheval des Andes	Salentein (Primum Malbec)
Clos de los Siete	Septima
Cuvelier los Andes (Grand Malbec)	Susana Balbo
Enrique Foster (Malbec Firmado)	Terrazas (Malbec Afincado)
Etchart	Tikal (Locura)
Finca Flichman	Trapiche
Finca Sophenia	Val de Flores
Francois Lurton (Chacayes)	Viña Cobos (Marchiori Vineyard)
	Weinert

近年来门多萨葡萄酒的最佳年份

2005* 2006** 2007 2008 2009* 2010* 2010*
2012* 2013** 2014 2015 2016*

* 表示格外出众 ** 表示卓越

---

30 美元以下的 5 款最具价值的阿根廷葡萄酒

Alamos Chardonnay • Catena Malbec • Clos de los Siete Malbec •
Salentein Malbec • Susana Balboa Cabernet Sauvignon

更完备的清单请翻到第321页。

澳大利亚葡萄酒

美国独立战争之后，英国失去了北美殖民地，便将目光投向了新领域。1788年，英国人找到了拥有悉尼港的新南威尔士。澳大利亚的葡萄酒产业也在这一年起步。起初，这里以出产加烈酒为主。19世纪30年代，来自波尔多 Château Haut-Brion 的赤霞珠葡萄插条被栽种在墨尔本附近。1832年，詹姆斯·巴斯比（James Busby）将法国罗纳河谷 Chapoutier 葡萄园的西拉葡萄插条种在了猎人谷。Henschke、Lindemans、Orlando、Penfolds 和 Seppelt，是当下澳大利亚规模最大和最有声望的葡萄酒企业，也都是19世纪创立的公司，直到今天仍源源不断地出产优质葡萄酒。

曾几何时，澳大利亚的袋鼠和冲浪运动比葡萄酒更有名；而现在，澳大利亚位列世界第六大葡萄酒生产国。澳大利亚高品质葡萄酒的生产是从20世纪70年代开始的，此后一直高速发展。1988~2008年，澳大利亚葡萄酒出口增长了近100%，如今的出口额更是超过30亿美元。

澳大利亚今昔对比
1970年：50561公顷葡萄园
2016年：160000公顷葡萄园

出口美国的澳大利亚葡萄酒：
1990年：578000箱
2015年：19800000箱

澳大利亚的酿酒葡萄比例

58%
红葡萄

42%
白葡萄

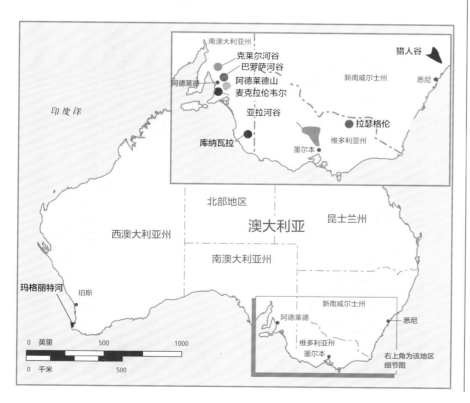

2016年，澳大利亚注册酒厂有2500家。

澳大利亚已成为美国的第三大葡萄酒进口国。澳大利亚的 Yellow Tail 排在美国进口葡萄酒的第一位，销量从2001年的20万箱飙升至2008年的800万箱。

澳大利亚至今生长着世界上最古老的西拉葡萄的植株。其中许多植株已超过 100 岁。

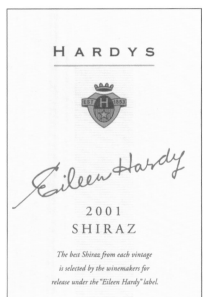

塔斯马尼亚（Tasmania）因起泡酒闻名。拉瑟格伦（Rutherglen）因加烈酒而闻名。

澳大利亚有一百多个葡萄品种，但没有一种是当地土生土长的葡萄。主要的白葡萄品种有：

长相思	霞多丽
美乐	雷司令

主要的红葡萄品种有：

西拉	赤霞珠
赛美蓉	黑比诺

澳大利亚有超过 60 个葡萄酒产区，它们被称为"地理指标"（Geographical Indications）。大可不必全部牢记，但最好能熟悉最重要的产区及其主产葡萄酒。

南澳大利亚州：
　　阿德莱德山（Adelaide Hills）：霞多丽、长相思
　　巴罗萨河谷（Barossa Valley）：西拉、歌海娜
　　克莱尔河谷（Clare Valley）：雷司令
　　库纳瓦拉（Coonawarra）：赤霞珠
　　麦克拉伦韦尔（McLaren Vale）：西拉、歌海娜

新南威尔士州：
　　猎人谷（Hunter Valley）：赛美蓉

维多利亚州：
　　亚拉河谷（Yarra Valley）：霞多丽、黑比诺

西澳大利亚州：
　　玛格丽特河（Margaret River）：赤霞珠、霞多丽、长相思／赛美蓉

　　澳大利亚的葡萄酒近半产自南澳大利亚州。南澳是世界上为数不多的、从未遭受葡萄根瘤蚜病虫害的地区之一，许多果农依然在使用植株自身的根茎。

　　澳大利亚葡萄酒行业的诚信商标计划（Label Integrity Program）1990 年开始生效。尽管 LIP 不像法国的 AOC 那样对葡萄酒生产的方方面面予以监控，但确实起到了监管出酒年份、葡萄品种、产地标示的作用。要想达到 LIP 标准并符合澳大利亚食品标准规定中的其他要求，酒标必须提供大量信息。观察下图的酒标，该酒款的生产商是 Penfolds。经勾兑酿成的酒必须在酒标上列出酿酒葡萄的品种，并标明各品种的比例，且比例最高的要列在首位。如果酒标标明某一特定产区——本例中是克莱尔河谷，那么至少 85% 的酒浆必须来自该产区。如果标明了年份，那么 95% 的酒浆必须产自这个出酒年份。

　　自 1994 年起，澳大利亚也和大多数葡萄酒生产国一样，需要遵守欧盟葡萄酒协议的规定——禁止笼统地使用诸如"勃艮第""香槟""波特酒""雪利酒"这样的名称。为遵守协议，最负盛名的澳大利亚葡萄酒品牌 Penfolds Grange Hermitage 删去了其中的"Hermitage"，避免与法国罗纳河谷的"Hermitage"产生品名纠纷。即便如此，Penfolds Grange 依然是澳大利亚最出色的葡萄酒之一。

现在 75% 的澳大利亚葡萄酒使用螺旋瓶盖。

爱喝甜酒？不妨试试 Chambers 酒庄的
麝香葡萄酒。

澳大利亚最受推崇的葡萄酒奖项是 1962
年设立的，以澳大利亚爱酒人士吉米·沃
森（Jimmy Watson）的名字命名，专门授
予最好的 1 年陈红葡萄酒，每年颁发 1
次。前 15 届的优胜者都是勃艮第风格和
干红类的葡萄酒，直到 1976 年，单一
品种的葡萄酒才赢得了"奖杯"。

2006 年的收获季最晚。
2013 年的收获季最早。

澳大利亚出酒季在上半年，葡萄收获季为 2
月～5 月。

2013 年是玛格利特河产区的上佳年份。

不妨翻到第 357 页的测试题，看看自己对澳
大利亚葡萄酒的相关知识掌握得如何。

—— 延伸阅读 ——
詹姆斯·哈利戴著，《澳大利亚葡萄酒指南》
（Australian Wine Companion）

笔者偏爱的澳大利亚葡萄酒品牌及其酒款：

Cape Mentelle (Cabernet Sauvignon)
Clarendon Hills (Hickinbotham
    Grenache)
Cullen Wines (Diana Madeline)
d'Arenberg (The Dead Arm Shiraz)
De Bortoli (Noble One)
Grant Burge (Meshach Shiraz)
Hardy's (Chateau Reynella Cellar
    No. One Shiraz)
Henschke (Cyril Cabernet
    Sauvignon, Hill of Grace)
Jamshead
Jim Barry
Kaesler
Katnook (Odyssey
    Cabernet Sauvignon)
Leeuwin Estate (Art Series Chardonnay
    or Cabernet Sauvignon)
Mollydooker Shiraz
    (Velvet Glove)
Mount Mary (Quintet)
Penfolds (Grange, Bin 707
    Cabernet Sauvignon)
Petaluma (Adelaide Hills Shiraz)

Peter Lehmann (Reserve Riesling
    or Semillon)
Shaw & Smith (M3 Vineyard
    Adelaide Hills Chardonnay)
Tahbilk (Eric Stevens Purbrick
    Shiraz or Cabernet Sauvignon)
Torbreck Vintners (Run Rig)
Tournon
Turkey Flat (Barossa Valley
    Shiraz)
Two Hands Shiraz (Bella's
    Garden)
Vasse Felix (Margaret River
    Chardonnay and Sémillon)
Voyager (Margaret River
    Sauvignon Blanc / Sémillon)
Wirra Wirra (RSW Shiraz and
    Angelus Cabernet Sauvignon)
Wolf Blass (Black Label Shiraz)
Yalumba (The Menzies
    Coonawarra Cabernet
    Sauvignon)
Yering Station (Shiraz Viognier)

近年来澳大利亚葡萄酒的最佳年份
（巴罗萨、库纳瓦拉、麦克拉伦韦尔）

2004** 2005** 2006* 2008* 2009 2010**
2012** 2013* 2014 2015

* 表示格外出众 ** 表示卓越

30 美元以下的 5 款最具价值的澳大利亚葡萄酒

Jacob's Creek Shiraz Cabernet•Leeuwin Estate Siblings Shiraz•
Lindeman's Chardonnay Bin 65•Penfolds "Bin 28 Kalimna" Shiraz•
Rosemount Estate Shiraz Cabernet (Diamond Label)

更完备的清单请翻到第 322 页。

新西兰葡萄酒

　　新西兰拥有天然滨海美景、连绵起伏的丘陵和宏伟的群山，气候宜人自不必说。这里还是蹦极运动的发源地，这一点倒与这个国家年轻蓬勃的葡萄酒工业相得益彰。新西兰第一个有记载的出酒年份是1836年。到了1985年，新西兰大约种植了1.5万英亩葡萄，这些葡萄中的大多数（穆勒图格葡萄最多）被用来生产大量低端葡萄酒。其实，那时产出的低端酒已经过剩了。于是政府出资补偿愿意连根拔掉葡萄园1/4植株的果农（史称"连根拔事件"）。如此大规模地清除劣质葡萄植株，重新唤起了果农对高质量酿酒葡萄的兴趣，引发了大规模种植长相思、黑比诺、霞多丽葡萄的风潮。这一事件标志着新西兰酒业的新开端。近30年来，新西兰的葡萄园和葡萄酒飞速发展，如今新西兰的长相思和黑比诺已经得到广泛认可，赢得了世界声誉。

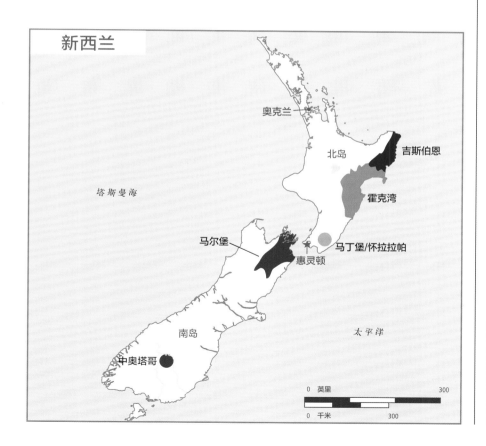

新西兰

新西兰今昔对比
1985 年：100 家酒厂
2016 年：692 家酒厂

95% 的新西兰人住在距离大海不到 30 英里的地方。

93% 的新西兰葡萄酒使用螺旋瓶盖。

葡萄种植面积
1985 年：1.5 万英亩
1986 年：1.1 万英亩（"连根拔"）
2016 年：8 万英亩

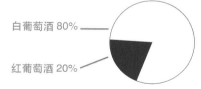

新西兰葡萄酒产量比例

白葡萄酒 80%

红葡萄酒 20%

DOG POINT
VINEYARD
2014
Sauvignon Blanc
Marlborough

1996 年新西兰仅有 1000 英亩黑比诺，2016 年黑比诺的种植面积已超过 11000 英亩。

虽然近来新西兰酒业发展的势头有所减弱，但其进步依然不可小觑。在"连根拔"之后仍然拥有超过 25 个葡萄品种的新西兰，酿酒师们刚刚开始全面理解这里的土壤和气候蕴藏的潜力。这些酿酒师和葡萄园主们只是"新生儿"般的第一代，新西兰酒业潜藏的力量必然会带来更多世界级的葡萄酒。新西兰的口号是"最好的即将被发掘"，这恐怕最能反映其葡萄酒发展前景。

新西兰的主要葡萄品种有：

长相思　　黑比诺　　霞多丽

要留意灰比诺和西拉在今后几年的发展。

新西兰的北岛和南岛构成了 10 个葡萄酒产区，5 个最重要的产区及其主要的葡萄酒是：

北岛
吉斯伯恩（Gisborne）：霞多丽
霍克湾（Hawke's Bay）：波尔多混酿、霞多丽、西拉
马丁堡 / 怀拉拉帕（Martinborough/Wairarapa）：黑比诺

南岛
马尔堡（Marlborough）：长相思、黑比诺
中奥塔哥（Central Otago）：黑比诺

位于世界最南端的葡萄产区就是中奥塔哥。

马尔堡的长相思

30 年前，新西兰葡萄酒中长相思的比例还不到 4%。如今马尔堡以 50% 的葡萄园产出了新西兰 90% 的长相思酒。以此为资本，新西兰自诩"世界长相思葡萄之都"，但这里的风土与法国截然不同。新西兰长相思葡萄酒的芳香，往往被酒评家形容为清爽而带矿物味，其酸味中有着青柠、葡萄柚和热带水果的气息，刺激、浓郁、有活力、青草味、野性，有时闻起来像猫尿！怎能不讨人喜欢？

除了葡萄酒，新西兰著称于世的还有乳制品和羊毛。冬季，酒厂允许绵羊在葡萄园自由自在地吃草，这样做是为了清理杂草。

新西兰 70% 的葡萄植株树龄不超过 10 年。

笔者偏爱的新西兰葡萄酒生产商：

Amisfield	Esk Valley	Palliser
Ata Rangi	Felton Road	Quartz Reevf
Babich	Forrest	Sacred Hill
Bell Hill	Greywacke	Saint Clair
Brancott (Montana)	Kim Crawford	Seresin
Cloudy Bay	Kumeu River	Spy Valley
Craggy Range	Matua Valley	Te Mata
Dog Point	Mud House	Trinity Hill
Dry River	Nautilus	Villa Maria

2014 年是新西兰葡萄酒产量创纪录的一年。

不妨翻到第 357 页的测试题，看看自己对新西兰葡萄酒的相关知识掌握得如何。

—— 延伸阅读 ——

迈克尔·库珀（Michael Cooper）著，《新西兰选酒指南》（Buyer's Guide to New Zealand Wines）

近年来新西兰葡萄酒的最佳年份

北岛（霍克湾和马丁堡）

2006　2007*　2010**　2011*　2012　2013**　2014*　2015*

南岛（中奥塔哥和马尔堡）

2009*　2010*　2011*　2012　2013**　2014*　2015*

* 表示格外出众　　** 表示卓越

---

30 美元以下的 5 款最具价值的新西兰葡萄酒

Brancott Estate Pinot Noir Reserve•Cloudy Bay "Te Koko"•Kim Crawford Sauvignon•
Blanc Stoneleigh Pinot Noir•Te Awa Syrah

更完备的清单请翻到第 329 页。

南非葡萄酒产量比例

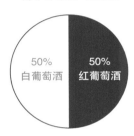

50%
白葡萄酒

50%
红葡萄酒

南非葡萄酒

　　南非有世界上地质时代最古老的适合种植葡萄的土壤。荷兰人于 1652 年建立了开普敦城，1659 年南非收获了第一季葡萄。定居下来的荷兰人后裔与法国胡格诺教徒在南非栽种葡萄和酿酒的历史大约有 350 年。1685 年，后来蜚声国际的康斯坦提亚（Constantia）产区得以初建。近年来，南非出产的酒以内销和出口欧洲为主，在美国难以购得。1990 年之前，南非只有几个生产商能酿造高品质葡萄酒，大型合作社皆以生产加烈酒和白兰地为主，由限额制度决定产量，重数量而轻质量。1994 年，纳尔逊·曼德拉经民主选举当选总统后，南非的孤立和种族隔离正式结束，葡萄酒也随之进入全球市场。

西开普产区距离开普敦不到两小时车程。

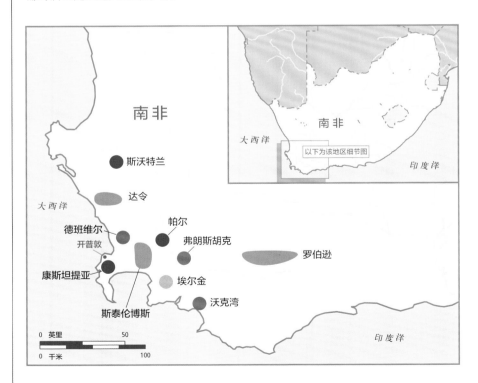

海外投资

投资人	投资人 所属酒庄	投资人 资产分布	接受投资的 南非酒庄
阿内·宽特罗-于雄 (Anne Cointreau-Huchon)		法国	Morgenhof
布鲁诺·普拉茨	Château Cos d´Estournel	法国波尔多	Anwilka
唐纳德·赫斯		美国加州、澳大 利亚、阿根廷	Glen Carlou
于贝尔·德布阿尔 (Hubert de Boüard)	Château Angélus	法国波尔多	Anwilka
梅·杜兰克珊 (May de Lencquesaing)	Château Pichon Lalande 酒庄	法国波尔多	Glenelly
米歇尔·拉罗什 (Michel Laroche)		法国夏布利	L´Avenir
菲尔·弗里兹 (Phil Freese)	原属 Mondavi 酒厂	美国加州	Vilafonté
皮埃尔·勒顿 (Pierre Lurton)	Château Cheval Blanc	法国波尔多	Morgenster
泽尔马·朗恩	原属 Simi 酒庄	美国加州	Vilafonté

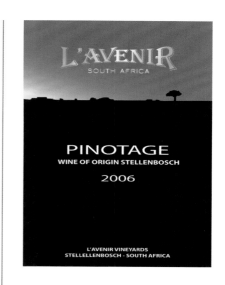

世界上最好的白诗南酒不是来自法国的卢瓦河谷，就是来自南非。

近 20 年来，南非葡萄酒取得了长足进步，许多酒款已经与世界最优质的葡萄酒不相上下，最精彩的恐怕尚未登场——南非许多葡萄园还很年轻。南非有超过600 家酒厂。自 1994 年以来，南非约有三分之一的葡萄园被翻种过。这个时间值得注意，因为葡萄树龄是影响葡萄酒品质的决定性因素。

南非的地貌差异很大，气候条件也各不相同。海拔 300～1300 英尺的地方都有葡萄园分布。有的葡萄园位于靠近海岸的凉爽地带，有的葡萄园夏季气温超过37 摄氏度，必须因地制宜。南非是一片参差多态的土地，一切皆有可能，因而生机勃勃。

南非主要的白葡萄品种有：

霞多丽　　白诗南　　长相思

南非标志性的白葡萄酒究竟是霞多丽还是白诗南，依然存在争议。历史上曾经是白诗南，南非的有些白诗南葡萄老藤已逾百岁。有的生产商喜欢在橡木桶中陈贮

笔者偏爱的南非白诗南葡萄酒品牌
Cederberg
De Trafford
Groote Post
Iona
Kanu
Rudera

白诗南酒，有的喜欢非橡木桶陈贮，另一些酿酒师则两种办法都用。

南非主要的红葡萄有：

波尔多杂交品种（赤霞珠、美乐和品丽珠的杂交）

西拉　　赤霞珠　　比诺塔吉

南非在地理上分为两个区域：西开普和北开普，西开普出产 97% 的南非葡萄酒。以下还细分为地区、行政区和行政分区。最重要的产区称为"海岸地区"（Coastal Region），这里有 3 个历史上最重要的葡萄酒原产地（WO，Wines of Origin），以下是 3 个 WO 及其主产葡萄：

康斯坦提亚：长相思、麝香葡萄

斯泰伦博斯（Stellenbosch）：霞多丽、赤霞珠、比诺塔吉、波尔多杂交

帕尔（Paarl）：霞多丽、西拉、白诗南

南非其他重要葡萄酒产区及其主产酒款为：

达令（Darling）：长相思

德班维尔（Durbanville）：长相思、美乐

埃尔金（Elgin）：雷司令、长相思、黑比诺

弗朗斯胡克（Franschhoek）：赤霞珠、西拉、赛美蓉

罗伯逊（Robertson）：霞多丽、西拉

斯沃特兰（Swartland）：西拉、比诺塔吉、罗纳河谷风格混酿

沃克湾（Walker Bay）：霞多丽、黑比诺

1973 年，原产地制度 WO 严格限定了南非葡萄酒的酒标标注规则。如果酒标上标明是酒庄原装酒，那么葡萄必须 100% 产自该酒庄。如果酒标上注明了原产地，那么葡萄必须 100% 产自此地。"指定年份"（Vintage Designation）的意思是酒浆至少 85% 产自酒标上标明的年份。"指定品种"（Varietal Designation）指酿酒葡萄至少 85% 是酒标上标明的葡萄。有两项指标 WO 制度不予监管——单位面积产量和灌溉要求。

比诺塔吉

1925 年，斯泰伦博斯大学的葡萄栽培专家利用黑比诺和神索两个品种的杂交创造了比诺塔吉。不幸的是，比诺塔吉葡萄酒并无固定的风味。既有清淡甚至寡味的酒，闻起来有如醋酸香蕉或喷漆，还带有刺激的酸辛后味；又有强劲、丰满、甘醇、平衡感上佳的美酒，而且果味浓重，余韵悠长，可以陈贮 20 年以上。最好的比诺塔吉酒生产商都会遵循相似的要求：

- 选用在凉爽气候下生长、树龄至少 15 年的葡萄。
- 每英亩产出必须较低。
- 葡萄皮与酒浆的接触时间较长，且在开放的发酵容器内浸泡。
- 酒浆在橡木桶中的至少陈贮两年。
- 与赤霞珠混合。
- 瓶内陈贮至少 10 年。

笔者偏爱的比诺塔吉葡萄酒生产商有：

L'Avenir   Kanonkop   Fairview   Simonsig

南非甜酒

法国波尔多苏特恩甜酒和德国贵腐甜酒刚刚试酿时，南非康斯坦提亚早已出产世界上最优秀的甜酒了。自 18 世纪以来，康斯坦提亚就用芬芳馥郁的麝香葡萄酿酒。现在，Klein Constantia 酒庄依然保留了最初的酿造方式，而风干未经灰霉菌侵染的葡萄。

2016 年南非遭遇了史上最严重的干旱。

不妨翻到第 359 页的测试题，看看自己对南非葡萄酒的相关知识掌握得如何。

—— 延伸阅读 ——

蒂姆·詹姆斯著，《新南非葡萄酒》（*Wines of the New South Africa*）

笔者偏爱的南非葡萄酒生产商有：

斯泰伦博斯：

Anwilka	Ken Forrester	Rudera
Cirrus	L'Avenir	Rust en Vrede
De Toren	Meerlust	Rustenberg
De Trafford	Morgenhof	Simonsig
Glenelly	Morgenster	Thelema
Jordan（在美国，称作 Jardin）	Mulderbosch	Vergelegen
	Neil Ellis	Vriesenhof
Kanonkop	Raats Family	Waterford

帕尔：

Fairview	Nederburg	Vilafonté
Glen Carlou	Veenwouden	

弗朗斯胡克：

Boekenhoutskloof	Boschendal	Graham Beck

斯沃特兰：

A. A. Badenhorst Family	Porseleinberg	Sadie Family
Mullineux		

沃克湾：

Ashbourne	Bouchard-Finlayson	Hamilton Russell

康斯坦提亚：

Constantia Uitsig	Klein Constantia	Steenberg

埃尔金：

Paul Cluver

近年来南非西开普葡萄酒的最佳年份

2006*　2007　2008*　2009**　2010　2011*

2012*　2013*　2014　2015

* 表示格外出众　** 表示卓越

---

30 美元以下的 5 款最具价值的南非葡萄酒

Doolhof Dark Lady of the Labyrinth Pinotage•Ken Forrester Sauvignon Blanc•Rustenberg 1682 Red Blend•Thelema Cabernet Sauvignon•Tokara Chardonnay Reserve Collection

更完备的清单请翻到第 330 页。

加拿大葡萄酒

加拿大商业葡萄酒酿造始于 19 世纪初。其葡萄酒历史与美国的纽约州十分相似，酿酒业都始于集中种植耐寒的美洲葡萄——如康科德、卡托巴、尼亚加拉（Niagara）等品种。像美国一样，当年有许多加拿大酒厂专酿加烈酒，这类酒往往以雪利酒和波特酒命名。加拿大也经历过全国禁酒，始于 1916 年，1927 年废止。加拿大的葡萄种植业在 20 世纪 70 年代经历了第一次重大变革，几家生产商开始试种法国品种的杂交葡萄。近 40 年过去了，如今加拿大最好的葡萄都源自欧洲品种。

加拿大主要的白葡萄品种有：

霞多丽　　灰比诺　　威代尔

琼瑶浆　　雷司令

主要的红葡萄品种有：

品丽珠　　美乐　　西拉

赤霞珠　　黑比诺

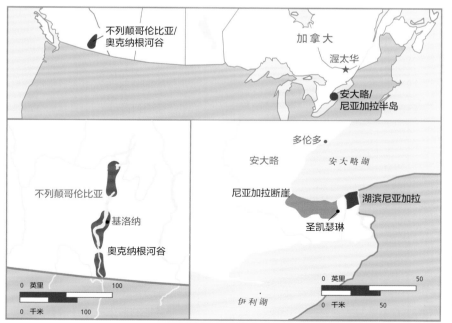

许多人误认为加拿大的地理位置偏北，气候寒冷，无法酿出好酒。与其他寒冷环境的葡萄酒产地一样（如德国），加拿大大多数最好的葡萄园都临近水域，水域可以调节气候。安大略有安大略湖和伊利湖，而不列颠哥伦比亚有奥克纳根湖。

281

魁北克和新斯科舍也种植葡萄，主要是杂交品种。

60% 的 VQA 指定葡萄酒是白葡萄酒。

加拿大演员丹·艾克罗伊德 (Dan Aykroyd) 和冰球明星怀恩·格雷茨基 (Wayne Gretzky) 在加拿大都有投资的酒厂。

加拿大有两个主要的葡萄酒产区：临太平洋的不列颠哥伦比亚 (British Columbia) 和五大湖东部的安大略 (Ontario)。两大产区产酒品种有同有异。

不列颠哥伦比亚/奥克纳根河谷 (Okanagan Valley)：霞多丽、灰比诺、美乐、赤霞珠、西拉、琼瑶浆、黑比诺、雷司令、维奥涅尔、马贝克

安大略 / 尼亚加拉半岛 (Niagara Peninsula)：霞多丽、雷司令、黑比诺、威代尔、品丽珠

酒商质量联盟 VQA (Vintners Quality Alliance) 分别于 1988 年和 1990 年在安大略和不列颠哥伦比亚成立。根据 VQA 的规定，葡萄酒必须 100% 使用欧洲葡萄，并控制比例。酒标上标出某一葡萄品种，酒款必须至少含有 85% 的该种葡萄。如果酒标上列出某个指定葡萄产区 DVA (Designated Viticultural Area)，那么至少 95% 的葡萄必须来自该地区。如果标出某个葡萄园，酿酒葡萄必须 100% 产自该园。加拿大约有 100 家酒厂酿造 VQA 指定葡萄酒。

笔者偏爱的加拿大葡萄酒生产商有：

Amisfield	Jackson-Triggs
Château des Charmes	Le Clos Jordanne
Greywacke	Mission Hill
Henry of Pelham	Sumac Ridge
Inniskillin	

加拿大冰酒

Inniskillin 酒厂创建于 1975 年，是安大略自 1927 年禁酒令废止以后创建的第一家酒厂，1984 年的严冬过后，Inniskillin 酒厂生产了第一款冰酒。

酿造冰酒的葡萄要留在藤上冻结，然后手工采摘。在葡萄没有解冻的时候小心翼翼地碾压，由此得来的浓缩果汁的糖分以及其他成分的浓度较高。加拿大法律规定，冰酒只能使用欧洲葡萄（通常是雷司令）或法国杂交葡萄威代尔，每升应含有 125 克剩余糖分。加拿大大多数冰酒较昂贵，而且酒瓶容量仅为普通酒瓶容量的一半。

近年来加拿大葡萄酒的最佳年份

安大略：2005　2006*　2009　2010*　2011　2012　2013　2014

不列颠哥伦比亚：2005　2006　2009　2010　2011

　　　　　　　　2012　2013　2014　2015

* 表示格外出众

不妨翻到第 359 页的测试题，看看自己对加拿大葡萄酒的相关知识掌握得如何。

—— 延伸阅读 ——

托尼·阿斯普勒（Tony Aspler）著，《加拿大葡萄酒傻瓜书》（Canadian Wine for Dummies）、《加拿大精品葡萄酒》（Vintage Canada）和《加拿大葡萄酒地图》（The Wine Atlas of Canada）

奥地利葡萄酒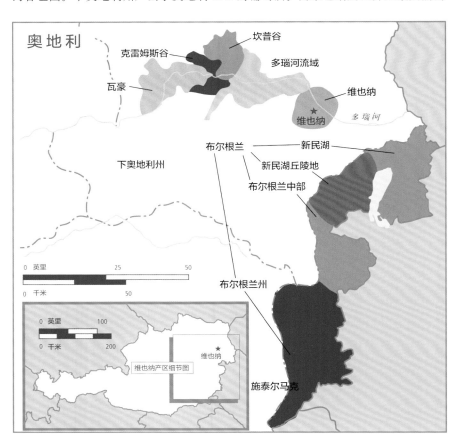

　　尽管奥地利的葡萄种植和酿酒业可以上溯至公元前4世纪，但直到最近25年它才被认可为高品质葡萄酒生产国。尤其是这里出产的一些白葡萄酒（包括干酒和甜酒），被认为是欧洲最精致、最美味的佳酿。用绿维特利纳和雷司令葡萄酿出的奥地利葡萄酒可以和各种食物搭配，这是最近奥地利葡萄酒在美国取得成功的原因之一。不论厨师还是侍酒师都认同：奥地利葡萄酒可与几乎所有菜品相配——从鱼类、禽类到几乎所有红肉。奥地利葡萄酒搭配亚洲菜品，也别有一番风味。

　　奥地利有4个葡萄酒产区：下奥地利州（Lower Austria）、维也纳（Vienna）、布尔根兰（Burgenland）和施泰尔马克（Styria），都位于奥地利东部，沿国境线排列。下奥地利州和维也纳较之另外两个产区偏北，由多瑙河勾勒出轮廓，被肥沃的河谷包围。下奥地利州产出了奥地利60%的葡萄酒。而维也纳是世界上最美丽的

奥地利

坎普谷
克雷姆斯谷
多瑙河流域
瓦豪
维也纳
多瑙河
下奥地利州
布尔根兰
新民湖
新民湖丘陵地
布尔根兰中部
布尔根兰州
施泰尔马克

0 英里　25　50
0 千米　50

0 英里　100
0 千米　200
维也纳产区细节图
维也纳

建议去多瑙河上的克罗斯特新堡（Klosterneuburg）看看1114年创建的修道院，一定要尝尝多瑙河流域出产的绿维特利纳葡萄。最古老的葡萄酒工艺学校与村庄同名，始建于1860年，值得一去。

城市之一，更是全世界独一无二的大都市兼葡萄酒产区。最重要的两个产区各自的区域和产酒大类是：

布尔根兰（红葡萄酒和甜酒）：新民湖（Neusiedlersee）、布尔根兰中部（Mittel-burgenland）、新民湖丘陵地（Neusiedlersee-Hügelland）。

下奥地利州（白葡萄酒）：瓦豪（Wachau）、坎普谷（Kamptal）、克雷姆斯谷（Kremstal）、多瑙河流域（Donauland）。

主要的白葡萄品种：

绿维特利纳　　　长相思　　　雷司令　　　霞多丽（摩瑞龙）

主要的红葡萄品种：

蓝法兰克（莱姆贝格 [Lemberger]）　　　圣劳伦　　　黑比诺

奥地利与其他欧盟国家采用的标准大体上一致，酒标尤其接近德国，只是规定更为严格。质量等级的划分由葡萄的成熟度和发酵果汁的糖分决定。3 个主要的质量等级为：

日常餐酒（Tafelwein）　优质酒（Qualitätswein）　极品酒（Prädikatswein）

奥地利葡萄酒委员会对优质酒以上的等级进行品鉴，从而向消费者保证口味、风格以及质量。如果酒标上标明了某个葡萄品种，那么酿酒葡萄中至少应包含 85% 的该种葡萄。如果标明了某个产区，那么酒浆必须 100% 产自这一地区。

与邻国德国一样，奥地利大部分是白葡萄酒。与德国葡萄酒不同的是，奥地利

瓦豪地区葡萄酒等级

莠草级（Steinfeder）：最高酒精浓度 10.7%。

羽毛级（Federspiel）：最高酒精浓度 12.5%。

蜥蜴级（Smaragd）：最低酒精浓度 12.5%。

数据来源：《侍酒师杂志》

绿维特利纳葡萄占奥地利葡萄种植面积的三分之一以上。

奥地利葡萄酒中 70% 是白葡萄酒。

不妨尝试一下蓝法兰克与赤霞珠混酿的酒款。

兹威格（Zweigelt）葡萄是蓝法兰克和圣劳伦的杂交品种。

著名的瑞德尔玻璃杯来自奥地利。早在20世纪60年代，瑞德尔家族的玻璃器皿就已跻身世界名牌之列，他们制造形状特殊的玻璃酒杯，使酒香和芬芳乃至葡萄品种的风味更易凸显。瑞德尔家族还拥有另一家玻璃器皿制造商——斯皮格罗（Spiegelau）。

不妨翻到第359页的测试题，看看自己对奥地利葡萄酒的相关知识掌握得如何。

—— 延伸阅读 ——

彼得·莫泽（Peter Moser）著，《奥地利葡萄酒终极指南》（*The Ultimate Austrian Wine Guide*）

菲利普·布洛姆（Philipp Blom）著，《奥地利葡萄酒》（*The Wines of Austria*）

葡萄酒是干酒，酒精浓度更高，酒体更丰满，但这些特点与法国阿尔萨斯葡萄酒相似。成熟度的评定取决于发酵后剩余糖分的含量，奥地利葡萄酒囊括了从很干的干酒到浓甜的干浆果佳酿在内的各式酒款。

成熟度评定

干	甜	浓甜
干而不甜（Trocken）	日常餐酒	精选佳酿（Auslese）
半干微甜（Halbtrocken）	乡间酒（Landwein）	冰酒佳酿（Eiswein）
香甜（Lieblich）	优质酒	浆果佳酿（Beerenauslese）
	上等酒（Kabinett）	顶级佳酿（Ausbruch）
	极品酒	干浆果佳酿（Trockenbeerenauslese）
	晚秋佳酿（Spätlese）	

顶级佳酿是世界上最著名的甜酒之一，产自布尔根兰地区的村庄——鲁斯特（Rust），历史可以上溯至1617年，与法国的苏特恩甜酒、德国的贵腐甜酒、匈牙利的托卡伊一样，由灰霉菌侵染过的葡萄酿成，和托卡伊一样，绝大部分使用富尔民特葡萄作为酿酒原果。

笔者偏爱的奥地利葡萄酒生产商有：

Alzinger	Hirtzberger	Rudy Pichler
Bründlmayer	Knoll	Prager l
F. X. Pichler	Kracher	Schloss Gobelsburg
Hirsch	Nig	

近年来奥地利葡萄酒的最佳年份

2006**　2007*　2008**　2009*　2010　2011

2012　2013　2014　2015**

* 表示格外出众　** 表示卓越

30美元以下的5款最具价值的奥地利葡萄酒

Alois Kracher Pinot Gris Trocken•Hirsch "Veltliner #1" • Nigl Grüner Veltliner
Kremser Freiheit • Schloss Gobelsburg • Sepp Moser Sepp Zweigelt

更完备的清单请翻到第323页。

匈牙利葡萄酒

匈牙利葡萄酒产业的历史可以上溯至罗马帝国时期。一千多年来，匈牙利葡萄酒在文化和经济层面都得到了蓬勃发展。托卡伊是匈牙利最著名的葡萄酒，自16世纪以来生产从未间断，已经赢得了全世界的推崇。1949～1989年，匈牙利酿酒业遭遇了严重衰退，葡萄酒生产由国家垄断，重点生产桶装葡萄酒，却忽略了保持和提高优质葡萄酒的品质。

后来，匈牙利酿酒业的重心重新回到了优质葡萄酒的酿造上，并得到了意大利、法国、德国的资金支持。现代化酿造设备、新型葡萄园管理技术，以及长相思、霞多丽、灰比诺等品种的引进，重塑了几乎垮掉的匈牙利酒业。著名的托卡伊葡萄园首先受到投资者的关注，海外投资继而遍及全国，匈牙利终于可以再次产出品质卓越的葡萄酒。

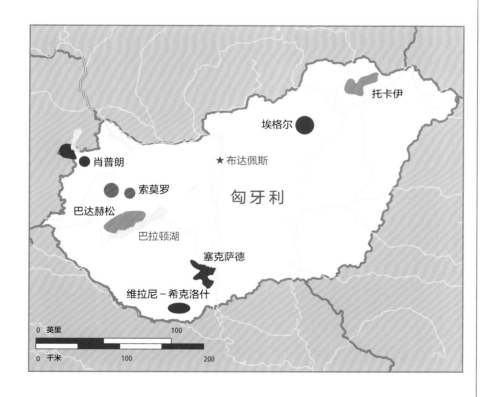

匈牙利语很难，尤其在一杯酒下肚后！
以下是张简表，帮助你理解名称背后的
风格含义。

匈牙利名	常用名
Kékfrankos	蓝法兰克
Tramini	琼瑶浆
Szürkebarát	灰比诺
Zöld Veltlini	绿维特利纳

Tokaj：村庄的名称。
Tokaji：来自托卡伊地区。
Tokay：Tokaji 的英文。

匈牙利主要的葡萄品种有：

	本土品种	非本土品种
白葡萄	富尔民特 哈勒斯莱维露 奥拉里斯令	长相思 灰比诺 霞多丽
红葡萄	卡达卡 卡法兰科司 琼州牧	赤霞珠 美乐 黑比诺

匈牙利有 22 个葡萄酒产区，其中 7 个值得关注，包括最著名的托卡伊，以下
是产区名称和主产葡萄：

巴达赫松（Badacsony）：奥拉里斯令

埃格尔（Eger）：卡法兰科司、黑比诺

索莫罗（Somoló）：富尔民特

肖普朗（Sopron）：卡法兰科司

塞克萨德（Szekszárd）：卡达卡、美乐、赤霞珠

托卡伊：富尔民特、哈勒斯莱维露

维拉尼－希克洛什（Villány-Siklós）：赤霞珠、卡法兰科司

托卡伊奥苏

有"液体黄金"之誉的托卡伊奥苏是世界上最优秀的甜酒之一，与法国苏特恩甜酒、德国贵腐甜酒齐名。"Tokaji"的意思是"来自托卡伊地区的"，那里是世界上最古老的葡萄酒产地之一。"Aszú"是指经过灰霉菌侵染后失水、干缩的葡萄。

托卡伊奥苏通常由4种匈牙利本土葡萄混合酿成，其中最主要的酿酒葡萄是富尔民特。在秋季收获时，受到灰霉菌侵染的葡萄被采摘下来，稍加碾压后处理成稠浆。未经灰霉菌侵染的葡萄，采摘后发酵，酿成"基础酒"。"灰霉菌葡萄稠浆"则被收集在一个称为"笼"（Puttonyos）的容器内，然后根据不同的甜度要求加入"基础酒"。甜度的计量单位即"笼"，在所有托卡伊奥苏的酒标上都能看到"Puttonyos"。灰霉菌葡萄添加愈多，酒愈甜。

3 笼	4 笼	5 笼	6 笼
每升含糖 60 克	每升含糖 90 克	每升含糖 120 克	每升含糖 150 克

依"笼"数不同，托卡伊酒分4个等级：

最甜的托卡伊酒称为"精华"（Essencia 或 Eszencia）。精华奥苏（Aszú Essencia）含糖180克。由于糖分浓度高，精华托卡伊酒可能要经过很多年才能完成发酵，酒精浓度却只有2%~5%，是世界上最独特的葡萄酒之一。

笔者偏爱的托卡伊生产商有：

Chateau Dereszla   Hétszölö   Royal Tokaji Wine

Chateau Pajzos   Oremus   Company

Disznókö   Szepsy

近年来托卡伊奥苏甜酒的最佳年份
2000*   2002   2003   2005*   2006*   2009
2010   2011   2012   2013   2014   2015*
*表示格外出众

扎莫罗德尼（Szamorodni）是另一种风格的托卡伊葡萄酒，口味从半干到半甜，含糖量比3笼还少。

法国苏特恩甜酒每升含糖90克。
德国贵腐甜酒每升含糖150克。

传统托卡伊奥苏的矮粗酒瓶容量为500毫升，普通酒瓶为750毫升。

不妨翻到第359页的测试题，看看自己对匈牙利葡萄酒的相关知识掌握得如何。

—— 延伸阅读 ——

加布里埃拉·罗哈利（Gabriella Rohaly）、加博尔·梅扎罗斯（Gabor Meszaros）合著，《匈牙利葡萄酒指南》（*Wine Guide Hungary*）

希腊葡萄酒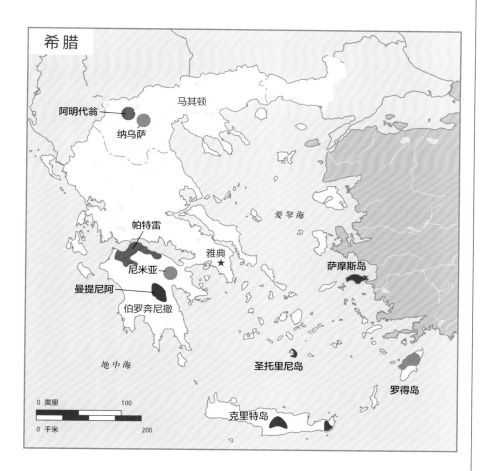

伯罗奔尼撒地区的酿酒历史始于七千多年前。至少从公元前 7 世纪起，葡萄酒在希腊人的文化和生活中就已扮演着重要的角色。葡萄酒一直是希腊和地中海国家贸易中最重要的商品。

1985 年以前，希腊葡萄酒大多平庸，几乎都是出口到国外希腊人社区的散装酒。自 1981 年加入欧洲共同体以来，希腊在改进酿造技术和建立葡萄园方面投入了大量资金。过去 25 年，希腊酒业开始侧重于高品质葡萄酒的酿造。欧盟的财政补贴加上酿酒师的投入，已经使希腊全国各地建立起最先进的酒厂。

> **希腊葡萄酒术语**
> Libation：源自希腊语 leibein，意思是斟酒。
> Symposium：源自希腊语 symposion，意思是酒会。
> Enology：源自希腊语 oinos，意思是有关葡萄酒的理念、思考或言论。

希腊

阿明代翁
纳乌萨
马其顿
爱琴海
帕特雷
尼米亚
曼提尼阿
伯罗奔尼撒
雅典
萨摩斯岛
地中海
圣托里尼岛
罗得岛
克里特岛

0 英里 100
0 千米 200

"酒盅惑我——令人着迷的酒能使一个沉静睿智的人歌唱、笑谑，酒唤醒此人使他翩翩起舞，还让他说出了本来不说为妙的词句。"
——奥德修斯《奥德震》第 14 卷第 463 ~ 466 行)

"何不通过这样一条法律：18 岁以下不得饮酒，饮酒对于身体和灵魂来说是火上浇油……如此方能保护容易冲动的少年。30 岁以下的年轻人可以有节制地饮酒，但是绝对不能过量或醉酒。男人到了 40 岁可以欢宴聚会，唤醒酒神并使之凌驾众神之上，使之置身长者的庆典，酒神将治愈晚年的乖张，人们因而重返青春，灵魂如释重负，变得柔软而顺从。"
——柏拉图《法律篇》(666b)

希腊有三千多个岛屿，只有 63 个岛有人居住。

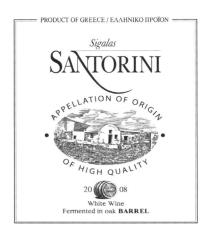

3 个主要的白葡萄品种是：

阿斯提柯

莫斯菲莱若

罗迪提司

3 个主要的红葡萄品种是：

阿吉奥吉提柯

马弗罗达夫尼（Mavrodafni）

西诺玛若（Xinomavro）

最好的葡萄酒产区及其分区

希腊北部	希腊南部	爱琴海（Aegean Sea）
马其顿（Macedonia）： 　阿明代翁（Amyndeo） 　纳乌萨（Naoussa）	伯罗奔尼撒： 　曼提尼阿（Mantinia） 　尼米亚（Nemea） 　帕特雷（Patras）	诸岛： 　克里特岛（Crete） 　萨摩斯岛（Samos） 　圣托里尼岛（Santorini） 　罗得岛（Rhodes）

希腊葡萄酒的风格

要讲解希腊葡萄酒的类型很困难。看看地图，希腊靠近爱琴海和伊奥尼亚海（Ioninan sea），拥有众多岛屿和山地，是欧洲第三大多山国家。希腊的大多数葡萄园位于山坡或偏远岛屿，一座典型希腊葡萄园的面积往往不足一公顷。

希腊的各产区之间存在着巨大差异。部分地区属于地中海气候——炎热的夏季、漫长的秋季以及短而温和的冬季。而山区接近大陆性气候——阳光充沛、冬季温和、夏季干燥、晚间凉爽。一些岛屿上的火山岩土壤使酒的风格迥异，而葡萄园位于陡坡还是平地也会影响葡萄酒的风格。一些葡萄园在 8 月收获，另一些则在 10 月收获。在神话中，酒神狄奥尼索斯（Dionysus）在阿提卡（Attica）将葡萄酒赐予希腊人。这个产区包括了雅典，因蕾契娜和萨瓦提诺（Savatiano）酒闻名。

希腊许多优质酒都属于政府制定的 OPAP 标准（意为"产于特定地区的高质量葡萄酒"，大多数是干酒）和 OPE 标准（意为"产于特定地区的甜酒"），两种类别都表示葡萄酒产自 1971 年以来国家认证的葡萄酒产区。尼米亚就是 OPAP 指定的产区之一，而帕特雷麝香葡萄酒则是 OPE 指定产区的一种酒。你可以在红色瓶封上看到"OPAP"字样，如果是蓝色瓶封，可以看到"OPE"字样。还有一种类似法国的普通餐酒，称作 EO，没有原产地命名的限制，由许多地区的酒勾兑而成。在过去的 5 年间，美国对希腊葡萄酒的进口额已增涨 30%，今后 10 年将是"新希腊"葡萄酒立足的关键时期。

蕾契娜

蕾契娜在酿造过程中加入了松脂。在古代，松脂被用来涂在陶罐口上，以达到真空密封的效果，罐内的酒因此不会接触空气而氧化。松脂有时会渗入酒中，希腊人受到启发，以此来给葡萄酒添加松脂味。有位朋友将那种烈性的酒香形容为"提炼出来的味道"（你可以想象一下松脂的气味）。

笔者偏爱的希腊葡萄酒生产商有：

Alpha Estate	Oenoforos	Semeli
Driopi	Pavlidis	Sigalas
Gaia Estate	Manoussakis	Skouras
Gerovassiliou	Mercouri	Tselepos
Kir Yianni	Samos Cooperative	

不妨翻到第 359 页的测试题，看看自己对希腊葡萄酒的相关知识掌握得如何。

近年来希腊葡萄酒的最佳年份
2005 2007 2008* 2009 2010 2011
2012 2013 2014 2015*
* 表示格外出众

—— 延伸阅读 ——

尼科·马内西斯（Nico Manessis）著，《希腊葡萄酒（插图本）》（*The Illustrated Greek Wine Book*）

康坦蒂诺·拉扎拉基斯（Konstantinos Lazarakis）著，《希腊葡萄酒》（*The Wines of Greece*）

※ 第十章 ※

更广阔的葡萄酒世界

美食配佳酿 ※ 葡萄酒常见问题 ※ 最佳推荐

最有价值的酒单：30美元及30美元以下 ※ 关于葡萄酒的资源

安德丽亚·罗宾逊（Andrea Robinson）曾在世界之窗餐厅工作。她是全世界 15 位女侍酒大师（Master Sommelier）之一，这个头衔由高级品酒师理事会授予。她写过许多关于葡萄酒和葡萄酒配餐方面的书，2002年被詹姆斯·比尔德（James Beard）基金会授予"杰出葡萄酒与起泡酒专家"称号。

2013 年的《新英格兰医学杂志》（*The New England Journal of Medicine*）重申了有益人体健康的食物：富含橄榄油的地中海饮食、坚果、豆类、鱼类、水果、蔬菜，以及葡萄酒。

"我用葡萄酒烹饪，有时甚至直接加入菜肴中。"

——W.C. 菲尔兹

你是点菜高手或酒水单行家吗？我的习惯是先看酒水单，选好我要的酒，然后再点菜。步骤如下：
1. 喜欢什么样的酒？
2. 明确食物的口感（质朴或细腻）。
3. 确定烹调方法（烤、炒、烘等）。
4. 选择沙司（奶油沙司、番茄沙司、葡萄酒沙司等）。

美食配佳酿

凯文·兹拉利　安德丽亚·罗宾逊

　　读过前面的内容，你可能已经形成了自己的品酒方式，至少发现了真心喜欢的葡萄酒。发现这些酒的最终目的是什么？食物！葡萄酒之旅的终点站和旅程的关键就在餐桌，佳酿与美食本来就应该相得益彰。看看全世界有名的美食家——法国人、意大利人和西班牙人——的用餐习惯，酒是提升每一道菜必不可少的点睛之物。在欧洲，葡萄酒相当于美国人餐桌上必备的椒盐。

葡萄酒配餐的基本知识

　　首先，忘记你以往听过的一切关于酒食搭配的说法。在葡萄酒和食物搭配的问题上，只有一条原则：与盘中美食最相配的酒款，是你自己最喜爱的那一款，无论什么酒！如果你知道自己想要什么，无论如何要坚持自己的好恶。偏爱霞多丽配牛里脊有什么不对？记住，你要取悦的是自己，不是别人。

　　用酒烹煮菜肴时，葡萄酒要尽量与食材风格统一。

该准备多少葡萄酒

　　每 5 个人分享 1 瓶酒，也就是说，大约 5 盎司容量的玻璃杯，每人 1 杯。

葡萄酒与食物的增效效应

　　这个标题听起来像是美食家玩的电脑游戏，对吗？如果直到现在你还没尝试过用葡萄酒搭配美食，那就开始这场精彩的美食佳酿之旅吧。记住，欧洲的酒食搭配传统并非因缺少牛奶或冰茶才形成，相反，是因葡萄酒与食物的增效效应而产生、被传承。也就是说，合二为一之后，酒和食物的味道都得到了提升。

　　这是怎么回事？某些食物搭配葡萄酒味道更好，就像你在牡蛎上挤柠檬汁，在蒜香番茄沙司意面上撒意大利干酪碎末，各种食物的混合构成了一道美味可口的菜肴。酒食搭配也是一样的道理。葡萄酒和食物有各自不同的口味、质感和芳香，搭配在一起会给你一种全新的、更有趣的感受，远胜过你边喝白水边吃晚餐。你需要的是一些关于葡萄酒和食物风格的基本知识，可以借此更明智地选择葡萄酒，并提升食物的风味。首要原则是：食物的口味越浓重，与之相佐的酒也应选择越浓郁的风格。

酸的作用

酸对味道而言无异于加强剂。电视节目里的厨师总喜欢用柠檬或青柠。即使不酸的菜肴，也要用酸味提提味。奶油或乳酪口味的菜肴，非常适合用酸度高的酒相配，酸能提升菜肴的味道，余味更持久。

质感

显然，不同的食物有不同的质感和硬度。葡萄酒也有质感，而且风味之间的差别非常微妙，这使它成为适合的、出色的或是难忘的佐餐之选。非常丰满的葡萄酒会有一种充盈的质感，并且热烈、丰富，能使你的味觉为之一振，格外引人注意。但用这类酒配餐时，很多精致菜肴的味道都会被遮盖，与味道浓重辛辣的菜肴搭配还可能产生冲突。还记得吧，我们一贯追求均衡与和谐。食物的口味越强烈越浓重，要选酒体丰满的酒。对口味柔和的食物来说，应选择酒体适中到轻盈的类型。一旦了解了葡萄酒的质感，配餐就不再神秘。第 299 ~ 300 页有两份清单（红白葡萄酒各一份），分别根据葡萄酒和食物的质感给出了搭配建议。

葡萄酒和乳酪

在所有与味道有关的话题中，酒食搭配的问题往往充满争议，而争议最多的就是葡萄酒和乳酪怎么搭配。葡萄酒和乳酪可谓天生一对。好的乳酪和佳酿能够相互提升口感并且增加味道的层次。再者，乳酪中的蛋白质可以柔化红葡萄酒里的单宁酸。关键在于乳酪的挑选——这一点不无争议，有的厨师和饮食专家提醒，一些非常适合食用的乳酪却最不适合佐酒，因为会遮掩酒香，法国布里乳酪就是典型的例子。简单说来，最佳佐酒乳酪有：

切达乳酪	蒙契格乳酪	帕马森干酪
(Cheddar)	(Manchego)	(Parmigiano-Reggiano)

如果菜肴的盐味重，就能凸显出单宁酸和酒精的效果。

酒里的苦味，来自含量较高的单宁酸和酒精的混合，这类酒最好与架烤、炭烧或熏制食物相配。

你喝茶时配牛奶或柠檬吗？牛奶会在口腔里形成一层薄膜，产生香甜的感觉，柠檬则在舌尖留下酸冽的感觉。

法国经典美食因精美而著称，原因之一恐怕是法国人想刻意"炫耀"他们的葡萄酒，这个主意的确很好，尤其是酒瓶很炫目或者酒很有特色的时候。

山羊干酪
(Chèvre)

蒙特雷杰克乳酪
(Monterey Jack)

佩科里诺山羊乳酪
(Pecorino)

芳蒂娜乳酪
(Fontina)

蒙哈榭乳酪
(Montrachet)

塔雷吉欧乳酪
(Taleggio)

高达乳酪
(Gouda)

莫泽雷勒乳酪
(Mozzarella)

多姆乳酪
(Tomme)

格鲁耶尔乳酪
(Gruyère)

我偏爱的葡萄酒搭配乳酪的组合有：

山羊干酪：桑榭尔、长相思

蒙契格乳酪：里奥哈酒、蒙塔尔奇诺布鲁耐罗

蒙哈榭乳酪或熟成蒙特雷杰克乳酪：赤霞珠、波尔多酒

佩科里诺或帕马森干酪：基安蒂经典珍藏、蒙塔尔奇诺布鲁耐罗、赤霞珠、波尔多酒、巴罗洛酒、阿玛罗尼

法国布里乳酪应该配什么酒？试试香槟或起泡酒吧。风味浓重刺激的蓝纹乳酪，会遮盖几乎所有葡萄酒的酒香，除了甜酒！美味的经典搭配还有：

洛克福干酪（Roquefort）：法国苏特恩甜酒

史提顿乳酪（Stilton）：葡萄牙波特酒

餐前小点心搭配什么样的葡萄酒

香槟或同类起泡酒将制造出"魔幻效果"，不管是婚礼还是家庭晚宴，香槟总是喜庆、浪漫、丰盛、欢乐的象征。别忘了卡瓦酒、普罗赛克和美国加州的一系列起泡酒。

白葡萄酒

酒体轻盈	酒体适中	酒体丰满
阿尔巴利诺（Albariño）	夏布利一级酒庄酒	夏布利顶级酒庄酒
阿尔萨斯白比诺	霞多丽 *	霞多丽 *
阿尔萨斯雷司令	嘉维	夏山－蒙哈榭
夏布利	琼瑶浆	默尔索
弗拉斯卡蒂	绿维特利纳	普里尼－蒙哈榭
德国珍藏级和晚摘级酒	马孔内村庄级酒	维奥涅尔
慕斯卡德	蒙塔尼	
奥维多	普伊富赛	
意大利灰比诺	普伊芙美	
法国灰比诺	桑榭尔	
长相思 *	长相思 * / 白芙美	
苏瓦韦	圣弗兰	
韦尔德贺	格拉夫白葡萄酒	
维乐迪奇奥（Verdicchio）		
搭配食物		
蛤	鲈鱼	灯笼椒
玉米	灯笼椒	花椰菜
黄瓜	花椰菜	鸭
毛豆	青豆	茄子
比目鱼	茄子	龙虾
牡蛎	豌豆	豌豆
沙拉	扇贝	烤鸡
鳎鱼	西冷牛排	三文鱼
小牛肉	鲷鱼	美国南瓜
	美国南瓜	剑鱼
	西红柿	西红柿
	西葫芦	金枪鱼
		西葫芦

　　带 * 的重复列出，因为它们的酿造风格各异，呈现出的酒体也依生产商而异。如果你对某个酒厂的风格不了解，不妨向餐厅侍者或酒商咨询。

我野餐时**最爱的**白葡萄酒是德国珍藏级或晚摘级雷司令，在炎夏，我实在想不出比德国冰镇雷司令更好的白葡萄酒了。果味、酸、甜的均衡以及轻盈的风格，与沙拉、水果、乳酪搭配都不错。如果你偏爱干酒，可以试试阿尔萨斯、华盛顿州和纽约州芬格湖群的雷司令酒。

霞多丽是一种伪装成白葡萄酒的红酒佳酿，我认为霞多丽酒与肉排搭配最完美。

蔬菜是"多面手"，不论作为主菜，还是配菜，都有鲜明的味道。在挑选搭配的葡萄酒时要对此心中有数。

我野餐时最爱的红葡萄酒是博若莱。上好的博若莱葡萄酒果味出众，不含单宁酸，而它较高的酸度可与所有野餐食物搭配。

黑比诺是伪装成红葡萄酒的白葡萄酒，和禽类、鱼肉搭配都十分完美。

红葡萄酒

酒体轻盈	酒体适中	酒体丰满
巴多利诺	巴贝拉	巴巴瑞斯可
博若莱酒	波尔多布尔乔亚级酒	巴罗洛
博若莱村庄级酒	勃艮第一级酒庄和顶级酒庄酒	波尔多顶级酒庄酒
波尔多酒（独家酿造）		赤霞珠 *
勃艮第村庄级酒	赤霞珠 *	教皇新堡
黑比诺 *	基安蒂经典珍藏酒	艾米塔吉
里奥哈佳酿	罗纳河谷酒	马贝克 *
瓦尔波利塞拉	克罗兹－艾米塔吉	美乐 *
	博若莱酒庄级酒	西拉 *
	多赛托	馨芳 *
	马贝克 *	
	美乐 *	
	黑比诺 *	
	里奥哈珍藏和特级珍藏酒	
	西拉 *	
	馨芳 *	
搭配食物		
灯笼椒	茄子	牛排（里脊）
玉米	禽类野味	野味
鸭	青豆	嫩羊排
毛豆	青蒜	青蒜
豌豆	菌类	羊腿
三文鱼	美国南瓜	菌类
剑鱼	猪排	土豆
金枪鱼	土豆	甘薯
西红柿	烤鸡	小牛排
西葫芦	甘薯	

年轻的红葡萄酒如果单宁酸含量高，搭配高油脂食物尤其美味，因为食物里的脂肪能柔化单宁酸。

食用青菜时，我不建议搭配葡萄酒。洋蓟、芦笋、甘蓝、菠菜及其他绿叶蔬菜中均含一种成分，会放大葡萄酒的苦味。

　　带 * 的重复列出，因为它们的酿造风格各异，呈现出的酒体也依生产商而异。如果你对某个酒厂的风格不了解，不妨向餐厅侍者或酒商咨询。

万无一失的葡萄酒

葡萄酒佐餐应当是一种享受，而不是压力，然而事与愿违的情况经常发生。匆匆浏览酒水单上的诸多选择，你还是选了最熟悉的。其实，选一款与食物搭配得宜的葡萄酒，可以是件简单的事。以下这张"贴近顾客"的酒单中列出的酒款几乎可以与任何菜肴搭配，它们的共同点是：酒体都属于适中到轻盈的风格，而果味和酸味较重，单宁酸含量较低。这个酒单的原则是：葡萄酒和食物的味道应保持均衡、和谐，二者不应有任何遮掩。另外，如果你希望由菜肴"唱主角"，这些酒款更是最佳选择。这些酒与餐厅里的各色菜式相得益彰，即便有人点鱼，有人点肉，也无妨。对于一些风格独特的浓郁辛辣食物，它们也能与之相配，而这类食物与酒体丰满的葡萄酒难免冲突。再者，就算单饮这些酒也是难得的美好享受。

"贴近顾客"的葡萄酒

桃红葡萄酒	白葡萄酒	红葡萄酒
几乎所有的桃红葡萄酒（包括白馨芳酒）	香槟和起泡酒 珍藏级和晚摘级德国雷司令 马孔内村庄级酒 灰比诺 普伊芙美和桑榭尔 长相思或白芙美	博若莱村庄级酒 基安蒂经典酒 罗纳河谷酒 美乐 黑比诺 里奥哈佳酿

最保险的菜式：如果无法确定，就选烤鸡或豆腐。它就像一张空白的画布，几乎适合任何风格的酒，无论酒体轻盈、适中或丰满。

沙司

沙司可以决定或改变整道菜肴的口味和质感，所以请务必留意沙司的口味，是酸、浓腻，还是辣？味道丰富的食物可以使葡萄酒熠熠生辉，太浓郁的菜肴则可能掩盖一款佳酿的微妙酒香。我们来看一下沙司搭配无骨鸡胸肉的效果。以普通方法简单烹制的鸡肉，和酒体轻盈的白葡萄酒搭配得宜，如果加了奶油沙司或乳酪沙司，则需要换一种更酸的、酒体适中甚至丰满的白葡萄酒。以番茄为原料的红色沙司，比如意大利蒜香番茄沙司，或许更适合搭配酒体轻盈的红葡萄酒。

搭配浓辣沙司的菜品，试试带气泡的葡萄酒吧，比如香槟或其他起泡酒。

甜点

贵腐酒、波特酒、苏特恩、托卡伊，它们大不相同，但有一个共同点——甜。它们的甜味为你的味觉带来完美的收束，让你在尽享美食之后感觉心满意足。不过甜点只是这类酒"美食配佳酿"的一部分。在美国，咖啡配甜点更普遍。随着越来越多的餐厅将甜酒列入"杯酒服务"（By-the-Glass）中，甜酒将愈加受欢迎。（因为甜酒太浓郁，独自喝下整瓶酒不太现实，除非几个人分享。如果在家中享用，最多也只是喝半瓶。）在吃甜点的前几分钟来点甜酒，作为正式享用甜食前的准备。

以下是我偏爱的葡萄酒和甜点搭配的组合：

意大利阿斯蒂苏打白葡萄酒：新鲜水果、意式脆饼

颗粒精选和晚摘雷司令酒：水果挞、奶油焦糖布丁、杏仁曲奇

马德拉酒：中奶巧克力、果仁挞、焦糖蛋奶、咖啡或摩卡风味甜点

博姆·德维尼斯麝香葡萄酒：奶油焦糖布丁、新鲜水果、果汁冰糕、柠檬挞

波特酒：黑巧克力类点心、核桃、炖梨、史提顿乳酪

佩德罗－希梅内斯雪利酒：香草冰激凌（将酒滴在冰激凌上）、葡萄干果仁蛋糕、有无花果或果脯的点心

苏特恩或托卡伊甜酒：水果挞、清蒸水果、奶油焦糖布丁、焦糖、榛仁点心、洛克福干酪

圣酒（Vin Santo）：意式脆饼（蘸着酒吃）

法国武弗雷白葡萄酒：水果挞、新鲜水果

我更喜欢把甜酒当作一道甜点，这样能让味蕾专一地享受甜酒。在家里更方便，想用一款特别的"甜点"招待宾朋，只需拔除瓶塞。如果你担心吃甜食会摄入太多热量，那么甜酒既让你享受了甜蜜，糖分又比普通甜食少得多（而且是零脂肪）。

—— 延伸阅读 ——

安德丽亚·罗宾逊著，《葡萄酒配餐一学就会》(*Great Wine & Food Made Simple*)

埃文·戈德斯坦（Evan Goldstein）著，《完美搭配》(*Perfect Pairings*)

葡萄酒常见问题

美国加州葡萄酒和法国葡萄酒有什么不同？哪里的酒更好？

不妨都尝试一下，美国加州和法国都出产上等好酒，法国出产最地道的法国葡萄酒，加州出产最受欢迎的加州葡萄酒。两个地区都有各自鲜明的特征。加州酒和法国酒的主产葡萄品种类似，不同点在于土壤、气候以及传统。

法国人对土壤怀有崇敬之情，相信只有最佳的土壤才能产出最好的葡萄酒。而加州初次栽种葡萄的时候，并没有依土壤来决定种植什么葡萄。不过最近几十年，加州葡萄园主越来越重视土壤，酿酒师也越来越惯于夸耀自己的某款赤霞珠产自特定葡萄园或地区。在气候上，纳帕河谷、索诺玛，和勃艮第、波尔多大相径庭。事实上，欧洲酒商在为生长期的寒流和暴风雨而苦恼时，加州酒商可以泰然地计算充裕的日照天数，享受温暖。

两者最突出的差异是传统。欧洲葡萄园和酒厂的运作世世代代都坚持传统方法，这些古老的技术（有些甚至写进了法律）标志着独特的地域风格。然而在加州，传统的痕迹不多，酒商们可以自由地尝试现代技术，并根据消费者的要求创新酒款。如果你尝试过一种叫 Two Buck Chuck 的葡萄酒，就更明白我的意思了。勃艮第有一千五百多年的酿酒历史，而加州葡萄酒的勃兴才刚届 50 年。

最好的选择就是你当天的感觉，配合当下的食物，波尔多还是纳帕河谷？一切凭你决定。

葡萄树龄是否影响酒的品质？

葡萄树日渐成熟，尤其是超过 30 年后，产果能力便开始下降。在一些葡萄园里，葡萄树的产果能力从二十几岁就开始下降，大多数植株到 50 岁便要被替换掉。法国葡萄酒的酒标上有时会注明 "Vieilles Vignes"（老藤）的字样。在加州，有很多产自 75 年以上葡萄藤的馨芳酒。我和许多酒评家一样，认为这些老藤能造就一种特殊的繁茂口感，与年轻的葡萄树不同。在许多国家，年轻葡萄树的果实不能用来酿造顶级葡萄酒。法国波尔多五大酒庄之一的 Château Lafite-Rothschild 酿造的副牌酒 Carruades de Lafite-Rothschild，就是用最年轻（不足 15 年）葡萄树的果实酿成。

美国什么地方可以享受到最佳的葡萄酒服务？

詹姆斯·比尔德基金会授予以下餐厅"杰出酒水服务奖"：

1994 年	Valentino，圣莫尼卡
1999 年	Union Square Café，纽约
2001 年	French Laundry，加州扬特维尔
2002 年	Gramercy Tavern，纽约
2003 年	Daniel，纽约
2004 年	Babbo，纽约
2006 年	Aureole，拉斯维加斯
2007 年	Citronelle，华盛顿
2008 年	Eleven Madison Park，纽约
2009 年	Le Bernardin，纽约
2010 年	Jean Georges，纽约
2011 年	The Modern，纽约
2012 年	No. 9 Park，波士顿
2013 年	Frasca Food and Wine，科罗拉多州博尔德
2014 年	The Barn at Blackberry Farm，田纳西州沃兰德
2015 年	A16，旧金山
2016 年	Bern's Steakhouse，佛罗里达州坦帕

近年来历届詹姆斯·比尔德"葡萄酒和烈酒专家年度大奖"：

1991 年　罗伯特·蒙达维，Robert Mondavi 酒厂

1992 年　安德烈·柴里斯契夫，Beaulieu 酒厂

1993 年　凯文·兹拉利，世界之窗（纽约）

1994 年　兰德尔·格雷厄姆，Bonny Doon 酒庄（圣克鲁斯）

1995 年　马文·山肯（Marvin Shanken），《葡萄酒观察家》

1996 年　杰克·戴维斯（Jack Davies）和吉美·戴维斯（Jaimie Davies），Schramsberg 酒庄

1997 年　泽尔马·朗恩，Simi 酒厂

1998 年　罗伯特·帕克，《葡萄酒倡导者》

1999 年　弗兰克·普赖尔（Frank Prial），《纽约时报》

2000 年　柯米特·林奇，作家

2001 年　杰拉尔德·阿什（Gerald Asher），作家

2002 年　安德丽亚·罗宾逊，作家

2003 年　弗里茨·梅塔格（Fritz Maytag），Anchor Brewing Co.

2004 年　卡伦·麦克尼尔（Karen MacNeil），作家

2005 年　约瑟夫·巴斯蒂安尼克，Italian Wine Merchants（纽约）

2006 年　丹尼尔·约翰尼斯（Daniel Johnnes），The Dinex Group（纽约）

2007 年　保罗·德拉普，Ridge 葡萄园

2008 年　特里·泰泽（Terry Theise），进口商，Terry Theise Estate 酒庄精选

2009 年　戴尔·狄格罗夫（Dale DeGroff），作家、调酒大师（纽约）

2010 年　约翰·沙弗（John Shafer）和道格·沙弗（Doug Shafer），Shafer 葡萄园

2011 年　朱利安·P. 范温克三世（Julian P. Van Winkle，Ⅲ），老瑞普范温克酒厂（Old Rip Van Winkle），肯塔基州路易斯维尔

2012 年　保罗·格里科（Paul Grieco），Terroir 酒吧（纽约）

2013 年　梅里·爱德华兹（Merry Edwards），Merry Edwards 酒厂（加州塞瓦斯托波尔）

2014 年　加勒特·奥利弗（Garrett Oliver），Brooklyn Brewery 酒厂（纽约布鲁克林）

2015 年　拉雅·帕尔（Rajat Parr），Mina Group 餐厅（旧金山）

2016 年　罗恩·库珀（Ron Cooper），Del Maguey Single Village Mezcal 酒厂（新墨西哥州陶斯牧场）

葡萄酒热点地区有哪些？

今后的 20 年，以下地区是产量增长和品质提高的热点区域，尤其对于某些葡萄品种而言：

阿根廷：马贝克　　　　**奥地利**：绿维特利纳

智利：赤霞珠　　　　　**法国**：桃红葡萄酒

意大利：普罗赛克　　　**匈牙利**：托卡伊

新西兰：长相思、黑比诺

南非：长相思、黑比诺、西拉

葡萄酒应当陈贮多久？

《华尔街日报》的一篇文章称，大多数人都保存着一两瓶葡萄酒，陈贮多年直到特殊场合才拿出来喝。然而，并非所有葡萄酒都适合陈贮！超过 90% 的葡萄酒，不管是红、白还是桃红酒都应该在购买的当年饮用，有的酒则应该立即饮用，如雷司令（干）、长相思、灰比诺、博若莱。记住这一条再参考以下的陈贮建议——最佳生产商、最佳年份的酒以及最适合陈贮的年限：

白葡萄酒	
美国加州霞多丽	2～10+年
法国勃艮第白葡萄酒	3～8+年
德国雷司令（精选、颗粒精选、贵腐）	3～30+年
法国苏特恩	3～30+年
红葡萄酒	
美国加州及俄勒冈州黑比诺	2～5+年
加州美乐	2～10+年
法国勃艮第红葡萄酒	3～8+年
意大利基安蒂经典珍藏	3～10+年
阿根廷马贝克	3～15+年
意大利蒙塔尔奇诺布鲁耐罗	3～15+年
美国加州赤霞珠	3～15+年
美国加州馨芳	5～15+年
西班牙里奥哈（特级珍藏）	5～20+年
意大利巴罗洛和巴巴瑞斯可	5～25+年
西拉及法国艾米塔吉	5～25+年
波尔多酒庄级酒	5～30+年
葡萄牙年份波特酒	10～40+年

人们对陈贮年限总结的规律，总会遇到例外（尤其考虑到年份的差异）。我藏有百年以上的波尔多酒，至今愈加雄健。其实，50 年以上且仍需陈贮的波特酒和法国苏特恩也不鲜见。上表所列的陈贮年限，基本上可以代表各自类别中 95% 以上的酒款。

波尔多葡萄酒至今仍在陈贮的一款是 1797 年的 Château Lafite-Rothschild。

是否所有葡萄酒都需要木塞？

大多数木塞用葡萄牙和西班牙橡木制成。但用木塞封瓶只是一个古老传统。其实，大多数酒都无须木塞。90% 的葡萄酒在 1 年内就已适合饮用，因而螺旋瓶盖的效果绝不比木塞差。想象一下这意味着什么：不再需要螺旋开瓶器，没有了软木碎屑，也不会因污染的木塞而破坏酒的口味了。某些能陈贮 5 年以上的、有潜质的酒使用木塞的确更好，但也要记住，木塞的使用寿命为 25～30 年，接下来你要么得把酒喝掉，要么就得请人给你换新瓶塞。

很多酒厂使用"斯蒂文螺旋瓶盖"（Stelvin Screw Cap），尤其是在美国加州（Bonny Doon、索诺玛 Cutrer 酒庄等）、澳大利亚、新西兰和奥地利。螺旋瓶盖酒在瓶装酒中的比例还不到 10%，但在新西兰已有 93% 的瓶装酒采用螺旋瓶盖，在澳大利亚为 75%。

什么是"木塞霉味酒"？

对爱酒的人来说，这是个很严重的问题！据统计，约有 3%～5% 的葡萄酒受到木塞的污染，木塞伤酒的主要原因是 TCA（三氯苯甲醚，即 2，4，6-trichloranisole 的缩写）污染。如果你嗅过被木塞破坏了的酒，那气味会令你终身难忘！那种酒充满了潮湿、霉菌气、地窖味，也有人形容为潮湿的硬纸板气味。木塞的霉味会遮盖酒中的果香，使酒无法饮用，无论是

10 美元还是 1000 美元一瓶的酒，都有可能发生这种情况。

如何为葡萄酒换瓶？

入乡随俗，在这里我们就得参照法国人的做法了。勃艮第的爱酒人从不给博若莱或其他类似的精致葡萄酒换瓶，但在波尔多，人们就常常为赤霞珠和美乐移注换瓶，尤其在酒款尚未经陈贮时。年份波特酒适合移注换瓶，但对红宝石波特酒和黄褐波特酒就不要等而待之了。

换瓶步骤：

1．将瓶盖或瓶塞彻底从瓶颈上移除，以便酒浆流经瓶颈时，可以看清楚。

2．点一支蜡烛。大多数红葡萄酒瓶都是暗绿色的，酒浆流过瓶颈时很难看清楚。蜡烛可以补充所需的光亮，还能营造神秘气氛。用手电筒也可以，不过蜡烛似乎更好。

3．稳稳握住醒酒瓶（玻璃瓶或大水罐即可）。

4．另一只手握住葡萄酒瓶，轻柔地将酒浆倒入醒酒瓶。两个瓶子应当与蜡烛保持固定的角度，保证你能看清从瓶颈流过的酒浆。

5．不间断地倾倒，直到看见酒渣。一看见酒渣，立即停止倾倒。

6．剩余的酒需等待残渣沉淀后再移注。

瓶塞底部附着的物质是什么？

瓶塞底部有一种叫酒石酸或酒石酸盐的东西。酒石酸是无害的结晶沉积物，看上去像冰糖。在红葡萄酒中，由于单宁酸，结晶体呈现铁锈般的棕红色。大部分酒石酸在酒厂装瓶前就通过低温处理掉了，但这个办法并非对所有的酒都奏效。如果把酒长时间地置于低温下（例如放在冰箱里），反而会造成酒石酸在软木塞上结晶。气候凉爽的地区如德国，产生这种结晶的可能性更大。

喝葡萄酒时为什么会头痛？

简单的回答是：喝多了！说真的，尽管我的学生里有超过 10% 的人是医生，却没人能告诉我这个问题的确切答案。有人喝白葡萄酒头痛，有人喝红葡萄酒头痛，不过只要摄入酒精，那么脱水就是第二天最明显的生理反应。所以我每喝一杯葡萄酒，一定会喝两杯水来补充水分。

影响个体酒精代谢的因素很多，最重要的 3 条是：健康状况、DNA、性别。

如果你是过敏体质，那么红葡萄酒里不同含量的组胺便会使你感到不适和头痛。我就对红葡萄酒过敏，却不得不每天都接受挑战。医生告诉我，食品添加剂会引起头痛。红葡萄酒里有一种天然化合物，叫做酪胺，据说它会造成血管扩张。另外，许多处方药都被禁止与酒精混用。说到性别，由于胃里的某些酶，女性血液中能够吸收的酒精比男性更多。如果一位医生告诫女性一天最好不要饮用超过一杯葡萄酒，很有可能要求男性不超过两杯。

来不及喝完整瓶酒怎么办？

这是我在葡萄酒学校最常被问到的问题——虽然我自己从未有这个困扰。如果你剩了一些酒，不管是白葡萄酒还是红葡萄酒，都应立即塞好瓶塞放入冰箱，不要留在厨房流理台上。记住，温度较高酒容易变质，21 摄氏度左右的室温会很快破坏葡萄酒。冷藏后，大多数酒的风味在 48 小时内不会有所损失（有人认为酒味甚至会变得更好，我无法苟同）。

不过，葡萄酒仍将开始氧化。酒精浓度 8%～14% 的餐酒大多会氧化，其他酒比如波特酒和雪利酒的酒精浓度可达到 17%～21%，可以保存较长时间，但也不要超过两周。

另一种可以使酒保存较长时间的办法，是选购一个带木

塞的细颈瓶，将没喝完的酒注满细颈瓶，塞好木塞。或者可以到自酿酒用品商店，买一些小容量酒瓶和配套木塞。记住，与氧气接触越少，酒的保存时间越长。有些葡萄酒藏家使用一种保鲜瓶塞——它可以将酒瓶里的空气抽出来，还有些藏家使用比空气重的惰性气体，如氮气覆盖葡萄酒，这类气体无臭无味，可以隔绝氧气。

如果一切办法都不奏效，就用剩下的酒烹饪吧！

2025 年值得"大书特书"的国家有哪些？

美国、阿根廷、澳大利亚和中国，还有东欧地区，尤其是保加利亚和罗马尼亚。

"葡萄酒书库"里最重要的书有哪些？

首先，谢谢你选择我的书，希望它对你有所帮助。和任何爱好一样，一旦迷恋上了，就会引发永无止境的求知欲。每章的结尾处，我推荐了一些延伸阅读的书籍。

除此之外，如果你想深入学习，我认为这些书值得一读：

安德丽亚·罗宾逊的《精品葡萄酒一学就会》（*Great Wine Made Simple*）。

休·约翰逊（Hugh Johnson）的《现代葡萄酒百科全书》（*Modern Encyclopedia of Wine*）。

奥兹·克拉克的《全新葡萄酒百科全书》（*New Encyclopedia of Wine*）。

奥兹·克拉克的《必备葡萄酒指南》（*New Essential Wine Book*）。

奥兹·克拉克的《葡萄酒地图》（*Wine Atlas*）。

罗伯特·帕克的《帕克葡萄酒选购指南》（*Parker's Wine Buyers Guide*）。

汤姆·史蒂文森（Tom Stevenson）的《索斯比葡萄酒全书》（*Sotheby's Wine Encyclopedia*）。

蒂拉尔·马泽奥（Tilar Mazzeo）的《凯歌遗孀》（*The Widow Clicquot*）。

卡伦·麦克尼尔的《葡萄酒圣经》（*The Wine Bible*）。

埃德·麦卡锡和玛丽·尤因·玛里根合著的《葡萄酒傻瓜书》（*Wine for Dummies*）。

休·约翰逊和杰西丝·罗宾逊的《世界葡萄酒地图》（*The World Atlas of Wine*）。

上面的书多是些大部头，所以再推荐 3 本袖珍指南：

安德丽亚·罗宾逊的《葡萄酒指南》（*Wine Buying Guide*）

休·约翰逊的《袖珍葡萄酒百科全书》（*Pocket Encyclopedia of Wine*）

奥兹·克拉克的《袖珍葡萄酒指南》（*Pocket Wine Guide*）

最佳推荐

　　我用了大约 40 年游历葡萄酒产区、品尝佳酿、研究葡萄酒、阅读、写作并讲授关于葡萄酒的知识。我经历了几乎所有与葡萄酒有关的事——葡萄酒、葡萄酒出版物、葡萄酒作家、葡萄酒"专家"、餐厅酒单、葡萄酒论战、葡萄酒事件……葡萄酒的世界在演变，从少数人的选择，到今天变成了一种"世界饮品"。以下分享我的"最佳推荐"，取舍的标准在于：公信力、创造力、经验值、影响力和持久力。但我还是要说，作为一个葡萄酒爱好者，本书对葡萄酒的选择纯属个人喜好。

葡萄酒

赤霞珠的最佳产区

法国波尔多（梅多克）

第二：美国加州；最超值：智利

　　在我看来，世界上最好的葡萄酒来自波尔多。波尔多有七千多个酒庄，还有各个价位的酒款供消费者选择。

　　加州最好的赤霞珠葡萄酒来自北部沿岸，特别是纳帕和索诺玛。纳帕的赤霞珠葡萄酒果香浓郁、酒体丰满，索诺玛的赤霞珠葡萄酒口感柔和、香气优雅。

　　智利的葡萄园地价远远低于纳帕河谷和波尔多，因此能找到许多口碑不错、性价比很高的智利赤霞珠葡萄酒。

霞多丽的最佳产区

法国勃艮第

第二：美国加州

　　我喜欢加州最好的霞多丽葡萄酒，也喜欢勃艮第白葡萄酒的优雅以及果香和酸度的平衡，勃艮第白葡萄酒无可比拟。勃艮第既有不用橡木桶陈贮的夏布利葡萄酒，也有使用橡木桶发酵并陈贮的蒙哈榭葡萄酒，更有清淡且容易入口的马孔内葡萄酒和全世界闻名的普伊富赛葡萄酒，每个人在勃艮第都能找到适合自己的葡萄酒。

　　和长相思葡萄酒一样，最好的加州霞多丽葡萄酒应该来自比较凉爽的地方，如卡尼洛斯和圣巴巴拉。而且我并不偏爱酒精浓度高、橡木香气浓郁的霞多丽葡萄酒。

美乐的最佳产区
法国波尔多（圣艾美浓、玻美侯）
第二：美国加州

美乐是波尔多产量最多的红葡萄，圣艾美浓和玻美侯的酒庄主要使用美乐葡萄来酿酒，两地的美乐葡萄酒价格不同、购买的难易程度也不一样。玻美侯只有 1986 英亩葡萄园，圣艾美浓的葡萄园面积超过 23000 英亩。所以从经济的角度考虑，买圣艾美浓的美乐葡萄酒更划算。

美国加州的纳帕河谷也出产品质很高的美乐葡萄酒。

黑比诺的最佳产区
法国勃艮第
并列第二：美国俄勒冈州和加州

勃艮第有悠久的历史和传统，一千多年前就开始栽种葡萄，而广受喜爱的黑比诺是那里唯一允许栽种的红葡萄（博若莱还有其他红葡萄品种）。勃艮第黑比诺葡萄酒的问题在于价格和是否能买到。美国最好的黑比诺葡萄酒出自俄勒冈州。说到葡萄酒，许多美国人会说俄勒冈是"美国的勃艮第"——他们意在强调那里出产上佳的霞多丽葡萄酒和黑比诺葡萄酒。在加州，最好的黑比诺葡萄酒产自比较凉爽的地方。

雷司令的最佳产区
德国
并列第二：法国阿尔萨斯、美国纽约州芬格湖地区

许多葡萄酒专家和品鉴家都认为世界上最好的白葡萄酒是雷司令。由于德国葡萄酒的多样化风格——干而不甜、半干微甜、甜、特甜——我认为德国雷司令是世界上最好的雷司令葡萄酒。95% 的阿尔萨斯雷司令葡萄酒都是干酒，芬格湖雷司令葡萄酒则有干、半干和甜 3 种甜度。

长相思的最佳产区
法国卢瓦河谷
并列第二：新西兰和美国加州

卢瓦河谷出产的长相思葡萄酒因桑榭尔和普伊芙美这两个地名而出名，最好的新西兰长相思葡萄酒则以生产者的名字命名。卢瓦河谷长相思葡萄酒和新西兰长相思葡萄酒的风格完全不同，虽然二者都酒体适中、酸度较高且适合搭配鱼类、禽类菜肴，但新西兰长相思葡萄酒带有鲜明的热带水果香。无论你是否喜欢，新西兰长相思都散发着这种热带香气，我很喜欢！加州的长相思葡萄在白葡萄产量中位居第二，产量第一的是霞多丽。我个人认为，最好的长相思葡萄酒应该来自较为凉爽的地方，没有橡木的香气且酒精浓度较低。

最好的"飞行酿酒师"
迈克尔·罗兰

过去 30 年，全世界对高品质葡萄酒的需求快速增长。和其他行业一样，葡萄酒酒厂和酒庄也会聘请顾问。迈克尔·罗兰是法国波尔多人，作为"飞行酿酒师"，他往来于四大洲的一百多个酒厂，对全世界葡萄酒的品质和风格产生了重要影响。

最好的葡萄酒品鉴专家
罗伯特·帕克

罗伯特·帕克开始学习葡萄酒的时间跟我差不多，却选择了一条不一样的路。他开创的百分制评分系统从根本上改变了全世界的葡萄酒品评方式。没有人比他尝过的葡萄酒更多。直到几年前他每年都品尝 10000 款葡萄酒，最近他告诉我他的年品酒数量已降至 5000 款。他所有关于葡萄酒的评论都发表在《葡萄酒倡导者》杂志（该杂志有 3 万名订阅读者）和他的个人主页上（eRobertParker.com）。不论你是否认同他的评价，都不得不佩服他的耐力、坚持不懈和已经被葡萄酒染红的舌头！

另一个我欣赏的品鉴专家是迈克尔·布罗德本特。他在佳士得名酒部时品尝过很多陈年佳酿，比帕克先生尝过的陈酿还要多。与帕克先生不同的是，他品评葡萄酒不用打分的方法，而是用他富于诗意的英式英语去描述。还有一位值得尊敬的人是斯蒂芬·坦泽（Stephen Tanzer），他拥有自己的葡萄酒出版物《国际葡萄酒酒窖》（*International Wine Cellar*）。世界上有许多通晓某类葡萄酒（如波尔多、勃艮第、加利福尼亚、托斯卡纳葡萄酒）的葡萄酒作家或品鉴专家，我真希望能列出所有人。

最有趣的酒塞
美国加州纳帕 Frog's Leap 酒厂

约翰·威廉姆斯（John Williams）是 Frog's Leap 酒厂的所有者和生产者，他还是加州最早的葡萄酒生产者之一。每瓶 Frog's Leap 葡萄酒酒塞上都有 "Ribbit" 字样，这样做是为了消费者开酒时的会心一笑。

储存和陈贮

最佳投资选择
法国波尔多名庄酒和美国加州赤霞珠酒

过去 40 年，我一直在葡萄酒领域投资却不曾出售任何藏酒。如果我开窖卖酒，投资回报比金融市场的任何投资都要高。即使葡萄酒市场一蹶不振，有酒喝也不错！ 2000 ～ 2010 年，波尔多在 2000 年、2003 年、2005 年、2009 年和 2010 年都酿出了好酒，2001 年和 2006 年是最出色的年份，其他年份表现也不错，2015 年亦十分惊艳。

加州的赤霞珠葡萄酒越来越难买到了——这里主要是指纳帕河谷的赤霞珠酒，纳帕的赤霞珠葡萄长势相当好。近年来，纳帕河谷葡萄酒一直都有天赐的好年份，尤其是 2012 年、2013 年、2014 年和 2015 年，这些年份的赤霞珠葡萄酒许多都不到 50 美元。

最好的纪念酒款：庆祝孩子 21 岁生日或结婚 25 周年

世界上没有多少葡萄酒可以放 20 年，然而和你挚爱的人分享陈年佳酿是收藏葡萄酒最大的乐趣之一。

1990 年　波尔多、加州（赤霞珠葡萄酒）、罗纳河谷、勃艮第、托斯卡纳、皮埃蒙特、苏特恩、香槟地区、德国 *

1991 年　罗纳河谷（尤其是北罗纳）、波特、加州（赤霞珠葡萄酒）

1992 年　波特、加州（赤霞珠、馨芳葡萄酒）

1993 年　加州（赤霞珠、馨芳葡萄酒）

1994 年　波特、加州（赤霞珠、馨芳葡萄酒）、里奥哈

1995 年　波尔多、罗纳河谷、里奥哈、加州（赤霞珠葡萄酒）

1996 年　勃艮第、皮埃蒙特、波尔多（梅多克）、勃艮第、德国 *

1997 年　加州（赤霞珠葡萄酒）、托斯卡纳（基安蒂、布鲁耐罗等）、皮埃蒙特、波特、澳大利亚（西拉葡萄酒）

1998 年　波尔多（圣艾美浓、玻美侯）、罗纳河谷（尤其是南罗纳）、皮埃蒙特

1999 年　皮埃蒙特、罗纳河谷（尤其是北罗纳）、加州（馨芳葡萄酒）

2000 年　波尔多

2001 年　纳帕河谷（赤霞珠葡萄酒）、苏特恩、德国 *、里奥哈、杜罗河流域

2002 年　纳帕河谷（赤霞珠葡萄酒）、德国 *、勃艮第 **、苏特恩

2003 年　北罗纳和南罗纳、苏特恩、波尔多、波特

2004 年　纳帕河谷（赤霞珠葡萄酒）、皮埃蒙特

2005 年　波尔多、苏特恩、勃艮第、南罗纳、皮埃蒙特、托斯卡纳、德国、里奥哈、杜罗河流域、澳大利亚南部地区、纳帕河谷（赤霞珠葡萄酒）、华盛顿州（赤霞珠葡萄酒）

2006 年　波尔多（玻美侯）、北罗纳、巴罗洛、巴巴瑞斯可、蒙塔尔奇诺布鲁耐罗、德国 *、阿根廷（马贝克葡萄酒）

2007 年　苏特恩、南罗纳、纳帕河谷（赤霞珠葡萄酒）、波特

2008 年　波尔多、纳帕河谷（赤霞珠葡萄酒）

2009 年　加州（赤霞珠葡萄酒）

2010 年　波尔多、罗纳河谷、布鲁耐罗

2011 年　波特

2012 年　纳帕河谷（赤霞珠葡萄酒）

2013 年　纳帕河谷（赤霞珠葡萄酒）

2014 年　纳帕河谷（赤霞珠葡萄酒）

2015 年　波尔多、纳帕河谷（赤霞珠葡萄酒）

　　* 表示精选级　　** 表示顶级酒庄

最好的陈酿

产自波尔多名庄的葡萄酒

世界上许多很好的葡萄酒产区酿造的红葡萄酒都能保存 30 年以上，但是除了波尔多，没有哪个产区可以酿出 100 年后还能让人赞不绝口的佳酿。

最适合陈酿的酒瓶

Magnum

我的酒藏家和酿酒师朋友们都说，相比标准的酒瓶，最好的藏酒在 Magnum 瓶中成熟得更慢、可以保存更久。有一种解释是，这取决于酒瓶中的空气容量和葡萄酒容量的比例。想想看，晚餐聚会时用 Magnum 瓶为大家倒酒也很有趣。

储存葡萄酒的最佳温度
55 华氏度（≈12.8 摄氏度）

如果你收藏了葡萄酒或打算收藏葡萄酒，就一定要好好保存你的藏酒。所有专业的葡萄酒零售店都在这样的温度下保存葡萄酒。有研究证实，对于陈酿来说最适合的温度大约为 55 华氏度，而 75 华氏度会让葡萄酒的成熟快一倍。但是，温度太低也不好，酒的成熟速度会放慢，陈贮过程甚至会立刻停止。你可以买一个葡萄酒酒柜，或在酒窖里安装空调。

储存葡萄酒的最佳湿度
75% 的相对湿度

如果你打算陈贮葡萄酒 5 年以上，控制湿度很重要，要是即买即饮就不用担心湿度了。湿度太低，软木塞变干，瓶子里的酒会通过缝隙挥发。酒如果挥发掉，空气也就能通过缝隙进入酒瓶。不过湿度太高，酒标可就难保了，但我宁愿不要酒标也要保住瓶子里的琼浆玉液。

搭配美食

最适合搭配午餐的红葡萄酒
黑比诺

大多数人午餐之后要继续工作，清淡、容易入口的黑比诺葡萄酒不会喧宾夺主，不妨碍你享受美味的汤、沙拉和三明治。

最适合搭配午餐的白葡萄酒
雷司令

选择什么样的雷司令葡萄酒取决于你午餐吃什么。你可以试试酒精浓度不高（8% ~ 10%）的德国珍藏级雷司令——

剩余糖分不多，有淡淡的甜味，可以和很多菜肴搭配，尤其适合沙拉。对于喜欢干酒的人，法国阿尔萨斯、美国华盛顿州或芬格湖雷司令葡萄酒都是不错的选择。

最适合葡萄酒的乳酪
帕马森干酪

现在的人比过去有个性！拿我来说，我热爱意大利食物和葡萄酒，不过帕马森干酪和波尔多葡萄酒、加州赤霞珠葡萄酒甚至清淡的黑比诺葡萄酒搭配都很棒。

最适合搭配鱼类菜肴的红葡萄酒
黑比诺
并列第二：经典基安蒂、博若莱、里奥哈

黑比诺葡萄酒清淡、容易入口、口感柔和，酸度高而单宁酸较少，可以很好地与各种食材搭配。黑比诺葡萄酒是伪装成红葡萄酒的"白葡萄酒"，该酒适合 6 ~ 8 个菜的晚餐，菜肴最好有所区别，例如鱼类、禽类或猪肉菜肴。

其他适合搭配鱼类菜肴的葡萄酒有经典基安蒂酒和西班牙里奥哈酒（Crianza 和 Reserva 都可以）。如果在夏天最热的时候吃烤肉或冰镇鱼虾，就选冰过的博若莱村庄级酒或酒庄级酒。

最适合搭配肉类菜肴的白葡萄酒
霞多丽

创造"白酒配鱼"这一说法的人想到的白葡萄酒可能是雷司令、灰比诺和长相思，因为绝大多数霞多丽酒对于鱼肉菜肴（除了金枪鱼、三文鱼和剑鱼排）来说，都有点遮盖菜肴本身的味道。霞多丽是伪装成白葡萄酒的"红葡萄酒"，尤其是美国加州和澳大利亚的霞多丽——酒体重、带有橡木味、

酒精浓度高。一般来说，越贵的霞多丽酒，橡木味越浓。所以针对霞多丽葡萄酒的风味、酒体和单宁酸，最适合的菜肴恐怕是西冷牛排！

最适合搭配鸡肉的葡萄酒
都可以

鸡肉和葡萄酒是绝配，因为鸡肉的味道相对清淡，不容易遮盖酒的风味。无论什么葡萄酒都适合鸡肉——红葡萄酒、白葡萄酒，风味清淡的、酒体适中或丰满的都可以。

最适合搭配羊羔肉的葡萄酒
波尔多或加州的赤霞珠葡萄酒

波尔多人竟然早餐、午餐和晚餐都要吃羊羔肉！羊羔肉的膻味比较重，需要配风味浓郁的葡萄酒。加州和波尔多的赤霞珠葡萄酒酒体丰满、浓郁，最适合与羊羔肉搭配。

最适合餐后饮用的葡萄酒
波特酒

你用不着喝太多波特酒，就能体会到其美妙之处。用一杯甜润的加烈葡萄酒结束一餐，足以让人别无所求。美国东北部地区每年9月至次年3月天气比较冷，我喜欢喝点波特酒。红宝石波特酒、黄褐波特酒或特色年份波特酒我都喜欢。吃完晚饭洗干净餐具，孩子们渐渐进入梦乡，爱犬陪坐在壁炉前，窗外下着雪——这个时候最适合来一杯波特酒了！

最适合搭配巧克力的葡萄酒
波特酒

对我来说，波特酒和巧克力都意味着一顿美食的结束。波特酒和巧克力都那么美好、甜蜜、令人满足，有时甚至让人略感颓废。

最适合在餐厅佐餐的葡萄酒
低于 75 美元的任何酒款！

尽管我人生大部分时间都在从事餐饮业，但我还是认为对于想好好品尝葡萄酒的人来说，餐厅是最糟糕的地方。餐厅的酒要贵得多，有时比零售店高两三倍。挑选 100 美元以上的葡萄酒很容易，但我觉得去发掘一款尝起来像 50 美元而实际上只有 25 美元的葡萄酒更有趣，发现价值 50 美元但喝起来像 100 美元或更超值的葡萄酒也会带来同样的乐趣。

几年前，我与妮娜·扎格特（Nina Zagat）和蒂姆·扎格特（Tim Zagat）一起工作，对纽约市 125 个餐厅的葡萄酒酒单进行了点评。蒂姆和我发现了一条规律——我们通常不会在餐厅里点超过 75 美元的葡萄酒，除非有人埋单！点评酒单的同时，我估算了 50 美元以下、75 美元以下和 100 美元以下葡萄酒的比例。令人吃惊的是，大多数餐厅都有价廉物美的葡萄酒供顾客选择！有的餐厅只有价格昂贵的葡萄酒或很少有 75 美元以下的葡萄酒，我可不去当冤大头。

最适合派对或欢庆氛围的葡萄酒
香槟
并列第二：其他任何起泡酒

这是世界上最多才多艺的一个葡萄酒系列。

最适合感恩节的葡萄酒
？

这是关于酒食搭配最常见的问题之一，我却没办法推荐具体的酒款。因为感恩节的餐桌上不只有火鸡，还有甘薯、越橘、白胡桃泥、各种馅料等，所有这些食物加起来会毁了好酒。感恩节是美国最重要的家庭节日，但你真的想和亲戚们分享你最好的葡萄酒吗？我建议你试试"平易近人"的酒

款——容易入口、物美价廉、来自可靠的生产商。翻回本书第 296 ～ 301 页，更多酒款供你挑选。

感恩节的晚餐上我们有一个传统，就是吃完火鸡要来点黄褐波特酒搭配坚果和水果。

最适合情人节的葡萄酒
Château Calon-Ségur

塞居尔侯爵曾经拥有 Château Lafite、Château Latour 和 Calon-Ségur 酒庄，但他说过："我在 Château Lafite 和 Château Latour 酿酒，但我的心在 Calon。"所以 Calon-Ségur 葡萄酒的酒标上有一颗心。

更多最佳

最好的玻璃酒具

瑞德尔

近30年来，奥地利的玻璃工艺世家瑞德尔家族设计的各种玻璃酒具，将葡萄酒品鉴提升到了一个新的高度。瑞德尔的酒杯制作精巧，可以突出葡萄品种的特点，例如，他们认为赤霞珠葡萄酒与黑比诺葡萄酒不应该用一样的酒杯。瑞德尔酒具风格多变，特定场合和日常饮用使用的酒杯也有多种选择。瑞德尔最好的酒具是手工制作的 Sommelier 系列，接下来是价格适中的 Vinum 系列。如果你不想在酒具上花费太多，瑞德尔还有相对而言价格最低的 Ouverture 系列。

最好的葡萄酒出版物

《葡萄酒观察家》
并列第二：《品醇客》和《葡萄酒爱好者》

1979年，马文·尚肯（Marvin Shanken）买下了《葡萄酒观察家》。该杂志虽然很有价值，当时的订阅读者却不多。30年之后，这本杂志发展到了280万名订阅读者。现在这本杂志是葡萄酒产业的必读期刊，其中的文章和品评都非常重要。

《品醇客》杂志的风格和观点与《葡萄酒观察家》完全不同。这本英国葡萄酒出版物刊载过葡萄酒作家迈克尔·布罗德本特、克莱夫·科茨、休·约翰逊、琳达·默菲、斯蒂文·斯珀里尔（Steven Spurrier）、布雷恩·圣皮埃尔（Brain St. Pierre）等人的文章。

另一个重要的葡萄酒出版物是《葡萄酒爱好者》杂志，由企业家亚当·斯特鲁姆（Adam Strum）创立，此人主要从事葡萄酒酒窖、玻璃酒具和其他葡萄酒相关产品的经营。

葡萄酒大事记

《葡萄酒观察家》举办的"纽约葡萄酒体验"

2016年，《葡萄酒观察家》杂志举办了"纽约葡萄酒体验"活动，庆祝创刊35周年。作为该活动的创始人之一，我在此略表心中"傲慢的偏见"。该活动之所以成功，基于3个原则：（1）邀请世界上最出色的生产者参加。（2）酿酒师或酒庄主人必须出席。（3）活动收入用于学术研究。

最佳葡萄酒旅游胜地
法国波尔多
美国加州纳帕河谷
意大利托斯卡纳

完美的旅行对我来说意味着美妙的葡萄酒、舒适的旅馆、不错的天气、离海不远、优美的景色，还有友善的当地人！（我是不是太贪心了？）以上 3 个葡萄酒产区完全可以满足我的要求。

最厉害的"谎言"
葡萄酒都是越陈越好

想想你大学时喝过的葡萄酒，回想一下酒的价格，我敢肯定那些酒绝对放不了多久！它们就是即买即饮的葡萄酒。90% 的葡萄酒都应该在一年内开瓶饮用，9% 的葡萄酒要在 5 年内喝掉。只有不到 1% 的葡萄酒可以保存 5 年以上。

最荒谬的"假设"
每个人品尝葡萄酒的感觉都差不多

任何人对葡萄酒的感觉都不一样，就像指纹或雪花，世界上也没有味觉和嗅觉一模一样的两个人。平均而言，普通人有 5000 ～ 10000 个味蕾。由于人类味蕾的具体数目很难确定，我只能相信自己的推断。你也一样。

性价比最高的产区

基安蒂（意大利）
罗纳河谷（法国）
迈波（智利）
马尔堡（新西兰）
门多萨（阿根廷）
里奥哈（西班牙）

最有价值的酒单：30美元及30美元以下

若干年前我完成了一次环球旅行。在那一年，我去了 15 个国家、80 个地区、400 个葡萄酒产区，品尝了超过 6000 款葡萄酒。这次经历让我眼界大开，主要是发现各个价位都有高品质的葡萄酒——相信对消费者来说这是个好消息。佳酿总是昂贵至极，而且产量不多。实际上，全世界的经济衰退对大多数葡萄酒的定价都有好处，它改变了为一款上好的葡萄酒必须花费不菲这一观念。在今天，许多价格在 30 美元以下的葡萄酒，品质不逊于我喝过的 100 美元以上的酒款。总之，现在是以理智价格购入高品质葡萄酒的最佳时机。

我本想把世界上值得收入囊中的酒款全部罗列，但是其中有一些市面上买不到，所以没有列出。大多数酒款价格都在 30 美元及以下，但我也列入了一些超过 30 美元、但不可错过的绝佳美酒。

美国

我品尝过来自北卡罗来纳州、宾夕法尼亚州、弗吉尼亚州、纽约州和其他许多州的葡萄酒，遗憾的是，这些酒大多只能在当地买到。加州出产长相思和霞多丽酿成的白葡萄酒以及赤霞珠、美乐、黑比诺、馨芳和西拉酿成的红葡萄酒，产量占美国总产量的 90%。华盛顿州的葡萄酒产量在美国位居第二，出产品质不错的长相思、美乐、霞多丽和赤霞珠葡萄酒。另外，俄勒冈州还有一些价格合理的黑比诺和霞多丽葡萄酒。以下是一些我最喜欢的美国酒商和推荐酒款：

红葡萄酒

A to Z Wineworks Pinot Noir
Acacia Carneros Pinot Noir
Acrobat Pinot Noir
Alexander Valley "Sin Zin" Zinfandel
Andrew Will Cabernet Sauvignon
Argyle Pinot Noir
Artesa Pinot Noir
Atalon Cabernet Sauvignon
Au Bon Climat "La Bauge" Pinot Noir
Au Bon Climat Pinot Noir
B. R. Cohn Silver label Cabernet Sauvignon

Beaulieu Coastal Merlot
Beaulieu Rutherford Cabernet Sauvignon
Benton-Lane Pinot Noir
Benziger Merlot
Beringer Knights Valley Cabernet Sauvignon
Bogle Zinfandel
Bonny Doon "Le Cigare Volant" Syrah / Shiraz
Broadside "Margarita Vineyard" Cabernet Sauvignon
Buena Vista Pinot Noir

Byron Pinot Noir

Calera Pinot Noir

The Calling "Rio Lago Vineyard" Cabernet
  Sauvignon

Cambria Julia's Vineyard Pinot Noir

Cartlidge & Browne Pinot Noir

Castle Rock Pinot Noir

Chappellet Mountain "Cuvee Cervantes"
  Meritage

Chapter 24 "Two Messengers" Pinot Noir

Charles Krug Merlot

Chateau Ste Michelle "Canoe Ridge" Merlot

Chateau Ste Michelle "Indian Wells"
  Cabernet Sauvignon

Cline Syrah / Shiraz

Cline Zinfandel

Clos du Bois Reserve Merlot

Cloudline Pinot Noir

Columbia Crest Merlot

Cooper Mountain Pinot Noir

De Martino Syrah / Shiraz

Dry Creek Cabernet Sauvignon

Elements by Artesa Cabernet Sauvignon

Ex Libris Cabernet Sauvignon

Ferrari-Carano Merlot

Fess Parker Syrah / Shiraz

Fetzer Vineyard Valley Oaks Merlot

Foley Pinot Noir

Folie a Deux Cabernet Sauvignon

Forest Glen Cabernet Sauvignon

Forest Glen Merlot

Forest Glen Syrah / Shiraz

Francis Ford Coppola "Director's Cut" Pinot
  Noir

Freemark Abbey Cabernet Sauvignon

Frei Brothers Merlot

Frog's Leap Cabernet Sauvignon

Frog's Leap Merlot

Gallo of Sonoma Cabernet Sauvignon

Garnet Pinot Noir

Geyser Peak Reserve Cabernet Sauvignon

Hess Select Cabernet Sauvignon

Hogue Merlot

Joel Gott Cabernet Sauvignon

Joel Gott Zinfandel

Justin Syrah / Shiraz

Kendall Jackson Merlot

L'Ecole No. 41 Shiraz

Laurel Glen Quintana Cabernet Sauvignon

Loring Pinot Noir

Louis M. Martini Sonoma Cabernet
  Sauvignon

Markham Merlot

McManis Cabernet Sauvignon

Miner Family "Stage Coach" Merlot

Mt. Veeder Winery Cabernet Sauvignon

Napa Ridge Merlot

Pinot Noir "Sharecropper" Pinot Noir

Ponzi "Tavola" Pinot Noir

Qupe Bien Nacido Vineyard Syrah / Shiraz

Ravenswood "Belloni" Zinfandel

Red Lava Vineyards Syrah / Shiraz

Rex Hill Pinot Noir

Robert Mondavi Merlot

Robert Mondavi Napa Cabernet Sauvignon

Rodney Strong Cabernet Sauvignon

Rutherford Vintners Cabernet Sauvignon

Saint Francis Cabernet Sauvignon

Saint Francis Merlot

Sean Minor Cabernet Sauvignon

Sebastiani Cabernet Sauvignon

Seven Hills Cabernet Sauvignon

Seven Hills Merlot

Siduri Pinot Noir

Silver Palm Cabernet Sauvignon

Souverain Merlot

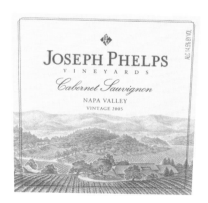

Stag's Leap Wine Cellars "Hands of
　　Time" Cabernet Sauvignon
Swanson Merlot
Trefethen Eschcol Cabernet Sauvignon
Vista Verde Vineyard Pinot Noir
Waterbrook Merlot

Wild Horse Pinot Noir
Willamette Valley Vineyards Pinot Noir
Wolffer Estate Merlot
Wyatt Pinot Noir
Zaca Mesa Syrah / Shiraz

白葡萄酒

Acacia Chardonnay
Argyle Chardonnay
Arrowood Grand Archer Chardonnay
Beaulieu Coastal Sauvignon Blanc
Benziger Chardonnay
Bergström "Old Stones" Chardonnay
Beringer Chardonnay
Beringer Sauvignon Blanc
Boundary Breaks "Ovid Line North" Riesling
Buena Vista Sauvignon Blanc
Calera Central Coast Chardonnay
Cambria "Katherine's Vineyard"
　　Chardonnay
Channing Daughters "Scuttlehole"
　　Chardonnay
Chateau Montelena Sauvignon Blanc
Chateau Saint Jean Chardonnay
Chateau Saint Jean Sauvignon Blanc
Chateau Ste Michelle Chardonnay
Chateau Ste Michelle "Eroica"
　　Riesling
Clos Pegase Mitsuko's Vineyard Chardonnay
Columbia Crest Sémillon-Chardonnay
Covey Run Chardonnay
Covey Run Fumé Blanc
Cristom Vineyard Pinot Blanc / Gris
Cuvée Daniel (Au Bon Climat) Chardonnay
Dr. Konstantin Frank Riesling
Elk Cove Vineyards Pinot Blanc/Gris
Estancia Chardonnay

Ferrari-Carano Fumé Blanc
Fetzer Vineyard Valley Oaks Chardonnay
Francis Ford Coppola "Director's Cut"
　　Chardonnay
Frog's Leap Sauvignon Blanc
Geyser Peak Sauvignon Blanc
Girard Sauvignon Blanc
Grgich Hills Fumé Blanc
Groth Sauvignon Blanc
Hall Winery Sauvignon Blanc
Heitz Cellars Chardonnay
Hermann J. Wiemer Riesling
Hess Select Chardonnay
High Hook Vineyards Pinot Blanc / Gris
Hogue Columbia Valley Chardonnay
Hogue Fumé Blanc
Honig Sauvignon Blanc
Joel Gott Chardonnay
Joel Gott Sauvignon Blanc
Kendall-Jackson Grand Reserve Chardonnay
Kendall-Jackson Vintner's Reserve
　　Sauvignon Blanc
Kenwood Sauvignon Blanc
King Estate "Signature Collection" Pinot
　　Blanc / Gris
La Crema Pinot Blanc / Gris
Landmark "Overlook" Chardonnay
Mason Sauvignon Blanc
Matanzas Creek Sauvignon Blanc
Mer Soleil "Silver" (unoaked) Chardonnay

Merryvale Starmont Chardonnay
Morgan Chardonnay
Ponzi Pinot Blanc / Gris
Provenance Sauvignon Blanc
Rodney Strong Sauvignon Blanc

Rutherford Ranch Chardonnay
Sbragia Family Sauvignon Blanc
Silverado Sauvignon Blanc
Simi Chardonnay
Truchard Chardonnay

阿根廷

　　尽管阿根廷以门多萨产区和马贝克葡萄享誉全世界，但那里的勃纳达（Bonarda）、赤霞珠和霞多丽葡萄酒也很棒。以下是一些我偏爱的阿根廷酒商和推荐酒款：

红葡萄酒

Achaval-Ferrer Malbec
Alamos Malbec
Alta Vista Malbec Grand Reserva
Bodega Norton Malbec
Bodegas Esmeralda Malbec
Bodegas Renacer "Enamore"
Bodegas Weinert Carrascal
Catena Malbec
Catena Zapata Cabernet Sauvignon
Clos de los Siete Malbec
Cuvelier Los Andes "Coleccion"
Valentin Bianchi Malbec

Domaine Jean Bousquet Malbec

Kaiken Cabernet Sauvignon Ultra
Michel Torino Torrontes
　 "Don David"
Miguel Mendoza Malbec Reserva
Perdriel Malbec
Salentein Malbec
Susana Balboa Cabernet Sauvignon
Susana Balboa Malbec
Terrazas Malbec Reserva
Tikal Patriota
Trapiche Oak Cask Malbec

白葡萄酒

Alamos Chardonnay
Alta Vista Torrontes Premium
Bodegas Diamandes de Uco Chardonnay

Catena Chardonnay
Michel Torino Torrontés Don David Reserve

澳大利亚

30 年前的澳大利亚出产价廉物美的葡萄酒，让全世界为之折服，今天的澳大利亚仍旧如此。在那里，著名的红葡萄品种西拉葡萄常用来和赤霞珠葡萄混酿葡萄酒，许多产区都有超值的赤霞珠、霞多丽和长相思葡萄酒。以下是一些我最喜欢的澳大利亚酒商和推荐酒款：

红葡萄酒

Alice White Cabernet Sauvignon

Banrock Station Shiraz

Black Opal Cabernet Sauvignon or Shiraz

Chapel Hill Grenache "Bushvine"

Chapel Hill Shiraz "Parson's Nose"

d'Arenberg "The Footbolt" Shiraz

d'Arenberg Grenache The Derelict Vineyard

d'Arenberg "The Stump Jump" Red

Jacob's Creek Cabernet Sauvignon

Jacob's Creek Shiraz Cabernet

Jamshead Syrah

Jim Barry Shiraz, "The Lodge Hill"

Jim Barry "The Cover Drive" Cabernet

Kilikanoon "Killerman's Run" Shiraz

Langmeil Winery "Three Gardens" Shiraz /
  Grenache / Mourvedre

Leeuwin Estate Siblings Shiraz

Lindeman's Shiraz Bin 50

Marquis Philips Sarah's Blend

McWilliam's Shiraz

Mollydooker "The Boxer" Shiraz

Nine Stones Shiraz

Penfolds "Bin 28 Kalimna" Shiraz

Peter Lehmann Barossa Shiraz

Rosemount Estate Shiraz Cabernet
  (Diamond Label)

Salomon Estate "Finnis River" Shiraz

Schild Shiraz

Taltarni T Series Shiraz

Two Hands Shiraz "Gnarly Dudes"

Yalumba Y Series Shiraz Viognier

Yangarra Shiraz Single Vineyard

白葡萄酒

Banrock Station Chardonnay

Bogle Sauvignon Blanc

Cape Mentelle Sauvignon Blanc-Semillon

Grant Burge Chardonnay

Heggies Vineyard Chardonnay

Lindeman's Chardonnay Bin 65

Matua Valley Sauvignon Blanc

Oxford Landing Sauvignon Blanc

Pewsey Vale Dry Riesling

Rolf Binder Riesling "Highness"

Rosemount Estate Chardonnay

Saint Clair "Pioneer Block 3" Sauvignon
  Blanc

Saint Hallett "Poacher's Blend" White

Trevor Jones Virgin Chardonnay

Yalumba Y Series Unwooded Chardonnay

奥地利

奥地利主要的白葡萄品种是绿维特利纳和雷司令。奥地利的葡萄酒容易入口且适合搭配几乎所有食物，也很容易买到。以下是我最喜欢的奥地利酒商和推荐酒款：

红葡萄酒

Glatzer Zweigelt

Sepp Moser Sepp Zweigelt

白葡萄酒

Albert Neumeister Morillon Steirsche Klassik

Alois Kracher Pinot Gris Trocken

Brundlmayer Grüner Veltliner Kamptaler Terrassen

Forstreiter "Grand Reserve" Grüner Veltliner

Franz Etz Grüner Veltliner (Liter)

Hirsch Grüner Veltliner Heiligenstein

Hirsch "Veltliner #1"

Knoll Grüner Veltliner Federspiel Trocken Wachau Loibner

Nigl Grüner Veltliner Kremser Freiheit

Salomon Grüner Veltliner

Salomon Riesling Steinterrassen

Schloss Gobelsburg

Walter Glatzer Grüner Veltliner "Dornenvogel"

智利

世界上最好的赤霞珠葡萄酒产自智利。智利的美乐、卡曼纳、长相思葡萄酿成的酒也很不错。以下是一些我最喜欢的智利酒商和推荐酒款：

红葡萄酒

Arboleda Carmenère

Caliterra Cabernet Sauvignon or Merlot

Carmen Carmenère

Casa Lapostolle "Cuvée Alexandre" Merlot

Concha y Toro Puente Alto Cabernet

Cono Sur 20 Barrels Cabernet

Cousiño-Macul Antiguas Reserva

Errazuriz Cabernet Sauvignon

Los Vascos Reserve Cabernet

Montes Alpha Merlot Apalta Vineyard

Montes Cabernet Sauvignon

Santa Carolina Cabernet Sauvignon

Veramonte Primus "The Blend"

Veranda Pinot Noir Ritua

Viña Aquitania Lazuli Cabernet

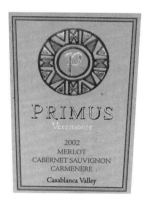

白葡萄酒

Casa Lapostolle Cuvee Alexander Chardonnay

Casa Lapostolle Cuvee Alexander Valley Sauvignon Blanc

Cono Sur "Bicycle Series" Viognier

Veramonte Sauvignon Blanc

Vina Aquitania "Sol del Sol" Chardonnay "Traiguen" 2008

法国

　　尽管昂贵的法国葡萄酒名声在外（比如波尔多和勃艮第名庄葡萄酒），但法国也出产品质上乘却不贵的酒款。阿尔萨斯有雷司令、白比诺和灰比诺；卢瓦河谷有慕斯卡德、桑榭尔和普伊芙美；勃艮第有博若莱、马孔内、夏布利以及勃艮第红、白葡萄酒；罗纳河谷有罗纳河谷级葡萄酒和克罗兹－艾米塔吉；波尔多有小酒庄酒和布尔乔亚酒庄酒；还有来自普罗旺斯、朗格多克、鲁西永地区的葡萄酒。以下是一些我偏爱的法国酒商和推荐酒款：

红葡萄酒

"A" d'Aussières Rouge Corbières
Baron de Brane
Brunier Le Pigeoulet Rouge VDP Vaucluse
Brunier "Megaphone" Ventoux Rouge
Chapelle-St-Arnoux Châteauneuf-du-Pape
　　Vieilles Vignes
Château Bel Air
Château Cabrières Côtes du Rhône
Château Cap de Faugeres
Château Caronne-Sainte-Gemme
Château Chantegrive
Château d'Escurac "Pepin"
Château de Maison Neuve
Château de Mercey Mercurey Rouge
Château de Trignon Gigondas
Château de Villambis
Château Greysac
Château Haut du Peyrat
Château Labat
Château La Cardonne
Château La Grangère
Château Lanessan
Château Larose-Trintaudon
Château Le Bonnat
Château Le Sartre
Château Malmaison
Château Malromè

Château Maris La Touge Syrah
Château Pey La Tour Reserve du Château
Château Peyrabon
Château Puy-Blanquet
Château Puynard
Château Saint Julian
Château Segondignac
Château Thébot
Château Tour Leognan
Cheval Noir
Clos Siguier Cahors
Côte-de-Nuits-Village, Joseph Drouhin
Croix Mouton
Cuvée Daniel Côtes de Castillon
Domaine André Brunel Côtes-du-Rhône
　　Cuvée Sommelongue
Domaine Bouchard Pinot Noir
Domaine d'Andezon Côtes-du-Rhône
Domaine de la Coume du Roy Côtes du
　　Roussillon-Villages "Le Desir"
Domaine de Lagrézette Cahors
Domaine de'Obrieu Côtes du Rhône Villages
　　"Cuvée les Antonins"
Domaine de Villemajou "Boutenac"
Domaine Michel Poinard Crozes-Hermitage
Domaine Roches Neuves Saumur-
　　Champigny

Georges Duboeuf Beaujolais-Villages

Georges Duboeuf Morgon "Cave Jean-Ernest Descombes"

Gérard Bertrand Domaine de L'Aigle Pinot Noir

Gérard Bertrand Grand Terroir Tautavel

Gilles Ferran "Les Antimagnes"

Guigal Côtes du Rhône

J. Vidal-Fleury Côtes du Rhône

Jaboulet Côtes du Rhône Parallèle 45

Jaboulet Crozes-Hermitage Les Jalets

Jean-Maurice Raffault Chinon

Joseph Drouhin Côte de Beaune-Villages

La Baronne Rouge "Montagne d'Alaric"

La Vieille Ferme Côtes du Ventoux

Lafite Réserve Spéciale

Laplace Madiran

Le Medoc de Cos

Louis Jadot Château des Jacques Moulin-à-Vent

M. Chapoutier Bila-Haut Côtes de Rousillon Villages

Maison Champy Pinot Noir Signature

Marc Rougeot Bourgogne Rouge "Les Lameroses"

Marjosse Reserve du Château

Mas de Gourgonnier Les Baux de Provence Rouge

Michel Poinard Crozes Hermitage

Montirius Gigondas Terres des Aînés

Nicolas Thienpont Selection Saint-Emilion Grand Cru

Perrin & Fils Côtes du Rhône

Rene Lequin-Colin Santenay "Vieilles Vignes"

Thierry Germain Saumur-Champigny

Villa Ponciago Fleurie La Réserve Beaujolais

白葡萄酒

Ballot-Millot et Fils Bourgogne Chardonnay

Barton & Guestier Sauternes

Bertranon Bordeaux Blanc

Bouzeron Domaine Gagey

Cairanne, Domaine les Hautes Cances

Château Bonnet Blanc

Château de Maligny Petit Chablis

Château de Mercey Mercurey Blanc

Château de Rully Blanc "La Pucelle"

Château de Sancerre

Château du Mayne Blanc

Château du Trignon Côtes du Rhône Blanc

Château Fuissé

Château Graville-Lacoste Blanc

Château Loumelat

Château Martinon Blanc

Clarendelle

Claude Lafond Reuilly

Domaine de Montcy Cheverny

Domaine Delaye Saint-Véran "Les Pierres Grises"

Domaine des Baumard Savenniéres

Domaine Jean Chartron Bourgogne Aligoté

Domaine Mardon Quincy "Très Vieilles Vignes"

Domaine Paul Pillot Bourgogne Chardonnay

Domaine Saint Barbe Macon Clesse "Les Tilles"

Faiveley Bourgogne Blanc

Francis Blanchet Pouilly Fumé "Cuvée Silice"

Georges Duboeuf Pouilly-Fuissé

Helfrich Riesling

Hugel & Fils Gentil

Hugel & Fils Riesling
Hugel Pinot Gris
J.J. Vincent Pouilly-Fuissé "Marie Antoinette"
Jeanguillon Blanc
Jonathon Pabiot Pouilly Fumé
Laroche Petit Chablis
Louis Jadot Macon
Louis Jadot Saint-Véran
Louis Latour Montagny
Louis Latour Pouilly-Vinzelles
Maison Bleue Chardonnay
Marjosse Blanc Reserve du Château
Mas Karolina Côtes Catalanes Blanc
Michel Bailly Pouilly Fumé

Olivier Leflaive Saint-Aubin
Pascal Jolivet Attitude
Pascal Jolivet Sancerre
Robert Klingenfus Pinot Blanc
Sauvion Pouilly-Fumé Les Ombelles
Sauvion Sancerre, "Les Fondettes"
Simonnet-Febvre Chablis
Thierry Germain Saumur Blanc Cuvée "Soliterre"
Thierry Pillot Santenay Blanc "Clos Genet"
Trimbach Gewurztraminer
Trimbach Riesling
William Fèvre Chablis
Willm Cuvèe Emile Willm Riesling Rèserve
Zind Humbrecht Pinot Blanc

桃红葡萄酒

Château Miraval Côtes de Provence Rosé "Pink Floyd"

德国

　　最超值的德国白葡萄酒应该在特级优质酒中的珍藏级和晚摘级中寻找。以下是一些我偏爱的德国酒商和推荐酒款：

白葡萄酒

Josef Leitz Rüdesheimer Klosterlay Riesling Kabinett
Kerpen Wehlener Sonnenuhr Kabinett
Kurt Darting Dürkheimer Hochbenn Riesling Kabinett
Leitz "Dragonstone" Riesling
Meulenhof Wehlenuhr Sonnenuhr Riesling Spätlese

Saint Urbans-Hof Riesling Kabinett
Schloss Vollrads Riesling Kabinett
Selbach Piesporter Michelsberg Riesling Spatlese
Selbach-Oster Zeltinger Sonnenuhr Riesling Kabinett
Weingut Max Richter Mülheimer Sonnelay Riesling Kabinett

意大利

目前，意大利正在酿造前所未有的最佳酒款！意大利各地都有不错的葡萄酒。托斯卡纳有基安蒂经典珍藏、蒙塔尔奇诺红葡萄酒和蒙蒂普尔查诺红葡萄酒；皮埃蒙特有巴贝拉和多赛托；威尼托有瓦尔波利塞拉、苏瓦韦、普罗塞克起泡酒，阿布鲁齐有阿布鲁齐蒙蒂普尔查诺；还有来自意大利北部的灰比诺、白比诺和西西里岛的黑达沃拉。以下是一些我偏爱的意大利酒商和推荐酒款：

红葡萄酒

Aldo Rainoldi Nebbiolo

Aleramo Barbera

Allegrini Palazzo della Torre

Allegrini Valpolicella Classico

Antinori Badia a Passignano Chianti Classico

Altesino Rosso di Altesino

Antinori Santa Cristina Sangiovese

Antinori Tormaresca Trentangeli

Baglia di Pianetto "Ramione"

Braida Barbera d'Asti "Montebruna"

Bruno Giacosa Barbera d'Alba

Cantina del Taburno Aglianico Fidelis

Caruso e Minini I Sciani Sachia

Casal Thaulero Montepulciano d'Abruzzo

Cascata Monticello Dolcetto d'Asti

Castellare di Castellina Chianti Classico

Castello Banfi Toscana Centine

Castello Monaci Liante Salice Salentino

Col d'Orcia Rosso di Montalcino

Di Majo Norante Sangiovese Terre degli Osci

Einaudi Dolcetto di Dogliani

Fattoria di Felsina Chianti Classico Riserva

Francesco Rinaldi Dolcetto d'Alba

Guado al Tasso-Antinori Il Bruciato

La Mozza Morellino di Scansano
   ''I Perazzi''

Le Rote Vernaccia di San Gimignano

Librandi Ciro Riserva "Duca San Felice"

Lungarotti Rubesco

Manzone Nebbiolo Langhe "Crutin"

Marchesi de' Frescobaldi Chianti Rúfina

Marchesi di Barolo Barbera d'Alba

Masi "Campofiorin"

Melini Chianti Classico Riserva
   "La Selvanella"

Michele Chiarlo Barbera d'Asti

Mocali Rosso di Montalcino

Monchiero Carbone Barbera d'Alba

Morgante Nero d'Avola

Montesotto Chianti Classico

Podere Ciona "Montegrossoli"

Poggio al Casone La Cattura

Poggio al Tesoro Mediterra

Poggio il Castellare Rosso di Montalcino

Principe Corsini Chianti Classico "Le Corti"

Regaleali (Tasca d'Almerita) Rosso

Ruffino Chianti Classico "Riserva Ducale"
   (Tan label)

Ruffino "Modus"

San Polo "Rubio"

Sandrone Nebbiolo d'Alba Valmaggiore

Silvio Nardi Rosso di Montalcino

Taurino Salice Salentino

Tenuta dell'Ornellaia Le Volte

Tenuta di Arceno Arcanum Il Fauno

Tolaini "Valdisanti"

Tormaresca "Torcicoda"

Travaglini Gattinara

Valle Reale Montepulciano d'Abruzzo

Zaccagnini Montepulciano d'Abruzzo Riserva

Zenato Valpolicella

Zeni Amarone della Valpolicella

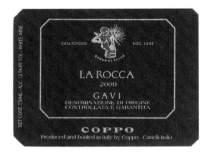

白葡萄酒

Abbazia di Novacella Kerner
Alois Lageder Pinot Bianco
Alois Lageder Pinot Grigio
Anselmi Soave
Antinori Chardonnay della Sala Bramito del
    Cervo
Antinori Vermentino Guado al Tasso
Bolla Soave Classico
Bollini Trentino Pinot Grigio
Boscaini Pinot Grigio
Botromagno Gravina Bianco
Cantina Andriano Pinot Bianco
Caruso e Minini Terre di Giumara Inzolia
Ceretto "Blange" Langhe Arneis
Clelia Romano Fiano di Avellino "Colli di
    Lapio"
Coppo Gavi "La Rocca"
Eugenio Collavini Pinot Grigio "Canlungo"
Jermann Pinot Grigio
Kellerei Cantina Terlan Pinot Bianco
La Carraia Orvieto Classico

Le Rote Vernaccia di San Gimignano
Maculan "Pino & Toi"
Malabaila Roero Arneis
Marchetti Verdicchio dei Castelli di Jesi
    Classico
Marco Felluga Collio Pinot Grigio
Mastroberardino Falanghina
Paolo Scavino Bianco
Peter Zemmer Pinot Grigio
Pieropan Soave
Pighin Pinot Grigio
Sergio Mottura Grechetto "Poggio della
    Costa"
Sergio Mottura Orvieto
Soave Classico Pra
Terenzuola Vermentino Colli di Luni
Teruzzi & Puthod "Terre di Tufi"
Terredora Greco di Tufo (Loggia della Serra)

桃红葡萄酒

Antinori Guado al Tasso
    Scalabrone Rosato

普罗塞克白葡萄酒

Adami
Bortolomiol
Le Colture

La Tordera
Mionetto
Zardetto

新西兰

　　新西兰最重要的两种葡萄，是长相思和黑比诺。新西兰长相思葡萄酒在全世界都很有名，它有明显的"热带"风味，余韵中有柑橘香。新西兰的黑比诺也已进入高品质葡萄酒市场。以下是一些我偏爱的新西兰酒商和推荐酒款：

红葡萄酒

Babich Pinot Noir

Brancott Estate Pinot Noir Reserve

Coopers Creek Pinot Noir

Crown Range Pinot Noir

Kim Crawford Pinot Noir

Man O' War Syrah

Mt. Beautiful Pinot Noir Cheviot Hills

Mt. Difficulty Pinot Noir

Neudorf Vineyards Pinot Noir
　　"Tom's Block" (Nelson)

Oyster Bay Pinot Noir

Peregrine Pinot Noir

Saint Clair Pinot Noir "Vicar's Choice"

Salomon & Andrew Pinot Noir

Stoneleigh Pinot Noir

Te Awa Syrah

The Crossings Pinot Noir

Yealands Pinot Noir

白葡萄酒

Ata Rangi Sauvignon Blanc

Babich Sauvignon Blanc

Babich Unwooded Chardonnay

Brancott Estate Sauvignon Blanc

Cloudy Bay "Te Koko"

Coopers Creek Sauvignon Blanc

Cru Vin Dogs "Greyhound" Sauvignon Blanc

Giesen Sauvignon Blanc

Glazebrook Sauvignon Blanc

Isabel Estate Sauvignon Blanc

Kim Crawford Sauvignon Blanc

Kumeu River Village Chardonnay

Man O' War Sauvignon Blanc

Mohua Pinot Gris

Mohua Sauvignon Blanc

Mount Nelson Sauvignon Blanc

Mt. Difficulty Pinot Gris

Neudorf Chardonnay

Neudorf Sauvignon Blanc

Nobilo Sauvignon Blanc

Oyster Bay Sauvignon Blanc

Pegasus Bay Chardonnay

Peregrine Pinot Gris

Saint Clair Sauvignon Blanc

Salomon & Andrew Sauvignon Blanc

Seresin Sauvignon Blanc

Stoneleigh Chardonnay

Stoneleigh Sauvignon Blanc

Te Awa Chardonnay

Te Mata "Woodthorpe"

Villa Maria "Cellar Selection" Sauvignon
　　Blanc

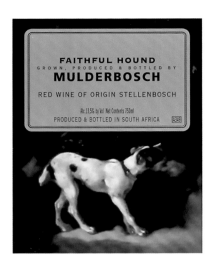

南非

南非葡萄酒非常多样化，从白诗南、长相思到赤霞珠、比诺塔吉几乎无所不包，消费者能以超值的价格买到各种葡萄酒。以下是我偏爱的南非酒商和推荐酒款：

红葡萄酒

Boekenhoutskloof "Chocolate Block" Meritage

Doolhof Dark Lady of the Labyrinth Pinotage

Jardin Syrah

Kanonkop Pinotage

Mount Rozier "Myrtle Grove" Cabernet Sauvignon

Mulderbosch Faithful Hound

Kanonkop Kadette Red

Rupert & Rothschild Classique

Rustenberg 1682 Red Blend

Thelema Cabernet Sauvignon

白葡萄酒

Boschendal Chardonnay

Ken Forrester Sauvignon Blanc

Thelema Sauvignon Blanc

Tokara Chardonnay Reserve Collection

西班牙

四十多年前我开始学习葡萄酒时，里奥哈葡萄酒就已盛誉全球，特别是 Crianza 和 Reserva。杜罗河流域的丹魄葡萄酒非常出众；下海湾有阿尔巴利诺葡萄酿成的好酒；佩内德斯有起泡酒卡瓦。以下是一些我偏爱的西班牙酒商和推荐酒款：

红葡萄酒

Alvaro Palacios Camins del Priorat

Algueira Ribiera Sacra

Antidoto Ribera del Duero Cepas Viejas

Baron de Ley Reserva

Bernabeleva Camino de Navaherreros

Beronia Rioja Reserva

Bodega Numanthia Termes

Bodegas Beronia Reserva

Bodegas Emilio Moro "Emilio Moro"

Bodegas La Cartuja Priorat

Bodegas Lan Rioja Crianza

Bodegas Leda Mas de Leda

Bodegas Marañones 30 Mil Maravedies

Bodegas Montecillo Crianza or Reserva

Bodegas Muga Reserva

Bodegas Ontañón Crianza

Campo Viejo Reserva

Clos Galena Galena

Condado de Haza Ribera del Duero

Conde de Valdemar Crianza

CVNE Rioja Crianza "Viña Real"

Descendientes de José Palacios Bierzo Pétalos

Dinastía Vivanco Selección de Familia
El Coto Crianza and Reserva
Ermita San Felices Reserva Rioja Alta
Finca Torremilanos Ribera del Duero
Joan d'Anguera Montsant Garnatxa
Marqués de Cáceres Crianza or Reserva
Marqués de Riscal Proximo Rioja
Onix Priorat

Ontañón Crianza or Reserva
Pago dee Valdoneje Bierzo
Pesquera Tinto Crianza
Rotllan Torra Priorat Crianza
Scala Dei Priorat "Negre"
Senorio de Barahonda "Carro" Tinto
Torres Gran Coronas Reserva
Urbina Rioja Gran Reserva

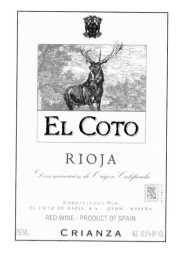

白葡萄酒

Albariño Don Olegario
Bodegas Ostatu Blanco
Burgáns Albariño Rías Baixas
Castro Brey Albariño "Sin Palabras"
Condes de Albarei "Condes Do Ferreiro
    Albariño de Albarei"

Legaris Verdejo Rueda
Licia Galicia Albariño
Martin Codax Albarino
Pazo de Senorans Albarino
Terras Guada Albarino
    "O Rosal"

卡瓦酒

Codorníu Brut Classico
Cristalino Brut

Freixenet
Segura Viudas

葡萄酒资源

出版物

《品醇客》
Decanter.com

《美食美酒》（*Food & Wine*）
foodandwine.com

《品酒家》（*Tasting Panel*）
tastingpanelmag.com

《葡萄酒倡导者》
erobertparker.com

《葡萄酒与烈酒》（*Wine & Spirits*）
wineandspiritsmagazine.com

《葡萄酒商务月刊》
winebusiness.com

《葡萄酒爱好者》
wineenthusiast.com

《葡萄酒观察家》
winespectator.com

评级及价格

美国饮料测试协会（Beverage Testing Institute），tastings.com
罗伯特·帕克的《葡萄酒购买指南》（*Wine Buying Guide*）
Snooth.com

Wine Price File
wine-searcher.com

《葡萄酒观察家之终极购买指南》（*Wine Spectator's Ultimate Buying Guide*）

储藏及设备

International Wine Accessories（世界葡萄酒配件）
iwawine.com

Sub Zero Freezer Company（美国顶级冰箱品牌）
subzero-wolf.com

Western Carriers, Inc. Wine Cellar Transportation（西方货运公司，葡萄酒窖运输服务）
westerncarriers.com

《葡萄酒爱好者》目录
wineenthusiast.com

销售商及拍卖商

Aulden Cellars-Sotheby's Auction House（苏富比拍卖行：名酒拍卖会）
sothebys.com/wine

Bonhams & Butterfields（邦瀚斯拍卖行）
bonhams.com

Chicago Wine Company（芝加哥葡萄酒公司）
tcwc.com

Christie's Auction House（佳士得拍卖行）
christies.com

Hart Davis Hart（哈特·戴维斯·哈特拍卖行）
hdhwine.com

Morrell & Company（莫雷尔葡萄酒公司）
Morrellwineauctions.com

Wally's Wine Auction（沃利葡萄酒拍卖行）
wallysauction.com

Zachy's（扎奇拍卖行）
zachys.com/auctions

线上拍卖行

auctionvine.com

brentwoodwine.com

munichwinecompany.com

spectrumwine.com

winebid.com

winecommune.com

葡萄酒教育机构

如果想找葡萄酒学校的完整清单，请移步葡萄酒教育者协会（Society of Wine Educators）网站：societyofwineeducators.org。

葡萄酒专业人士认证项目

推荐给想要成为侍酒师之类葡萄酒行业专业人员的读者：

American Sommelier Association（美国侍酒师协会）

americansommelier.com

International Wine Center（国际葡萄酒中心）

internationalwinecenter.com

Society of Wine Educators（葡萄酒教育者协会）

societyofwineeducators.org

Sommelier Society of America（美国侍酒师组织）

sommeliersocietyofamerica.org

Wine & Spirit Education Trust（葡萄酒与烈酒教育基金会）

wsetglobal.com

Wine Spectator Wine School（葡萄酒观察家葡萄酒学校）

Winespectator.com/school

消费者教育项目

凯文·兹拉利世界之窗葡萄酒学校

kevinzraly.com

延伸阅读

以下书籍是为想要进一步了解葡萄酒奇妙世界的你而准备：

奥兹·克拉克著，《必备葡萄酒指南》

史蒂文·科尔潘（Steven Kolpan）、布莱恩·H. 史密斯（Brian H. Smith）和迈克尔·A. 韦斯（Michael A. Weiss）合著，《探索葡萄酒》（*Exploring Wine*）

卡伦·佩奇（Karen Page）、安德鲁·当纳伯格（Andrew Dornenburg）合著，《美食家的葡萄酒指南》（*The Food Lover's Guide to Wine*）

奥兹·克拉克著，《葡萄与葡萄酒》（*Grapes & Wines*）

安德烈娅·易默尔（Andrea Immer）著，《让美味更简单》（*Great Tastes Made Simple*）、《让葡萄酒更简单》（*Great Wine Made Simple*）

休·约翰逊著，《现代葡萄酒百科全书》

杰西丝·罗宾逊著，《牛津葡萄酒指南》

埃文·戈德斯坦著，《完美搭配》《大胆搭配》（*Daring Pairings*）

凯文·兹拉利著，《终极葡萄酒全书》（*The Ultimate Wine Companion*）

约瑟夫·巴斯蒂安尼克、大卫·林奇合著，《意大利葡萄酒》

卡伦·麦克尼尔著，《葡萄酒圣经》

埃德·麦卡锡、玛丽·尤因·玛里根合著，《葡萄酒傻瓜书》

洛丽·林恩·纳尔洛克（Lori Lyn Narlock）、南希·加芬克尔（Nancy Garfinkel）合著，《葡萄酒爱好者的出酒国家指南》（*The Wine Lover's Guide to the Wine Country*）

休·约翰逊、杰西丝·罗宾逊合著，《葡萄酒世界地图》（*World Atlas of Wine*）

上面的书多是些大部头，所以再推荐 3 本袖珍指南书：

《美食美酒袖珍指南》（*Food & Wine Pocket Guide*）

休·约翰逊的《袖珍葡萄酒百科全书》

奥兹·克拉克的《袖珍葡萄酒指南》

博客

以下是值得追读的葡萄酒博客：

    wineblogawards.org

    Winebusiness.com

    Dinersjournal.blogs.nytimes.com

消费者不可错过的葡萄酒盛会

想查找你所在当地的葡萄酒盛会，请登录 localwineevents.com

Auction Napa Valley（纳帕谷拍卖会）
napavintners.com/anv/

Boston Wine Expo, Winter（波士顿美酒节）
wine-expos.com

Charlotte Wine & Food Weekend（夏洛特美酒美食周——春季举办，两年一届）
charlottewineandfood.com

Epcot Food & Wine Festival（迪士尼未来世界美酒美食节）
disneyworld.disney.go.com/parks/epcot/

Finger Lakes Wine Festival（芬格湖群葡萄酒节）
flwinefest.com

Florida Winefest & Auction（佛罗里达葡萄酒节拍卖会）
floridawinefest.com

Food & Wine Classic in Aspen（阿斯本经典美食美酒节）
Foodandwine.com/classic

Grand Wine and Food Affair (Texas)（得克萨斯美食美酒盛宴）
fortbendwineandfoodaffair.com

Naples Winter Wine Festival（那不勒斯冬季葡萄酒节）
napleswinefestival.com

New York Wine Experience（纽约葡萄酒体验大会）
212-684-4224

New York Wine Expo（纽约葡萄酒博览会）
wine-expos.com

Newport Mansions Wine & Food Festival（纽波特豪宅区美食美酒节）
newportmansions.org

Saratoga Wine and Food Festival（萨拉托加美食美酒节）
spac.org

South Beach Wine & Food Fest（南海滩葡萄酒美食节）
sobewineandfoodfest.com

Washington International Wine & Food Festival（华盛顿国际美食美酒节）
wine-expos.com

Westchester Magazine Wine and Food Festival（《韦斯特切斯特杂志》美食美酒节）
winefood.westchestermagazine.com

葡萄酒贸易盛事

American Wine Society National Conference（美国葡萄酒协会全美大会）
americanwinesociety.org

Society of Wine Educators Conference（葡萄酒教育者协会论坛）
societyofwineeducators.org/conference.php

后记：回首过往，心存感激

我将永远铭记：

- 1970 ~ 1976 年，在 Depuy Canal House 餐厅与 John Novi 共事，并向他学习；
- 1970 年第一次造访酒厂——Benmarl 酒厂；
- 1971 年，第一次上葡萄酒课（其中一堂课我是学生，另一堂课我成了老师）；
- 1972 年，搭顺风车去美国葡萄酒之乡——加州；
- 1973 年，以大学低年级学生的身份，教授两个学分的葡萄酒课程（该课程仅对高年级学生开放）；
- Sam Matarazzo 神父——我早期的精神导师；
- 1974 ~ 1975 年，在欧洲学习葡萄酒；
- 1974 年、1981 年、1992 年和 2014 年，在自己的葡萄园栽培葡萄（4 次均以失败告终），1984 年自己酿酒（成绩平平）；
- 1976 年，世界之窗餐厅开业，激动人心；
- 我与 Jules Roinnel 之间的友谊，以及他多年来给予我的支持，从世界之窗餐厅初创直到今天；
- 与 Alexis Bespaloff 以及其他朋友一同品酒的经历；
- 在纽约州新帕尔茨 Mohonk Mountain House 酒店生活，那里总能激发人的灵感；
- 和 Alexis Lichine 在波尔多讨论葡萄酒的无数个傍晚、深夜和清晨；
- 卓越的导师和倾听者 Peter Sichel，他的包容影响我与别人分享葡萄酒知识的方式；
- 与 Peter Bienstock 共享上等陈酿；
- Jules Epstein，他无私地给我建议并与我分享他的窖藏；
- 与葡萄酒专家 Robin Kelley O'Connor 游历世界的经历；
- 1981 ~ 1991 年，参与创办"纽约葡萄酒体验大会"；
- 那些再也不能与我共饮几杯的人们：Craig Claiborne、Joseph Baum、Alan Lewis、Raymond Wellington 以及我的父亲 Charles；
- 见证 Michael Skurnik 的成功——他 20 世纪 70 年代末在世界之窗工作，很快声名鹊起，成为知名的葡萄酒进口商；
- 见证我的学生 Andrea Robinson 成为佳酿美食界的巨星级人物和著名作家；
- 与 Alan Richman 合作美食频道的节目 "Wines A to Z"；
- 阅读葡萄酒评论家和品鉴专家的著作并仔细体会（本书中均有提及）；
- 有幸结识世界各地热情洋溢的酿酒师、葡萄园主和知名酒厂的主人；
- 有幸参加各种葡萄酒活动、酒宴和品酒会；
- 所有邀请我享受葡萄酒或讲授葡萄酒的组织；
- 1983 年与 Kathleen Talbert 合作撰写本书的第一章；
- 本书初版时，给予我帮助的斯特灵出版社的 Burton Hobson、Lincoln Boehm 和 Charles Nurnberg；
- 斯特灵出版社的前 CEO Marcus Leaver，感谢他对本书的所有支持；
- 过去 30 年来我的所有编辑，尤其是 Felicia Sherbert、Stephen Topping、Keith Schiffman、Steve Magnuson、Hannah Reich、Becky Maines、Mary Hern、Diane Abrams、Carlo DeVito 和 James Jayo；
- 斯特灵出版社为本书新版组建的团队：Marilyn Kretzer、James Jayo、Chris Bain、Elizabeth Lindy、Linda Liang、Kevin Ullrich、Rich Hazelton、Rodman Neumann、Hannah Reich、Fred Pagan、Trudi Bartow、Chris Vaccari、Nicole Vines Verlin 以及 Rose Fox、Beth Gruber、Jessie Leaman、Jay Kreider、Maria Mann、Ashley Prine、and Katherine Furman；
- 25 年来为本书设计精美封面的 Karen Nelson；
- Jim Anderson，他在本书初版时负责装帧设计。Richard Oriolo，感谢他让我的理念贯穿于初版至今的各版次中；
- Barnes & Noble 对我和本书的一贯支持；

- Carmen Bissell、Raymond DePaul、Faye Friedman、Jennifer Redmond 和 Maria Battaglia，感谢他们帮助我开展葡萄酒学校的工作；
- 过去 40 年来葡萄酒学校所有帮助我斟酒的人们；
- 纽约市各个葡萄酒学校与我关系亲密的同行们，尤其是 Harriet Lembeck（Beverage Program），Mary Ewing-Mulligan（International Wine Center）；
- Baum-Emil 团队，他们在 1996 年重新开办世界之窗餐厅；
- 与 Michael Aaron、Michael Yurch、Chris Adams、Shyda Gilmer 和 Matt Wong 共同开办"Sherry Lehmann/Kevin Zraly Master Wine Class"；
- 纽约市 Marriott Marquis 酒店的 Michael Stengel，感谢他自"9·11 事件"以来对我的帮助；
- 对于在"9·11 事件"中失去的朋友和同事，我心中的悲伤至今难以抹去；
- Robert M. Parker Jr.，"9·11 事件"后他慷慨地奉献自己的时间和聪明才智，帮助那些遭遇不幸的家庭；
- Smith & Wollensky 餐饮集团的创始人、董事会主席、CEO，Alan Stillman；
- 获得詹姆斯·比尔德基金会授予的终身成就奖；
- 在康奈尔大学的美国餐饮学院教授葡萄酒课程；
- 成为康奈尔大学美国餐饮学院董事会成员；
- 所有"非同寻常"的酒友——他们多年来一直"帮助"消耗我的窖藏；
- 那些帮助我使工作秩序井然的人们：Ellen Kerr、Claire Josephs、Lois Arrighi、Sara Hutton、Andrea Immer、Dawn Lamendola、Catherine Fallis、Rebecca Chapa、Gina D'Angelo-Mullen 和 Michelle Woodruff；
- 我的 4 个最佳"年份"：1991 年 Anthony 出生，1993 年 Nicolas 出生，1997 年 Harrison 出生，1999 年 Adriana 出生；
- 我的母亲 Kathleen；
- 我的姐妹 Sharon 和 Kathy；
- 曾经就读于世界之窗葡萄酒学校的 20000 名新老学员，2016 年是葡萄酒学校 40 周年校庆；
- 所有曾在世界之窗餐厅工作的人们，尤其是酒水部的同事们。

特别鸣谢

莫利·塞弗（Morley Safer）精彩的电视节目《60 分》，尤其是对"法国悖论"（见第 197 页）的报道。

卷末语

如果这是一篇获奖感言，恐怕只念了前三行，我就会挨骂。我可以肯定自己至少遗忘了一两个名字……或许是职业病，毕竟喝了太多酒啊！所以从中学起我认识的所有人：祝你们人生的每一年都像好年份一样精彩！

葡萄酒术语选编

酸（Acid）：葡萄酒中的一种成分，有时被描述为酸或酸涩，舌头和口腔两侧能感知这种味觉。

酸化（Acidification）：即加酸的过程，通常在发酵前的葡萄汁中加入酒石酸或柠檬酸，目的在于提高酸度，以便各种成分更为均衡。

余味（Aftertaste）：将葡萄酒吞下后，口腔内气味及味道持续存留的感觉。

酒精（Alcohol）：发酵的产物，酵母将葡萄里天然的糖分转化为酒精。

AOC：法语 Appellation d'Origine Contrôlée 的缩写，意思是"法定原产地命名"，是法国规范葡萄酒酿造的一种制度。

芬芳（Aroma）：葡萄酒中的原始气味（未经陈贮），例如葡萄的气味。

收敛（Astringent）：葡萄酒中的单宁酸形成的口感。

AVA: American Viticultural Area 的缩写，表示美国的葡萄酒产区。

平衡感（Balance）：葡萄酒中多种成分的综合，包括酸、酒精、果味和单宁酸。口感达到平衡，意味着任何一种成分的口感都不应该显得突兀或主导酒的风味。

桶内发酵（Barrel-fermented）：在小型橡木桶而非不锈钢桶内发酵。橡木可以使酒的风味和质感更为繁茂。

生物动力种植法（Biodynamics）：鲁道夫·斯坦纳（Rudolph Steiner）于 20 世纪 20 年代开创的一种整体耕作方法，使用混合肥料和粪肥，不用化肥或杀虫剂。

苦（Bitter）：葡萄酒的 3 种味觉之一，可以由舌头后部和咽喉感知。

混酿（Blend）：两种或两种以上葡萄酒或葡萄的混合，用以提升口味、改善平衡、增加繁茂感。

酒体（Body）：葡萄酒的重量在口腔内的感觉，酒精浓度高的比酒精浓度低的酒体厚重。

灰霉菌（Botrytis cinerea）：又称贵腐菌，是一种特殊的霉菌，能够穿破葡萄皮使水分蒸发，导致糖分和酸度高于正常葡萄。灰霉菌是酿造苏特恩甜酒和德国贵腐葡萄酒、颗粒精选葡萄酒的必要条件。

酒香（Bouquet）：葡萄酒的嗅感取决于酿造工艺、是否进行桶内陈贮以及陈贮时间。

Brix：衡量未发酵的葡萄汁含糖量的计量单位。

Brut（干）：法语术语，用来描述香槟和其他起泡酒中较"干"的风格。

加糖（Chaptalization）：发酵结束之前在葡萄汁中加入额外糖分，从而提高酒精浓度。

个性（Character）：既指葡萄品种赋予酒款的典型特征，又可以用来表示一款葡萄酒整体的独特性。

分级酒庄（Classified châteaux）：法国波尔多地区公认的出产高品质葡萄酒的酒庄。

Colheita：葡萄牙语中"年份"的意思。

成分（Components）：葡萄酒的各种成分决定了其个性、基调和风味，比如酸、酒精、果味、单宁酸和剩余糖分。

Cru：法语，指代特定的葡萄园，主要是用来区分葡萄酒的质量等级，如顶级酒庄葡萄园（Grand Cru）和一级酒庄葡萄园（Premier Cru）。

Cuvée：源自法语的 cuve，意思是大桶或酒槽。酒标上标示该词表示这款酒来自特定葡萄的混酿，对于香槟来说，表示使用了最好的葡萄汁。

移注（Decanting）：将葡萄酒从酒瓶缓缓倒入玻璃瓶内，以分离其沉淀物的过程。

去渣（Dégorgement）：香槟酿造法的步骤之一，作用是将瓶中的沉淀物排出。

半甜香槟（Demi-sec）：比干香槟的剩余糖分高的香槟。

DOC：Denominazione di Origine Controllata 的缩写，意思是"法定产区分级制度"，是意大利规范葡萄酒酿造的一种制度。西班牙葡萄酒法定分级制度为 Denominación de Origen Condado。

DOCG：这是意大利语 Denominazione di Origine Controllata e Garantita 的缩写，意大利政府认可这一标识。只能出现在最优质的葡萄酒酒标上。

添料（Dosage）：添加糖分，将糖与葡萄酒或白兰地混合，是香槟或起泡酒酿造的最后一步。

滴灌（Drip irrigation）：通过微型喷雾器直接为葡萄植株的根部提供水分。滴灌可以节水、节肥，并最大限度减少污染。

干（Dry）：表示葡萄酒中的剩余糖分非常少，是相对于"甜"的葡萄酒术语。

产地原装（Estate-bottled）：是指葡萄酒在葡萄产地进行酿造和装瓶。

绝干（Extra dry）：比干香槟酒含糖量更少。

发酵（Fermentation）：在酵母的作用下，糖分转化为酒精的过程，即葡萄汁转化为葡萄酒的过程。

过滤（Filtration）：在装瓶和澄清葡萄酒之前，将酵母和其他固态物质从酒浆中去除的过程。

菲诺（Fino）：雪利酒的一种。

结束（Finish）：咽下酒后口腔内余留的味道和感觉。有的酒余味很快消失，有的则余味绵长。

第 1 级（First Growth）：1855 年梅多克葡萄酒分级中评出的 5 个品质最高的波尔多顶级酒庄。

Flor：是指雪利酒酿造过程中产生的一种酵母。

加烈酒（Fortified wine）：像波特酒或雪利酒一样加入葡萄酒精（如无色白兰地）的葡萄酒，目的是提高酒精浓度。

果味（Fruit）：葡萄酒中不可或缺的成分之一，取决于葡萄品种。

特级珍藏（Gran Reserva）：经过较长时间陈贮的西班牙葡萄酒。

顶级酒庄（Grand Cru）：勃艮第葡萄酒中的最高等级。

顶级酒庄（Grand Cru Classé）：波尔多葡萄酒分级中的最高等级。

公顷（Hectare）：面积单位，1 公顷 =10000 平方米。

百升（Hectoliter）：容积单位，1 百升 =26.42 加仑。

半干微甜（Halbtrocken）：德语，表示不太甜。

珍藏（Kabinett）：酒体轻盈的半干德国葡萄酒。

浸皮（Maceration）：葡萄皮中的单宁酸、色素和味道逐渐融入酒浆的过程。温度和酒精浓度决定了浸皮的速度。

苹果酸乳酸发酵（Malolactic fermentation）：将苹果酸转化为乳酸和二氧化碳的二次发酵过程，这一过程降低了葡萄酒的酸度，增强了繁茂感。

机械采摘机（Mechanical harvester）：位于平地的葡萄园采摘时使用的机器，通过振动葡萄树收获葡萄。

美瑞塔吉（Meritage）：指定的商标名称，特指一类高品质美国葡萄酒。是指将经典波尔多葡萄品种混合酿出的红白葡萄酒。

香槟法（Méthode Champenoise）：酿造香槟的一套方法。这种方法在法国香槟地区以外的世界各地也被用来酿造起泡酒，但不允许叫香槟法。

口感 (Mouthfeel)：品酒时口腔感受到的葡萄酒的质感，例如柔顺、单宁酸的涩味。

葡萄汁 （Must）：碾压过程中未经发酵的葡萄汁。

贵腐菌 (Noble Rot)：参见"灰霉菌"。

鼻子 （Nose）：用来表示酒香和芬芳的术语。

酚类物质 (Phenolics)：主要来自葡萄皮、茎、籽的化合物，影响葡萄酒的颜色和味道，单宁酸就是葡萄酒的酚类物质之一。浸皮可以增加酒中酚类物质的含量。

酿酒学 (Oenology)：研究酿酒的一门科学。

葡萄根瘤蚜 (Phylloxera)：葡萄植株根部的一种寄生虫，可以杀死植株。

特级优质酒 (Prädikatswein)：德国葡萄酒中品质出众的一类酒，酿造时不允许加糖。

一级酒庄 （Premier Cru）：法国勃艮第的指定葡萄园，出产的酒风味独特，可来自一个指定葡萄园，也可以是几个指定葡萄园的混酿。

专属葡萄酒 （Proprietary wine）：像其他商品一样被品牌命名的葡萄酒。例如，Riunite, Mouton-Cadet。

优质酒 （Qualitätswein）：在德国，品质高于餐酒的一类葡萄酒，包括法定产区优质酒和特级优质酒。

剩余糖分 （Residual sugar）：葡萄酒酿成后，酒浆中留下的未经发酵的糖。剩余糖分的多少决定酒的干甜。

摇瓶 (Riddling)：香槟酿造中的一个步骤，专人负责每天将酒瓶转动较小的角度，经过数周，酒瓶完全倒转，从而使沉淀物置于瓶颈处。

酒渣 （Sediment）：也叫沉渣，是葡萄酒陈贮过程中沉淀下来的物质。

侍酒师 (Sommelier)：Sommelier 是法语，指专业的葡萄酒侍者。

二氧化硫 (Sulfur dioxide)：酿酒和种植葡萄时使用的一种物质，作用是防腐，即抗氧化剂。

单宁酸 （Tannin）：葡萄酒不可或缺的成分之一，是自然形成的化合物，具有防腐作用，主要来自葡萄皮、茎、籽，以及陈贮葡萄酒用的橡木桶。

风土 （Terrior）：Terrior 为法语，是指葡萄园所在地所有因素的综合——土壤、下层土壤、坡度、排水性、海拔，以及包括日照、温度、降雨量在内的气候条件。

单一品种酒 （Varietal Wine）：这类酒的酒标上标明了最主要的酿酒葡萄，例如一款葡萄酒使用霞多丽葡萄酿造，酒标需标示"Chardonnay"。

年份 (Vintage)：指葡萄收获的年份。

葡萄酒酿造方法 （Vinification）：酿造葡萄酒的各种工艺。

美洲葡萄 （*Vitis labrusca*）：原产自美洲的葡萄。

欧洲葡萄 （*Vitis vinifera*）：各个产酒国广泛使用的葡萄品种（原产自欧洲）。

葡萄酒基本知识

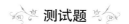

1. 葡萄酒的 3 种味觉是什么？

2. 葡萄酒的风味来自哪 3 个要素？

3. 用来酿造葡萄酒的主要葡萄品种有哪些？

4. 说出 3 种单宁酸含量较高的葡萄。

5. "Terroir" 指什么？

6. "Brix" 指什么？

7. 什么是葡萄根瘤蚜？

8. 什么是贵腐菌？

9. 糖 + ＿＿＿＿＿＿＿ = ＿＿＿＿＿＿＿ + 二氧化碳

10. 餐酒、起泡酒和加烈酒的酒精浓度分别为多少？

11. 什么是 "Must" ？

12. 用红葡萄如何酿出白葡萄酒？

13. 什么是浸泡？

14. 解释术语 "加糖"。

15. 什么是剩余糖分？

16. 单宁酸从何而来？

17. 葡萄酒瓶上的 "Vintage"（年份）指什么？

18. 品评陈贮 5 年以上的葡萄酒要用到哪些要素？

19. "木塞味酒" 指什么？

20. 酿酒过程中二氧化硫起什么作用？

21. 什么是 "纵向比较的品鉴方式" ？

22. 白葡萄酒的颜色随着贮藏如何变化？

23. 红葡萄酒的颜色随着贮藏如何变化？

24. "酒香" 和 "芬芳" 有什么区别？

25. 为什么要在嗅酒前摇酒？

答案见下页。

葡萄酒基本知识

测试题答案

1. 甜、酸、苦。

2. 葡萄品种、发酵过程、陈贮熟成。

3. 欧洲葡萄。

4. 内比奥罗、赤霞珠、西拉。

5. 风土，是葡萄园所在地所有因素的综合，包括土壤、地势环境、日照、天气、气候、周围的植物，以及其他因素。

6. 酿酒师衡量葡萄含糖量的计量单位。

7. 一种葡萄植株寄生虫，可以杀死整株葡萄树。

8. 即"灰霉菌"，一种特殊霉菌，能够慢慢刺破葡萄皮，使水分蒸发，让葡萄酒的风味更加浓郁。

9. 糖 + 酵母 = 酒精 + 二氧化碳。

10. 起泡酒：8%~12%，餐酒：8%~15%，加烈酒：17%~22%。

11. 葡萄汁和葡萄皮的混合液。

12. 酿酒师将红葡萄的果皮分离后，即可用其果肉酿出白葡萄酒。

13. 将葡萄皮留在酒浆中以使芬芳、单宁酸、色素融入。

14. 加入额外糖分以使发酵产生更多酒精的过程。

15. 酒浆中留下的尚未发酵的糖。

16. 单宁酸主要来自葡萄的皮、籽、茎。

17. 指葡萄收获的年份。

18. 葡萄、年份、葡萄酒的产地、葡萄酒的酿造方法、贮存条件。

19. "木塞味酒"指的是酒液被软木塞中的三氯苯甲醚（TCA）污染了的葡萄酒。

20. 作为防腐剂，也就是抗氧化剂，可避免葡萄汁不必要的氧化，抑制细菌和天然酵母菌。

21. 品鉴、比较不同年份的葡萄酒。

22. 陈贮时间越长颜色越深。

23. 陈贮时间越长颜色越浅。

24. 芬芳指的是葡萄酒中葡萄的原始气味，酒香指的是葡萄酒的整体气味（常见于陈酿）。

25. 为了让氧气融入酒浆，让酯、醚、醛同氧气充分混合，从而散发酒香。

法国白葡萄酒

测试题

1. 连线

请将葡萄品种与对应的产地相连：

a. 雷司令 ＿＿＿＿＿香槟地区

b. 长相思 ＿＿＿＿＿卢瓦河谷

c. 霞多丽 ＿＿＿＿＿阿尔萨斯

d. 赛美蓉 ＿＿＿＿＿勃艮第

e. 琼瑶浆 ＿＿＿＿＿波尔多

f. 歌海娜 ＿＿＿＿＿罗纳河谷

g. 黑比诺

h. 赤霞珠

i. 白诗南

j. 西拉

k. 美乐

2. 法定原产地命名制度（AOC）哪一年确立？

3. 1 公顷折合多少英亩？

4. 1 百升折合多少加仑？

5. 阿尔萨斯雷司令与德国雷司令在风格上的主要区别是什么？

6. 阿尔萨斯种植最多的葡萄是什么？

7. 列举两个阿尔萨斯葡萄酒重要发货商。

8. 桑榭尔和普伊芙美的酿酒葡萄是什么？

9. 武弗雷的酿酒葡萄是什么？

10. "Sur lie" 是什么意思？

11. "Graves" 是什么意思？

12. 波尔多地区的白葡萄酒主要由哪两种葡萄混合酿成？

13. 列举两个格拉夫分级酒庄酒的名字。

14. 苏特恩酒主要的酿酒葡萄是什么？

15. 苏特恩的酒庄分为哪 3 个等级？

16. 列举勃艮第的主要产区。

17. 勃艮第的哪个产区只出产白葡萄酒？

18. 勃艮第的哪些产区主要出产红葡萄酒？

19. 黄金坡出产的红葡萄酒多，还是白葡萄酒多？

20. 勃艮第白葡萄酒分为哪 3 个质量等级？

21. 分别列举两个夏布利的顶级酒庄葡萄园和一级酒庄葡萄园。

22. 博纳坡 3 个最重要的白葡萄酒村庄是什么？

23. 列举 3 个博纳坡顶级酒庄葡萄园。

24. 普伊富赛白葡萄酒来自勃艮第的哪个产区？

25. 在勃艮第，"Estate-bottled" 意味着什么？

答案见下页。

第一章

法国白葡萄酒

测试题答案

1. 葡萄品种与产区：

香槟地区：黑比诺、霞多丽

卢瓦河谷：长相思、白诗南

阿尔萨斯：雷司令、琼瑶浆

勃艮第：黑比诺、霞多丽

波尔多：赤霞珠、美乐、长相思、赛美蓉

罗纳河谷：西拉、歌海娜

2. 20 世纪 30 年代。

3. 1 公顷 =2.471 英亩。

4. 1 百升 =26.42 加仑。

5. 阿尔萨斯雷司令干而不甜，德国雷司令通常含有剩余糖分。酒精含量上也有差异。

6. 雷司令。

7. Domaine Dopff au Moulin，Domaine F. E. Trimbach，Domaine Hugel & Fils，Domaine Léon Beyer，Domaine Marcel Deiss，Domaine Weinbach，Domaine Zind-Humbrecht。

8. 长相思。

9. 白诗南。

10. 带酒渣陈贮。

11. 沙砾。

12. 长相思和赛美蓉。

13. Château Bouscaut，Château Carbonnieux，Château Couhins-Lurton，Domaine de Chevalier，Château Haut-Brion，Château La Louvière ，Château La Tour-Matillac，Château Laville-Haut-Brion，Château Malartic-Lagravière，Château Olivier，Château Smith-Haut-Lafitte。

14. 赛美蓉。

15. 顶级酒庄（Grand Premier Cru）、一级酒庄（Premiers Crus）、二级酒庄（Deuxièmes Crus）。

16. 夏布利、莎隆内坡、黄金坡（夜坡、博纳坡）、马孔内、博若莱。

17. 夏布利。

18. 博若莱。

19. 红葡萄酒多。

20. 村庄级（Village Wine）、一级酒庄（Premier Cru）、顶级酒庄（Grand Cru）。

21. 夏布利顶级酒庄：Blanchots，Bougros，Grenouilles，Les Clos，Preuses，Valmur，以及 Vaudésir；夏布利一级酒庄：Côte de Vaulorent，Fourchaume，Lechet，Montée de Tonnerre，Montmains，Monts de Milieu，以及 Vaillon。

22. 默尔索（Meursault）、普里尼 - 蒙哈榭（Puligny Montrachet）、夏山 - 蒙哈榭（Chassagne-Montrachet）。

23. Corton-Charlemagne，Charlemagne，Bâtard-Montrachet，Montrachet，Bienvenue-Bâtard-Montrachet，Chevalier-Montrachet，Criots- Bâtard-Montrachet。

24. 马孔内。

25. 由葡萄园生产、酿造、装瓶的葡萄酒。

第二章

美国葡萄酒，加利福尼亚的白葡萄酒

测试题

1. 美国人消费的本国葡萄酒比例是多少？

2. 美国大约有多少家酒厂？

3. 美国多少个州拥有酒厂？

4. 美国本土品种的酿酒葡萄叫什么？

5. 葡萄根瘤蚜病虫害第一次侵害加州葡萄园是在什么时候？

6. 禁酒令从哪一年开始实施？

7. 禁酒令在哪一年废止？

8. 解释美国的葡萄栽种区（AVA）的含义。

9. 美国大约有多少个 AVA 产区？

10. 如果酒标上印有 AVA 产区名称，酿酒葡萄必须有多少来自该产区？

11. 列举美国葡萄酒产量前 5 名的州。

12. 列举葡萄酒消费量前 10 名的州。

13. 加州主要的葡萄产区有哪些？

14. 纳帕种植最多的葡萄品种是什么？

15. 索诺玛种植最多的葡萄品种是什么？

16. 加州最重要的白葡萄酒酿酒葡萄是什么？

17. 列举加州另外 3 种主要的白葡萄酒酿酒葡萄。

18. 长相思和白芙美之间有什么区别？

19. 华盛顿州主要的葡萄品种有哪些？

20. 华盛顿州出产的红葡萄酒多，还是白葡萄酒多？

21. 俄勒冈州有多少个 AVA 产区？

22. 俄勒冈州种植最多的葡萄品种是什么？

23. 列举纽约州 3 个最重要的葡萄酒产区。

24. 纽约州生长着哪些美国本土葡萄品种？

答案见下页。

美国葡萄酒，加利福尼亚的白葡萄酒

测试题答案

1. 超过 75%。

2. 超过 6000 家。

3. 50 个州都有。

4. 美国本土品种的酿酒葡萄包括：美洲葡萄、圆叶葡萄。

5. 1876 年。

6. 1920 年。

7. 1933 年。

8. 指属于某个州的葡萄栽种区，由政府承认并在政府部门注册。

9. 超过 230 个。

10. 至少 85%。

11. 加州、华盛顿州、纽约州、俄勒冈州、弗吉尼亚州。

12. 华盛顿州、新罕布什尔州、佛蒙特州、马萨诸塞州、新泽西州、内华达州、康涅狄格州、加州、罗得岛、特拉华州。

13. 北部沿岸、中北部沿岸、中南部沿岸、圣华金河谷。

14. 赤霞珠、霞多丽、美乐。

15. 霞多丽、黑比诺、赤霞珠。

16. 霞多丽。

17. 长相思、白诗南、维奥涅尔。

18. 陷阱题！事实上长相思和白芙美之间并无区别，罗伯特·蒙达维为了提高销量，把长相思的名字改成了白芙美。

19. 霞多丽、雷司令、赤霞珠、美乐。

20. 又一道陷阱题！华盛顿州出产 50% 的红葡萄酒和 50% 的白葡萄酒。

21. 17 个 AVA 产区。

22. 黑比诺。

23. 芬格湖群、哈得逊河谷、长岛。

24. 康科德葡萄、卡托巴葡萄、德拉瓦葡萄。（都是美洲葡萄。）

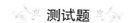

第三章

德国的白葡萄酒

测试题

1. 德国葡萄酒中白葡萄酒的比例是多少？

2. 德国葡萄酒酒标上如果注明葡萄品种，那么至少使用多少该种葡萄酿酒？

3. 在德国种植的葡萄中，雷司令葡萄的比例是多少？

4. 德国哪个葡萄品种是雷司令和夏瑟拉的杂交？

5. 德国葡萄酒酒标上如果注明出产年份，那么至少应使用多少该年的酿酒葡萄？

6. 德国一共有多少个产区？

7. 德国最重要的 4 个葡萄酒产区是哪 4 个？

8. 如何描述德国葡萄酒的风格？

9. 德国葡萄酒的 3 种基本风格是什么？

10. 德国葡萄酒术语中的"Trocken"描述的是哪种风格特征？

11. 德国葡萄酒的平均酒精浓度是多少？

12. 德国优质酒还可以分为哪两大类？

13. 请说出特级优质酒依成熟度划分的各个等级。

14. 德语"Spätlese"是指什么？

15. 德语"Eiswein"指什么？

16. "发酵前的葡萄汁"指什么？

17. 连线：请将酒庄和所属产区相连

a. 莱茵高 ＿＿＿＿＿Oppenheim

b. 摩泽尔 ＿＿＿＿＿Rüdesheim

c. 莱茵黑森 ＿＿＿＿＿Bernkastel

d. 普法尔茨 ＿＿＿＿＿Piesport

＿＿＿＿＿Johannisberg

＿＿＿＿＿Deidesheim

＿＿＿＿＿Nierstein

18. 德语"Gutsabfüllung"指什么？

19. 灰霉菌是什么？

答案见下页。

德国的白葡萄酒

测试题答案

1. 85%。

2. 至少 85%。

3. 21%。

4. 穆勒图格。

5. 85%。

6. 13 个产区。

7. 莱茵黑森、莱茵高、摩泽尔、普法尔茨。

8. 酸甜平衡，且酒精浓度低。

9. 干而不甜，半干微甜，甜。

10. 干，与"湿"相对。

11. 8%~10%。

12. 法定产区优质酒、特级优质酒。

13. 珍藏、晚摘、精选、颗粒精选、贵腐、冰酒。

14. 晚摘。

15. 一种罕见的甜酒，浓度高，用留在架上的冰冻葡萄酿造。

16. 提前保留一定比例含有天然糖分的葡萄汁，以待注入发酵后的酒浆。

17. Oppenheim：莱茵黑森，Rüdesheim：莱茵高，Bernkastel：摩泽尔，Piesport：摩泽尔，Johannisberg：莱茵高，Deidesheim：普法尔茨，Nierstein：莱茵黑森。

18. 园内灌装。

19. 即贵腐菌。

第四章

法国勃艮第和罗纳河谷的红葡萄酒

测试题

1. 勃艮第主要的红葡萄酒产区在哪里？

2. 勃艮第葡萄酒主要的酿酒葡萄是哪两种？

3.《拿破仑法典》对勃艮第的葡萄园造成了怎样的影响？

4. 博若莱的葡萄酒用什么品种的葡萄酿成？

5. 博若莱葡萄酒的 3 个质量等级是什么？

6. 出产博若莱酒庄级葡萄酒的村庄有多少个？

7. 列举 3 个出产博若莱酒庄级葡萄酒的村庄。

8. 新酿博若莱每年的上市时间？

9. 列举两个莎隆内坡的产酒村庄。

10. 黄金坡葡萄酒的 4 个质量等级是什么？

11. 黄金坡可以分为哪两个地区？

12. 黄金坡共有多少个顶级酒庄葡萄园？

13. 列举博纳坡两个以红葡萄酒闻名的村庄。

14. 列举博纳坡两个红葡萄酒顶级酒庄葡萄园。

15. 列举夜坡两个以红葡萄酒闻名的村庄。

16. 列举夜坡两个红葡萄酒顶级酒庄葡萄园。

17. 罗纳河谷位于法国何处？

18. 罗纳河谷的 3 个质量等级是什么？

19. 有多少罗纳河谷级葡萄酒使用了南部产区的葡萄？

20. 罗纳河谷有多少个产区？

21. 列举两个位于北罗纳的产区。

22. 列举两个位于南罗纳的产区。

23. 罗纳河谷两个重要的红葡萄品种是什么？

24. 北罗纳地区最主要的红葡萄品种是什么？

25. 什么是塔维尔葡萄酒？

26. 教皇新堡葡萄酒可以使用多少种酿酒葡萄？

27. 列举教皇新堡 4 种最主要的酿酒葡萄。

28. 罗纳河谷级和博若莱级有何不同？

29. 哪种葡萄酒陈贮时间长，罗纳河谷村庄级还是艾米塔吉？

30. 列举两款最有名的罗纳河谷白葡萄酒。

答案见下页。

法国勃艮第和罗纳河谷的红葡萄酒

测试题答案

1. 黄金坡（夜坡、博纳坡），博若莱，莎隆内坡。

2. 黑比诺和佳美。

3. 葡萄园将在继承人之间平均分配。

4. 100% 佳美葡萄。

5. 博若莱级、博若莱村庄级、酒庄级。

6. 10 个。

7. Brouilly，Chénas，Chiroubles，Côte de Brouilly，Fleurie，Juliénas，Morgon，Moulin-à-Vent，Régnié，St-Amour。

8. 每年 11 月的第 3 个星期四。

9. 梅克雷、吉弗里、乎利。

10. 普通级、村庄级、一级酒庄葡萄园和顶级酒庄葡萄园。

11. 博纳坡，夜坡。

12. 32 个顶级酒庄葡萄园。

13. 阿罗斯 - 高登，博纳，玻玛，沃尔内。

14. Corton，Corton Bressandes，Corton Clos de Roi，Corton Maréchaude，Corton Renardes。

15. 香波－慕思尼，弗拉吉－依瑟索，吉弗雷－香贝丹，莫内圣丹尼，夜－圣乔治，沃恩－罗曼尼，武乔。

16. Bonnes Mares，Musigny，Échézeaux，Grands-Échézeaux，Chambertin，Chambertin Clos de Bèze，Chapelle-Chambertin，Charmes-Chambertin，Griotte-Chambertin，Latricières-Chambertin，Mazis-Chambertin，Mazoyères-Chambertin，Ruchottes-Chambertin，Clos de la Roche，Clos des Lambrays，Clos de Tart，Clos St-Denis，La Grande-Rue，La Romanée，La Tâche，Malconsorts，Richebourg，Romanée-Conti，Romanée-St-Vivant，Clos de Vougeout。

17. 罗纳河谷位于法国东南部，在勃艮第的南边。

18. 罗纳河谷级，罗纳河谷村庄级，罗纳河谷酒庄级。

19. 超过 90%。

20. 13 个产区。

21. 格里叶堡，孔德里约，康那士，罗迪坡，克罗兹－艾米塔吉，艾米塔吉，圣约瑟夫，圣皮利。

22. 教皇新堡，吉恭达斯，利哈克，塔维尔，维格拉斯。

23. 歌海娜和西拉。

24. 西拉。

25. 由歌海娜葡萄酿成的一种干桃红葡萄酒。

26. 13 种不同的葡萄。

27. 歌海娜、西拉、慕合怀特、神索。

28. 罗纳河谷级具有较丰厚的酒体以及更高的酒精浓度。

29. 艾米塔吉。

30. 孔德里约和格里叶堡。

法国波尔多红葡萄酒

测试题

1. 波尔多干红葡萄酒在英语中对应哪个单词?

2. 波尔多有多少个产区?

3. 波尔多出产的酒中红白葡萄酒的比例分别是多少?

4. 波尔多的三大红葡萄品种是什么?

5. 波尔多左岸地区主要种植哪种红葡萄?

6. 波尔多右岸地区主要种植哪种红葡萄?

7. 列举波尔多葡萄酒 3 个质量等级的名称。

8. 波尔多大约有多少个葡萄酒酒庄?

9. 零售价在 8 ~ 25 美元的波尔多葡萄酒的比例是多少?

10. 梅多克地区在哪一年对顶级酒庄进行了等级评定?

11. 在梅多克的官方等级评定中,多少酒庄榜上有名?

12. 顶级酒庄出产的葡萄酒占波尔多葡萄酒总产量的多少?

13. 回忆梅多克葡萄酒分级的内容,每级举出 1 个酒庄。

14. 格拉夫葡萄酒于哪一年首次进行了官方等级评定?

15. 圣艾美浓葡萄酒于哪一年首次进行了官方等级评定?

16. 圣艾美浓产区主要使用哪种红葡萄酿酒?

17. 列举 3 个波尔多左岸最近的上佳年份。

18. 列举 3 个波尔多右岸最近的上佳年份。

19. 列举两个波尔多分级酒庄的副牌酒。

答案见下页。

美国加州红葡萄酒

测试题

1. 美国人饮用的红葡萄酒多,还是白葡萄酒多?

2. 加州种植的白葡萄多,还是红葡萄多?

3. 加州种植最多的 3 个红葡萄品种是什么?

4. 加州葡萄酒酒标上 "Reserve" 一词是什么意思?

5. 法国哪个产区的酿酒葡萄多使用赤霞珠?

6. 纳帕河谷种植最多的红葡萄是什么?

7. 黑比诺是哪两个法国葡萄酒产区的主要品种?

8. 加州哪个县种植黑比诺最多?

9. 哪种葡萄的 DNA 结构与意大利的普米蒂沃葡萄相同?

10. 西拉是法国哪个葡萄酒产区的主要品种?

11. 加州的哪个县种植的西拉葡萄最多?

12. 加州 1970 年种植最多的红葡萄品种是什么?

13. 什么是 "美瑞塔吉" 葡萄酒?

14. 列举两种美瑞塔吉葡萄酒。

答案见下页。

法国波尔多红葡萄酒
测试题答案

1. Claret。

2. 57 个。

3. 波尔多出产 85% 的红葡萄酒和 15% 的白葡萄酒。

4. 美乐、赤霞珠、品丽珠。

5. 赤霞珠。

6. 美乐。

7. 波尔多级、地区级、酒庄级。

8. 7000 个。

9. 80%。

10. 1855 年。

11. 61 个。

12. 不足 5%。

13. 见第 180 ～ 181 页的完整列表。

14. 1959 年。

15. 1955 年。

16. 美乐。

17. 1990 年、1995 年、1996 年、2000 年、2003 年、2005 年、2009 年、2010 年、2015 年。

18. 1990 年、1998 年、2000 年、2001 年、2005 年、2009 年、2010 年、2015 年。

19. Carruades de Lafite，Le Clarence de Haut-Brion，L'Espirit de Chevalier，Les Forts de Latour，Pavillon Rouge du Château Margaux，Le Petit Mouton，Le Petit Lion，Réserve de la Comtesse，La Réserve Léoville Barton，Les Tourelles de Longueville。

美国加州红葡萄酒
测试题答案

1. 红葡萄酒。

2. 红葡萄。

3. 赤霞珠、馨芳、美乐。

4. 并无法规上的意义。各酒厂用以表示来自特定葡萄园。

5. 波尔多。

6. 赤霞珠。

7. 勃艮第和香槟地区。

8. 索诺玛。

9. 馨芳。

10. 罗纳河谷。

11. 圣路易斯鄂毕坡和索诺玛。

12. 馨芳。

13. 指将经典波尔多葡萄品种混合，在美国酿造的红白葡萄酒。

14. Cain Five，Dominus，Insignia，Magnificat，Opus One，Trefethen Halo。

西班牙

1. 西班牙主要的葡萄酒产区有哪些?

2. "Cosecha" 是什么意思?

3. 西班牙哪两个产区酿造最高等级的葡萄酒?

4. 里奥哈葡萄酒主要使用的两种酿酒红葡萄是什么?

5. 里奥哈红葡萄的比例是多少?

6. Vinos de Pagos 是什么意思?

7. 里奥哈葡萄酒的 3 个主要等级是什么?

8. 在哪个产区可以找到 Bodegas Montecillo、CVNE 和 Marqués de Cáceres 的葡萄酒?

9. 在哪个产区可以找到 Vega Sicilia 和 Pesquera 的葡萄酒?

10. 杜罗河葡萄酒主要使用的红葡萄有哪些?

11. 西班牙起泡酒叫什么名字,产自哪个地区?

12. 普里奥拉葡萄酒主要使用的酿酒葡萄有哪些?

13. 在哪个产区可以找到 Alvaro Palacios、Mas Igneus 和 Pasanau?

14. 卢埃达位于西班牙的什么位置?

15. 下海湾的葡萄酒主要用什么葡萄酿成?

答案见下页。

意大利

1. 意大利有多少个葡萄酒产区?

2. 就产量而言,意大利有哪三大葡萄酒产区?

3. 意大利葡萄酒的最高等级是什么?

4. 列举基安蒂酒 3 个等级的名称。

5. 在意大利的哪个产区可以找到基安蒂、蒙蒂普尔查诺贵族酒和蒙塔尔奇诺布鲁耐罗酒?这 3 款酒使用的酿酒葡萄是什么?

6. 蒙塔尔奇诺布鲁耐罗至少需要在橡木桶中陈贮多久?

7. 什么是"超级托斯卡纳"葡萄酒?

8. 皮埃蒙特的三大红葡萄品种是什么?

9. 法国 AOC 和意大利 DOC 最大的区别是什么?

10. 用来酿造巴罗洛和巴巴瑞斯可的葡萄品种是什么?

11. 根据 DOCG 的相关规定,巴罗洛和巴巴瑞斯可哪一种需要陈贮更长时间?

12. 瓦尔波利赛拉、巴多利诺、苏瓦韦、阿玛罗尼酒来自意大利哪个葡萄酒产区?

13. Ripasso、Classico 和 Superiore 分别是什么意思?

14. 意大利葡萄酒有哪 3 种贴标(命名)方式?

15. 意大利还有哪些重要产区?

答案见下页。

第七章

西班牙和意大利的葡萄酒
测试题答案

西班牙

1. 里奥哈，杜罗河，佩内德斯，普里奥拉，卢埃达，下海湾，
赫雷斯。

2. 意思是"收获"或"产酒年份"。

3. 里奥哈，普里奥拉。

4. 丹魄，歌海娜。

5. 里奥哈红葡萄占葡萄总产量的 90%。

6. 意思是"产自独立酒庄"。

7. 佳酿，珍藏，特级珍藏。

8. 里奥哈。

9. 杜罗河。

10. 丹魄，赤霞珠，美乐，马贝克，歌海娜。

11. "卡瓦"，产自佩内德斯。

12. 歌海娜，佳丽酿，赤霞珠，美乐，西拉。

13. 普里奥拉。

14. 西班牙中北部。

15. 阿尔巴利诺葡萄。

意大利

1. 20 个。

2. 威尼托，皮埃蒙特，托斯卡纳。

3. DOCG。G 代表"Garantita"，意思是监控委员会必须绝对
保证葡萄酒风格的真实性。

4. 基安蒂，基安蒂经典，基安蒂经典珍藏。

5. 托斯卡纳，主要酿酒葡萄为桑娇维赛。

6. 两年。

7. "超级托斯卡纳"指托斯卡纳的酿酒师超出 DOC 允许范围，
将不同葡萄混合，酿造出的风格独特的高品质葡萄酒。

8. 巴贝拉，多赛托，内比奥罗。

9. 意大利 DOC 对陈贮有要求。

10. 内比奥罗。

11. 巴罗洛。

12. 威尼托。

13. Ripasso 是利帕索酿酒法，指将阿玛罗尼酒中未压碎的葡
萄皮重新加入瓦尔波利塞拉中，酒精浓度有所提升，风
味也更浓郁。Classico 表示葡萄园位于历史悠久的区域。
Superiore 表示酒精浓度更高并且陈贮时间更长。

14. 用葡萄品种命名，用村庄或产区的名字命名，或者仅仅用
所有者的名字命名。

15. 阿布鲁齐，弗留利－威尼斯－朱利亚，特伦蒂诺－上阿迪
杰，伦巴底，翁布里亚，坎帕尼亚，西西里。

第八章

香槟、雪利酒和波特酒

测试题

香槟

1. 香槟、雪利酒和葡萄牙波特酒有何共同点？

2. 香槟地区在法国的什么位置？

3. 香槟地区有哪 4 个主要区域？

4. 主要用来酿造香槟的是哪 3 种葡萄？

5. 香槟的 3 个主要类别是什么？

6. 酿造香槟的工艺叫什么？

7. 不记年香槟至少需要在瓶中陈贮多少年？年份香槟呢？

8. "Liqueur de Tirage" 是什么意思？

9. 解释术语：摇瓶、去渣、添料。

10. 列举香槟含糖量依次递增的 7 级干甜程度。

11. 什么是 "Blanc de Blanc" 香槟？什么是 "Blanc de Noir" 香槟？

12. 香槟瓶内每平方英寸的压力有多大？

13. 西班牙、意大利和德国的起泡酒分别叫什么？

14. 普罗赛克酒来自意大利的哪个产区？

答案见下页。

雪利酒

1. 什么叫加烈酒？

2. 加烈酒的酒精浓度是多少？

3. "雪利酒三角" 的哪 3 座城镇出产雪利酒？

4. 酿造雪利酒使用的两种葡萄是什么？

5. 列举雪利酒的 5 个类型。

6. 乔治·华盛顿用什么酒向独立宣言举杯致敬？

7. 在雪利酒产区，酒窖是什么样的？

8. 雪利酒因挥发而损失的部分有多少？

9. 什么是索乐拉法？

10. 陈贮雪利酒使用哪个国家的橡木桶？

答案见下页。

波特酒

1. 波特酒产自哪里？

2. 无色白兰地应该在什么时候加入波特酒中？

3. 列举波特酒的两个类型。

4. 晚装瓶年份波特酒、特色年份波特酒、酒庄波特酒和年份波特酒属于什么类型的波特酒？

5. 红宝石波特酒、黄褐波特酒、陈年黄褐波特酒和科尔海塔波特酒属于什么类型的波特酒？

6. 年份波特酒需要在橡木桶中陈贮多久？

7. 波特酒的酒精浓度是多少？

8. 在波特酒中，年份波特酒的比例是多少？

答案见下页。

第八章

香槟、雪利酒和波特酒
测试题答案

香槟

1. 这 3 种酒都是混合型葡萄酒，而发货商最终决定了酒款的整体效果。

2. 巴黎东北部。

3. 马恩河谷，白色山坡，兰斯山区，奥布。

4. 黑比诺，莫尼耶比诺，霞多丽。

5. 不记年香槟，年份香槟，顶级香槟。

6. 香槟法。

7. 不记年香槟：15 个月，年份香槟：3 年。

8. 一种糖和酵母的混合物，加入酒浆中以进行二次发酵。

9. 摇瓶：酒瓶瓶口朝下放置，每次向下转动一点，直到酒瓶几乎完全倒置，酒渣聚积在瓶口。去渣：将瓶口的酒渣冻结，摘掉临时瓶盖，使冻住的酒渣很自然地被二氧化碳推出瓶外。添料：糖和葡萄酒的混合物将被加入酒瓶中补足去渣所失。

10. 天然干，绝干，干，半干，微甜，半甜，甜。

11. Blanc de blancs：由 100% 霞多丽葡萄酿的香槟；Blanc de noir：由 100% 黑比诺葡萄酿的香槟。

12. 90 磅。

13. 卡瓦，苏打白，塞克特。

14. 威尼托。

雪利酒

1. 一种加入了无色白兰地的高酒精浓度葡萄酒。

2. 15%~20%。

3. 赫雷斯 - 德拉弗龙特拉，圣玛丽亚港，桑卢卡尔 - 德巴拉梅达。

4. 巴罗米诺，佩德罗 - 希梅内斯。

5. 曼萨尼亚（干），菲诺（干），阿蒙蒂亚（干到半干），欧洛罗索（干到半干），奶油（甜）。

6. 马德拉葡萄酒。

7. 在雪利酒产区，酒窖高于地表。

8. 至少 3%。

9. 索乐拉法是一种陈贮和使酒浆成熟的工艺流程，需要连续地勾兑不同年份雪利酒。"母酒"构成了雪利酒风味的基础，而一定比例的新酿又在勾兑中使之不断更新。

10. 美国橡木桶。

波特酒

1. 葡萄牙北部的杜罗河地区。

2. 在发酵过程中加入。

3. 桶贮波特酒，瓶贮波特酒。

4. 瓶贮波特酒。

5. 桶贮波特酒。

6. 两年。

7. 20% 左右。

8. 仅 3%。

第九章

世界各地的葡萄酒

测试题

智利

1. 智利主要的两种白葡萄和 4 种红葡萄有哪些?

2. 赤霞珠在智利葡萄种植面积中占多大比例?

3. 智利的三大葡萄酒产区在哪里?

4. 智利的什么葡萄曾被误认为美乐?

5. 如果智利的酒标上注明葡萄品种,那么使用该葡萄的最低比例是多少?

答案见下页。

阿根廷

1. 阿根廷葡萄酒产量在全世界排名第几?

2. 阿根廷最早种植葡萄是在什么时候?

3. 阿根廷主要的两种白葡萄和两种红葡萄有哪些?

4. 阿根廷的三大葡萄酒产区在哪里?

5. 如果阿根廷的酒标上注明葡萄品种,那么使用该葡萄的最低比例是多少?

答案见下页。

澳大利亚

1. 澳大利亚主要的两种红葡萄和两种白葡萄有哪些?

2. 列举澳大利亚因产酒闻名的 4 个州,每个州再列举 1 个葡萄酒产区。

3. 澳大利亚什么地方主要以起泡酒闻名?

4. 如果澳大利亚的酒标注明产地,产自该产地的酒浆比例应为多少?

5. 澳大利亚葡萄酒的最佳年份有哪些?

答案见下页。

新西兰

1. 新西兰的第一个产酒年份是哪一年?

2. 新西兰最主要的 3 个葡萄品种有哪些?

3. 列举新西兰最重要的 3 个葡萄酒产区。

4. 新西兰出产的白葡萄酒多,还是红葡萄酒多?

5. 新西兰的马尔堡长相思葡萄有哪些特征?

答案见下页。

357

第九章

世界各地的葡萄酒
测试题答案

智利

1. 白葡萄：霞多丽，长相思；红葡萄：赤霞珠，卡曼纳，美乐，西拉。

2. 32%

3. 卡萨布兰卡河谷，迈波河谷，拉佩尔河谷／康加瓜。

4. 卡曼纳葡萄。

5. 至少含有85%酒标指定年份和产区的葡萄品种。

阿根廷

1. 第五。

2. 1544年。

3. 白葡萄：托伦特里奥哈诺，霞多丽；红葡萄：马贝克，赤霞珠。

4. 北部地区，库约地区，巴塔哥尼亚地区。

5. 100%。

澳大利亚

1. 红葡萄：西拉，赤霞珠；白葡萄：长相思，霞多丽。

2. 南澳大利亚州：阿德莱德山，克莱尔河谷，库纳瓦拉，巴罗萨河谷，麦克拉伦韦尔；新南威尔士州：猎人谷；维多利亚州：亚拉河谷；西澳大利亚州：玛格丽特河。

3. 塔斯马尼亚。

4. 85%。

5. 2010年，2012年，2013年。

新西兰

1. 1836。

2. 长相思，黑比诺，霞多丽。

3. 吉斯伯恩，霍克湾，马丁堡／怀拉拉帕，马尔堡，中奥塔哥。

4. 白葡萄酒。

5. 刺激、浓郁、矿物味、有葡萄柚、青柠的清新酸冽，以及热带水果的气息。

第九章

世界各地的葡萄酒

测试题

南非

1. 请描述南非葡萄酒产区的地貌差异。

2. 南非主要的 3 种白葡萄和 3 种红葡萄有哪些?

3. 列举海岸地区 3 个最重要的原产地。

4. 酿造最好的比诺塔吉酒有哪些要求?

5. 在南非,酒标指定年份或指定品种的最低比例是多少?

答案见下页。

加拿大

1. 加拿大商业酿酒始于何时?

2. 加拿大主要的 3 种白葡萄和 3 种红葡萄有哪些?

3. 加拿大主要的两个葡萄酒产区在哪里?

4. 加拿大单一品种酒中,指定的葡萄品种至少应占多大比例?

5. 冰酒是怎样酿成的?

答案见下页。

奥地利

1. 奥地利的 4 个葡萄酒产区在哪里?

2. 奥地利主要的 3 种白葡萄和 3 种红葡萄有哪些?

3. 奥地利葡萄酒主要的 3 个质量等级是什么?

4. 奥地利著名的甜酒是什么?

5. 瑞德尔玻璃杯能够提升葡萄酒的哪些品质?

答案见下页。

匈牙利

1. 匈牙利主要的 3 种白葡萄和 3 种红葡萄有哪些?

2. 列举匈牙利主要的 3 个葡萄产区。

3. 托卡伊酒是如何酿造的?

4. 以箩数为标准,托卡伊酒的 4 个等级是什么?

5. 最甜的托卡伊酒叫什么?

答案见下页。

希腊

1. 希腊酿酒业始于何时?

2. 地中海气候的特点是什么?

3. 希腊主要的 3 种白葡萄和 3 种红葡萄有哪些?

4. 列举希腊最重要的两个葡萄酒产区。

5. 希腊酿酒区域的地貌有何特点?

答案见下页。

第九章

世界各地的葡萄酒
测试题答案

南非

1. 海拔 300 ~ 1300 英尺的地方都有葡萄园分布。有的葡萄园位于靠近海岸的凉爽地带，有的葡萄园夏季气温可超过 100 华氏度。

2. 白葡萄：白诗南，长相思，霞多丽；红葡萄：赤霞珠，西拉，比诺塔吉。

3. 康斯坦提亚，斯泰伦博斯，帕尔。

4. 选用在凉爽气候下生长、树龄至少 15 年的葡萄；每英亩产出必须较低；将葡萄皮与酒浆置于开放的发酵容器内浸泡，并保证接触时间较长；酒浆在橡木桶中的陈贮时间至少两年；比诺塔吉葡萄与赤霞珠混合；至少陈贮 10 年。

5. 85%。

加拿大

1. 19 世纪初。

2. 白葡萄：霞多丽，灰比诺，雷司令，琼瑶浆，威代尔；红葡萄：黑比诺，赤霞珠，美乐，品丽珠，西拉。

3. 安大略 / 尼亚加拉半岛，不列颠哥伦比亚 / 奥克纳根河谷。

4. 85%。

5. 酿造冰酒的葡萄要留在藤上冻结，然后手工采摘。在葡萄没有解冻的时候小心翼翼地碾压，得到糖分和其他成分浓度很高的浓缩酒浆。

奥地利

1. 下奥地利州，维也纳，布尔根兰，施泰尔马克。

2. 白葡萄：绿维特利纳，雷司令，长相思，霞多丽；红葡萄：

蓝法兰克，圣劳伦，黑比诺。

3. 日常餐酒，优质酒，极品酒。

4. 顶级佳酿。

5. 酒香，芬芳，葡萄品种的风味

匈牙利

1. 白葡萄：富尔民特，哈勒斯莱维露，奥拉里斯令；红葡萄：卡达卡，卡法兰科司，琼州牧。

2. 巴达赫松，埃格尔，索莫罗，肖普朗，塞克萨德，托卡伊，维拉尼－希克洛什。

3. 受到灰霉菌侵染的葡萄采摘下来后，稍加碾压处理成稠浆；未经灰霉菌侵染的葡萄，采摘后发酵，酿成"基础酒"；"灰霉菌葡萄稠浆"则被收集在一个容器内，根据不同的甜度要求加入"基础酒"。

4. 3 篓（每升含糖 60 克），4 篓（每升含糖 90 克），5 篓（每升含糖 120 克），6 篓（每升含糖 150 克）。

5. 最甜的托卡伊酒称为"精华"。

希腊

1. 公元前 5000 年。

2. 炎热的夏季，漫长的秋季，短而温和的冬季。

3. 白葡萄：阿斯提柯，莫斯菲莱若，罗迪提司；红葡萄：阿吉奥吉提柯，西诺玛若，马弗罗达夫尼。

4. 马其顿，伯罗奔尼撒，以及其他岛屿。

5. 希腊的大多数葡萄园位于山坡或偏远岛屿。

图书在版编目（ＣＩＰ）数据

世界葡萄酒全书 ／（美）凯文·兹拉利著 ；黄渭然，王臻译
. —— 3版. —— 海口 ：南海出版公司，2017.11
ISBN 978-7-5442-9046-3

Ⅰ. ①世… Ⅱ. ①凯… ②黄… ③王… Ⅲ. ①葡萄酒－介绍
－世界 Ⅳ. ①TS262.6

中国版本图书馆CIP数据核字(2017)第139387号

著作权合同登记号　图字：30-2017-098

世界葡萄酒全书
〔美〕凯文·兹拉利　著
黄渭然　王臻　译

出　　版　南海出版公司　（0898）66568511
　　　　　海口市海秀中路51号星华大厦五楼　邮编 570206
发　　行　新经典发行有限公司
　　　　　电话(010)68423599　邮箱 editor@readinglife.com
经　　销　新华书店

责任编辑　崔莲花
特邀编辑　余梦婷
装帧设计　李照祥
内文制作　田晓波

印　　刷　北京盛通印刷股份有限公司
开　　本　889毫米×1194毫米　1/16
印　　张　23
字　　数　650千
版　　次　2011年1月第1版　2012年7月第2版　2017年11月第3版
印　　次　2018年7月第4次印刷
书　　号　ISBN 978-7-5442-9046-3
定　　价　398.00元

P. PHILIPPE

David

Christophe Bouchard

Sofia Perpera

David Strada

Fiona Donald

Bernard Hickin

Rory Callaha

Jana Stravitz

Rod McDonald.

David Slingsby Smith

S K Pidgeon

Blair Watt

J. Atwood

Louisa Rose

Chris Burdin

Dirk Richter

Rute Monteiro